Electronic Circuit Practice
電子電路實習

張志安・李志文・陳世昌　編著

台科大圖書股份有限公司
SINCE1997

編輯大意

一、本書係遵照教育部公布的「電子電路實習」課程標準編輯而成。

二、本書適於電機電子群之電機科、控制科、電子科、資訊科，第三學年，第一學期，每週3節，3學分授課之用。

三、本書之編輯特色如下：

1. 本書力求與理論課程的內容充分配合。

2. 本書在解說實習步驟時，隨時佐以參考資料，讓學生在學習中能夠立刻知道自己的操作及觀察記錄是否正確。

    （a）以三用電表測量部份：提供根據公式所推導出的理論值。

    （b）以示波器觀測的部份：提供電腦模擬圖。

    因為有所依循，所以學生對自己做對的部份，可以加深印象更具信心；而做錯的部份，也可以馬上請指導老師協助更正找出盲點。

3. 本書「問題與討論」的題目必須要學生親自做完實驗、整理實驗數據及經過比較思考後，才能揭曉答案。

4. 本書實習電路所採用的「電阻值」盡量根據「電阻板上具有的」來設計，所以不但節省許多發收及選用材料的時間，也可以使學生自行保管材料更加方便。

5. 可至台科大圖書官網下載本書資源檔案，內含實習報告書及電腦模擬實習檔案。TINA、EDISON等二套電路模擬軟體請參考〈本書資源檔案使用方法〉下載試用版軟體。兩種不同風格的「虛擬電子實驗室」，讓學生能在電腦上進行驗證本實習課程之所有內容，達到「理論、模擬、實作」三合一的學習效果。

※ 本書雖經細心編輯及校正，但疏漏之處在所難免，敬祈諸位先進不吝指正，在此先致謝忱。

編者群謹識

本書資源檔案使用方法

一、為方便讀者學習,實習報告書及電腦模擬實習檔案請至本公司網站 (https://mosme.net/)的圖書專區下載,或者直接於首頁的關鍵字欄輸入本書相關字(例:書號、書名、作者)進行書籍搜尋,尋得該書後即可下載檔案,解壓縮後即可使用。

二、本書電路模擬軟體試用版下載網址如下:

TINA 電路模擬軟體試用版

https://www.designsoftware.com/home/demos/demo_tina.php

EDISON 電路模擬軟體試用版

https://www.designsoftware.com/home/demos/demo_edison.php

© 版權聲明 ©

　　本書所提及之各註冊商標,分屬各註冊公司所有,不再一一說明。書中所引述之圖片,純屬教學及介紹之用,著作權屬於法定原著作權享有人所有,絕無侵權之意,在此特別聲明並表達最深的感謝。

目錄

第 1 篇　基本電子電路

實習一	二極體的基本應用	4
實習二	電晶體的基本應用	14
實習三	運算放大器的基本應用	29

單元測驗一　　　　　　　　　　　　　　　　　44

第 2 篇　波形產生電路

實習四	正弦波振盪器	46
實習五	無穩態多諧振盪器	59
實習六	單穩態多諧振盪器	75
實習七	雙穩態多諧振盪器及史密特振盪器	90

單元測驗二　　　　　　　　　　　　　　　　　110

第 3 篇 數位電路

實習八	邏輯閘的應用	112
實習九	BCD 加法器/減法器	131
實習十	串/並加法器	147
實習十一	計數器電路設計與應用	162
實習十二	ROM 的認識與應用	179
單元測驗三		198

第 4 篇 訊號處理電路

實習十三	類比/數位轉換器	202
實習十四	主動濾波器	219
單元測驗四		236

第 5 篇 直流電源電路及其他應用電路

| 實習十五 | 積體電路穩壓器 | 238 |
| 實習十六 | 直流電源供應器 | 253 |

實習十七	電子輪盤式骰子	268
單元測驗五		281

附錄

附錄一	本書實習所需之電子材料	282
附錄二	單元測驗簡答	284
附錄三	本書實習所用 IC 接腳結構圖	285
附錄四	中外名詞對照表	293

電腦模擬所使用的單位刻度代號表

符號	刻度值	符號	刻度
P	10^{-12}	K	10^3
N	10^{-9}	MEG	10^6
U	10^{-6}	G	10^9
M	10^{-3}	T	10^{12}

[註 1] 符號不管是大寫或是小寫，均代表相同的刻度值，例如 m 和 M 都是 10^{-3}。

[註 2] MEG 和 M 代表不同的刻度值，千萬不要混淆。

[註 3] Tina 模擬軟體以小寫 m 代表 10^{-3}，大寫 M 代表 10^6。

1 基本電子電路

 實習一　二極體的基本應用

 實習二　電晶體的基本應用

 實習三　運算放大器的基本應用

 單元測驗一

半導體元件(二極體、電晶體、運算放大器)的「物盡其用」，如下表所示：

半導體元件	特性曲線的工作區域	相對應之模型	基本應用範例
二極體	逆偏區	斷路(OFF)，可視為開關的「關」。	1. 二極體開關應用之一---整流電路 (實習一工作項目二) 2. 二極體開關應用之二---邏輯電路 (實習一工作項目三)
	順偏區	短路(ON)，可視為開關的「開」。	
電晶體	截止區	$I_B=0$，$I_C=0$；C、E 兩端可視為「斷路」	電晶體開關應用---LED 驅動電路 (實習二工作項目三)
	飽和區	$V_{CE(sat)}=0.2V$，$V_{BE}=0.7V$；C、E 兩端可視為「短路」	

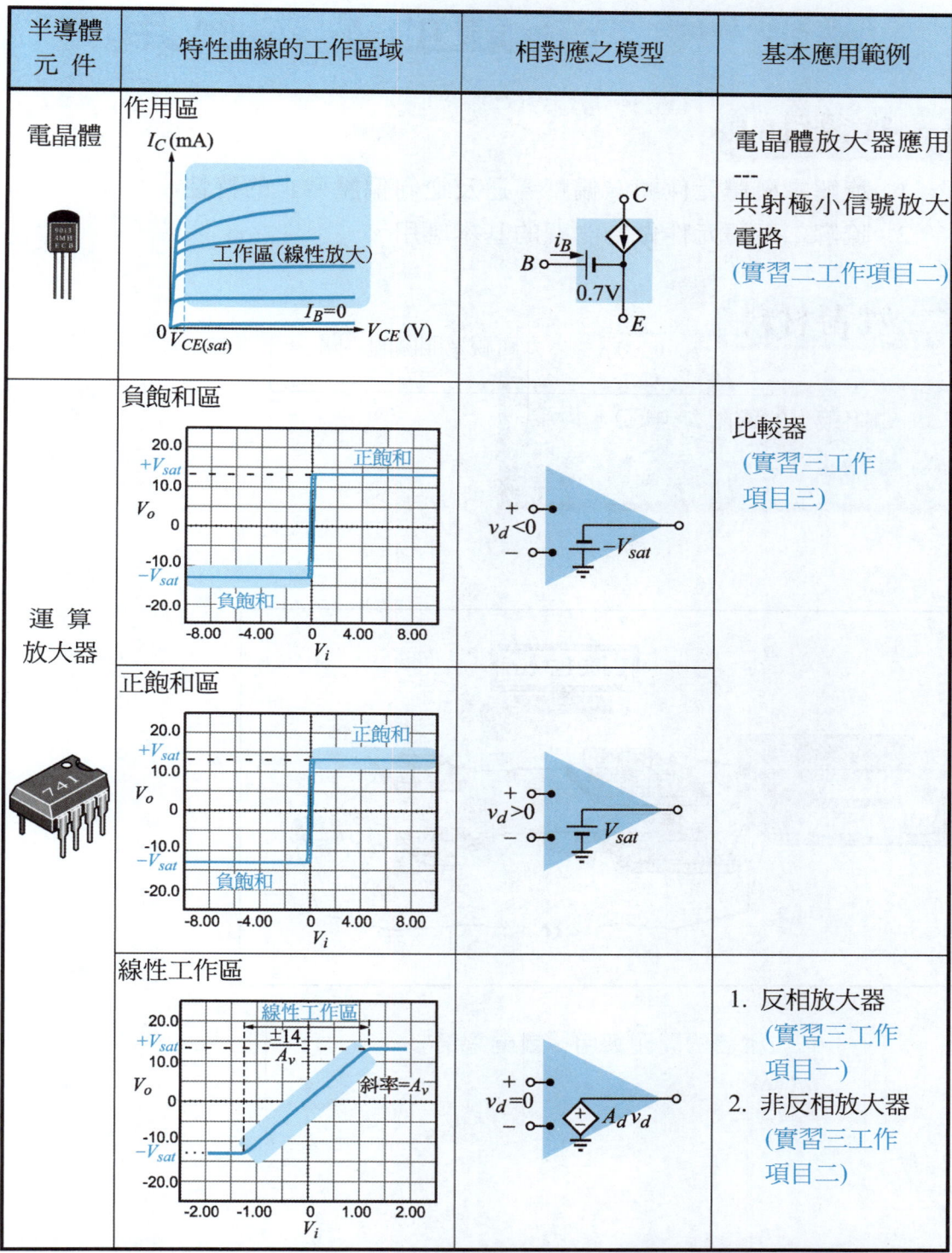

半導體元件工作在特性曲線的不同區域，就會有不同的相對應模型，也因此展現不同的應用！

實習一 二極體的基本應用

一 實習目的

1. 瞭解二極體元件順向偏壓導通及逆向偏壓截止的特性。
2. 瞭解二極體元件做為開關的基本應用。

二 實習材料

電阻板上的電阻	1kΩ × 1
二極體	1N4001 × 2

二極體的開關應用—或閘電路

三 相關知識

1. 二極體元件的實體圖與電路符號

    二極體元件的實體圖：　陽極 A ━━▬━━ 陰極 K

    二極體元件的電路符號：　━━▶|━━

2. 二極體元件的主要規格

    如表 1-1 所示，編號 1N4001 二極體的規格 1A 50V，其中
    - (1) 1A：為額定電流，二極體所能承受的最大平均電流。
    - (2) 50V：為峰值逆向電壓(PIV)，二極體不產生崩潰的最大逆向電壓。

    ■ 表 1-1 二極體的主要規格

編號	1N4001	1N4002	1N4003	1N4004	1N4005	1N4006
規格	1A 50V	1A 100V	1A 200V	1A 400V	1A 600V	1A 800V

3. 二極體 V-I 特性曲線

    如圖 1-1 所示，為 V-I 特性曲線。

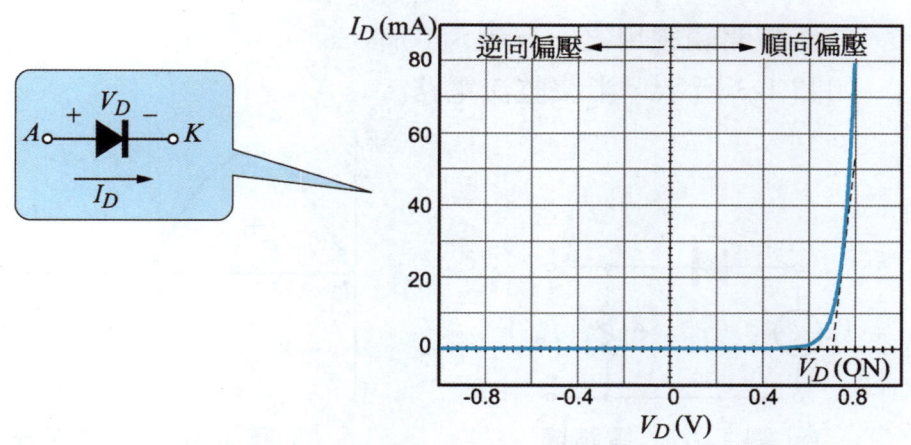

● 圖 1-1 電腦模擬圖

★ $V_{D(ON)}$（稱為切入電壓、或障壁電壓、或導通電壓）：二極體順向導通所須的電壓。一般假設使用矽二極體 $V_{D(ON)} = 0.7V$。

4. 理想二極體模型

如圖 1-2 所示，二極體元件的理想模型可以視為一個開關：

(1) 逆向偏壓時，二極體截止，其理想模型為斷路〔OFF〕，此時跨在二極體兩端的電壓 $V_D = E$，流經二極體的電流 $I_D = 0$ A。

(2) 順向偏壓時，二極體導通，其理想模型為短路〔ON〕。此時跨在二極體兩端的電壓 $V_{D(ON)} = 0$ V，流經二極體的電流 $I_D = \dfrac{E}{R}$。

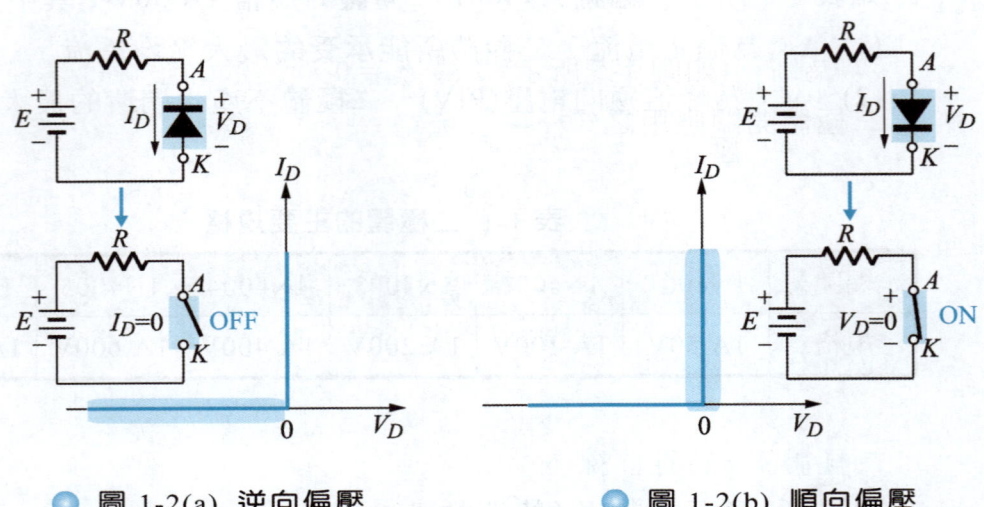

● 圖 1-2(a) 逆向偏壓　　● 圖 1-2(b) 順向偏壓

5. 二極體開關應用之一——整流電路

如圖 1-3 所示，半波整流電路。

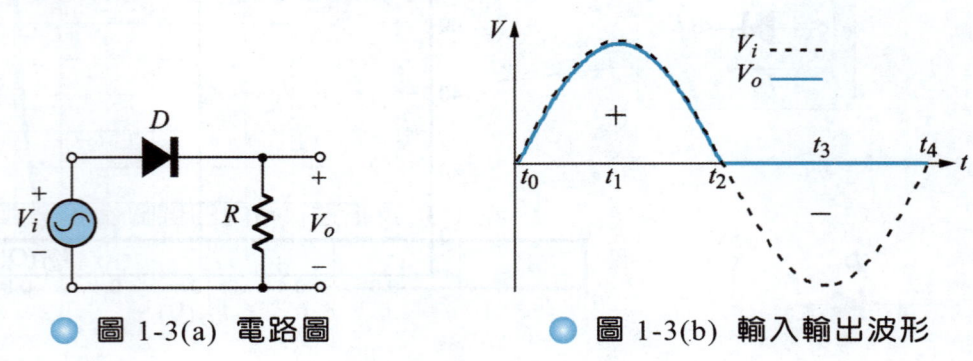

● 圖 1-3(a) 電路圖　　● 圖 1-3(b) 輸入輸出波形

(1) $t_0 \to t_1 \to t_2$：當 V_i 正半週時，

二極體 D 順偏導通(ON)，其理想模型

為短路(如圖 1-4 所示)，得 $V_o = V_i > 0$。

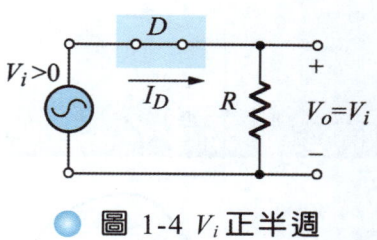
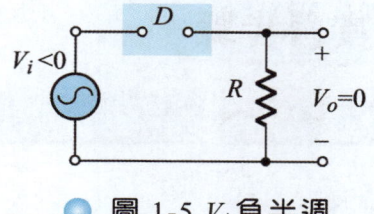

● 圖 1-4 V_i 正半週　　　　　● 圖 1-5 V_i 負半週

(2) $t_2 \rightarrow t_3 \rightarrow t_4$：當 V_i 負半週時，二極體 D 逆偏截止(OFF)，其理想模型為斷路(如圖 1-5 所示)，得 $V_o = 0$。

6. 二極體開關應用之二—邏輯電路

(1) 正邏輯或閘(OR Gate)電路：如表 1-2 所示，由輸入與輸出邏輯關係得 $V_1 + V_2 = V_O$。

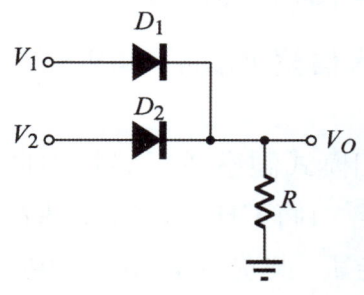

● 圖 1-6 電路圖

■ 表 1-2　表格裡[　]內的數據為正邏輯準位

V_1	V_2	V_O	說明
0V [0]	0V [0]	0V [0]	D_1 及 D_2 均不導通
0V [0]	5V [1]	5V [1]	D_1 不導通，D_2 導通
5V [1]	0V [0]	5V [1]	D_1 導通，D_2 不導通
5V [1]	5V [1]	5V [1]	D_1 及 D_2 均導通

(2) 正邏輯及閘(AND Gate)電路：如表 1-3 所示，由輸入與輸出邏輯關係得 $V_1 \cdot V_2 = V_O$。

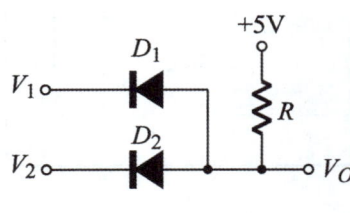

● 圖 1-7 電路圖

■ 表 1-3　表格裡[　]內的數據為正邏輯準位

V_1	V_2	V_O	說明
0V [0]	0V [0]	0V [0]	D_1 及 D_2 均導通
0V [0]	5V [1]	0V [0]	D_1 導通，D_2 不導通
5V [1]	0V [0]	0V [0]	D_1 不導通，D_2 導通
5V [1]	5V [1]	5V [1]	D_1 及 D_2 均不導通

四 實習步驟

工作項目一　二極體之特性曲線

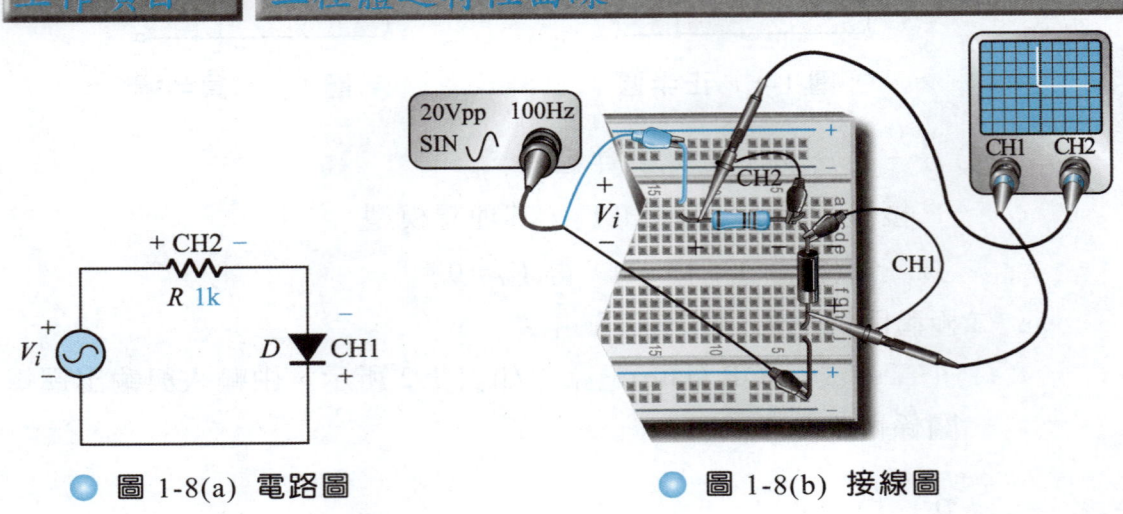

● 圖 1-8(a)　電路圖　　　　● 圖 1-8(b)　接線圖

1. 按圖 1-8 接線，以函數波產生器提供最大信號 $V_{i(P\text{-}P)} = 20\text{V}$，$f = 100\text{Hz}$，弦波。

2. 以示波器 CH1 $= -V_D$，CH2 $= V_R$ 及 [X-Y] 模式觀察並記錄特性曲線於圖 1-9(b) 中。在觀察前請先「歸零調整」(將 CH1 及 CH2 都選擇 [GND] 耦合模式，然後利用 POSITION 旋鈕，將亮點對準螢幕中央) 後，再把 CH1 及 CH2 都改以 [DC] 耦合模式進行觀測。

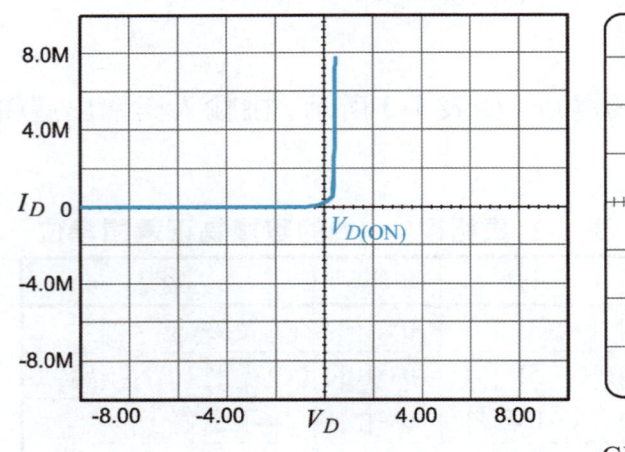
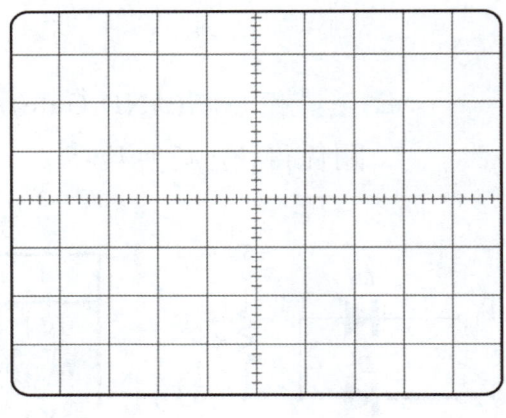

CH1 = ＿＿V/DIV；CH2 = ＿＿V/DIV
順向導通電壓 $V_{D(\text{ON})}$ = ＿＿＿V

● 圖 1-9(a)　電腦模擬圖　　　　● 圖 1-9(b)　示波器顯示的波形

工作項目二　二極體開關應用之一──半波整流電路

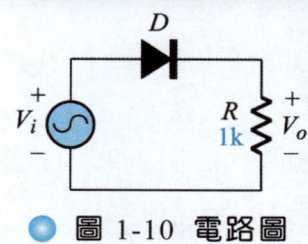

● 圖 1-10 電路圖

1. 理論值

    (1)當 V_i 正半週時，二極體 D 順偏導通(ON)，輸出 $V_o = V_i > 0$。

    (2)當 V_i 負半週時，二極體 D 逆偏截止(OFF)，輸出 $V_o = 0$。

2. 實測值

    (1)按圖 1-10 接線，以函數波產生器提供最大信號 $V_{i(P-P)} = 20V$(依機種而定)，$f = 100Hz$ 之弦波。

    (2)以示波器 CH1 = V_i、CH2 = V_o、[DC]耦合模式，同時觀測兩波形，並繪製於圖 1-11(b)中。

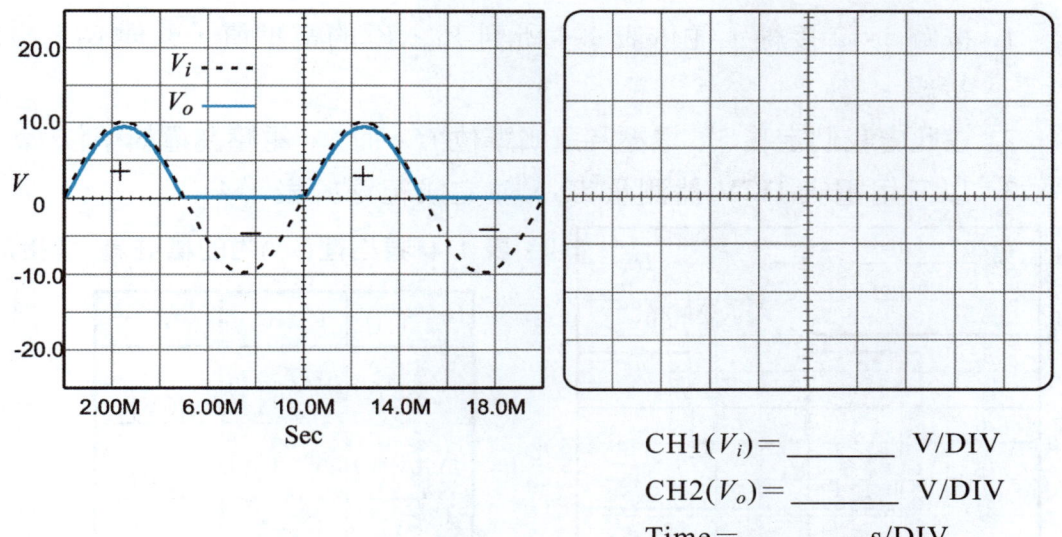

CH1(V_i) = ＿＿＿＿＿ V/DIV

CH2(V_o) = ＿＿＿＿＿ V/DIV

Time = ＿＿＿＿＿ s/DIV

● 圖 1-11(a) 電腦模擬圖　　● 圖 1-11(b) 示波器顯示的波形

工作項目三　二極體開關應用之二──邏輯電路

狀況 1 或閘(OR Gate)電路

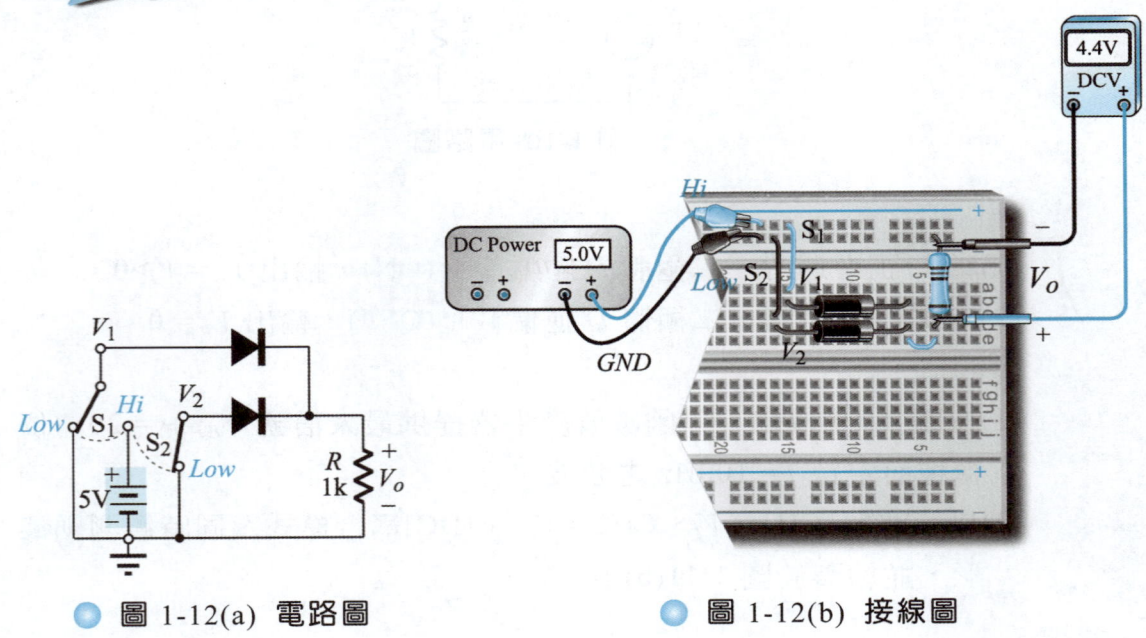

● 圖 1-12(a)　電路圖　　　● 圖 1-12(b)　接線圖

1. 按圖 1-12 接線，並依表 1-4 所列 V_1、V_2 的電壓值，改變 S_1、S_2 的接線。
2. 在此處我們定義 5V 電壓為邏輯準位 *Hi*，而 0V 電壓為邏輯準位 *Low*。
3. 以三用電表 DCV 檔測量 V_O，並完成紀錄於表 1-4。

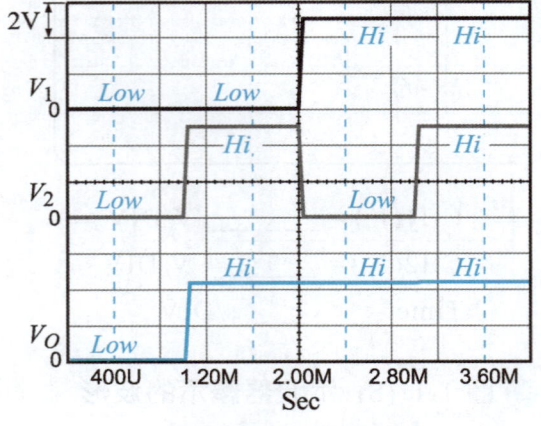

● 圖 1-13 電腦模擬圖

● 表 1-4　表格裡(　)內的標註為「連接點」

V_1 (S_1)	V_2 (S_2)	V_O
0V (*Low*)	0V (*Low*)	[0V]
0V (*Low*)	5V (*Hi*)	[5V]
5V (*Hi*)	0V (*Low*)	[5V]
5V (*Hi*)	5V (*Hi*)	[5V]

狀況 2 及閘(AND Gate)電路

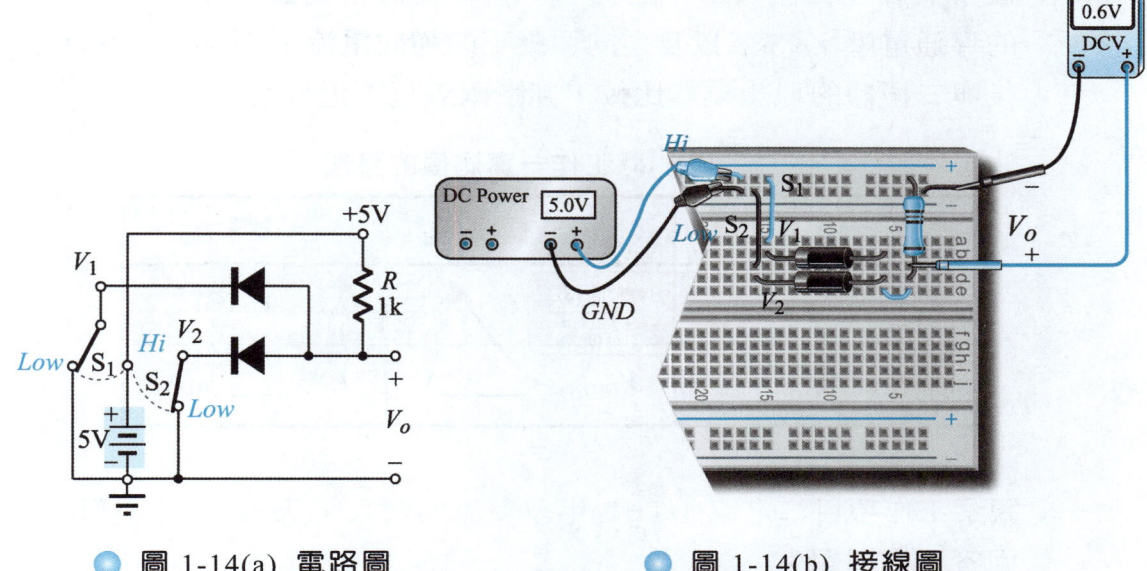

● 圖 1-14(a)　電路圖　　　　● 圖 1-14(b)　接線圖

1. 按圖 1-14 接線，並依表 1-5 所列 V_1、V_2 的電壓值，改變 S_1、S_2 的接線。
2. 在此處我們定義 5V 電壓為邏輯準位 Hi，而 0V 電壓為邏輯準位 Low。
3. 以三用電表 DCV 檔測量 V_O，並完成紀錄於表 1-5。

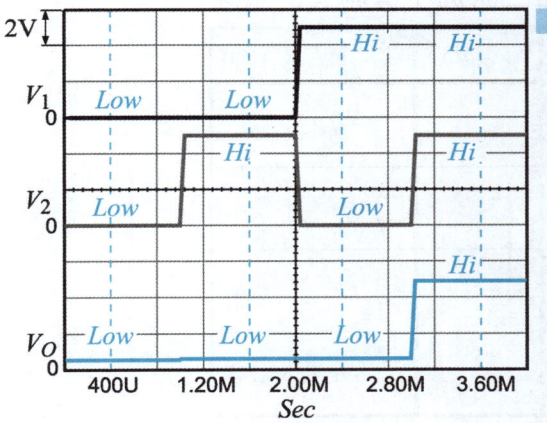

● 圖 1-15 電腦模擬圖

● 表 1-5 表格裡( )內的標註為「連接點」

V_1 (S_1)	V_2 (S_2)	V_O
0V (*Low*)	0V (*Low*)	[0V]
0V (*Low*)	5V (*Hi*)	[0V]
5V (*Hi*)	0V (*Low*)	[0V]
5V (*Hi*)	5V (*Hi*)	[5V]

五 問題與討論

1. 觀察並整理工作項目一之圖 1-9(b)二極體特性曲線在順向偏壓下的導通電壓 $V_{D(ON)}$ 以及逆向偏壓下的逆向電流 I_D 於表 1-6 中，然後與二極體的理想模型比較，判斷兩者是否近似？

■ 表 1-6 工作一實測值的整理

	順向偏壓	逆向偏壓
二極體理想模型	$V_{D(ON)} = 0$　(ON)	$I_D = 0$　(OFF)
特性曲線實測值	$V_{D(ON)} = $ ＿＿＿ V	$I_D = $ ＿＿＿ mA

2. 觀察工作項目二之圖 1-11(b)半波整流的輸入 V_i 及輸出 V_o 波形，並回答下列問題：
   (1)當 V_i 正半週時，二極體順偏導通(ON)，V_o ＿＿＿($>$，$\approx$，$<$)V_i？
   (2)當 V_i 負半週時，二極體逆偏截止(OFF)，V_o ＿＿＿($=$，$\neq$)0 V？

3. 整理工作項目三狀況 1 的 V_O 實測值於表 1-7 中，並定義其邏輯準位 $Hi \approx 5V$ 及 $Low \approx 0V$，然後根據輸入與輸出的邏輯關係，判斷此電路為何種邏輯電路？(V_1 ＿＿＿(AND，OR) $V_2 = V_O$？)

■ 表 1-7 工作項目三狀況 1 實測值的整理

V_1	V_2	V_O(V)	V_O (Hi/Low)
Low	Low		☐ Hi ☐ Low
Low	Hi		☐ Hi ☐ Low
Hi	Low		☐ Hi ☐ Low
Hi	Hi		☐ Hi ☐ Low

4. 整理工作項目三狀況 2 的 V_O 實測值於表 1-8 中，並定義其邏輯準位 $Hi\approx5V$ 及 $Low\approx0V$，然後根據輸入與輸出的邏輯關係，判斷此電路為何種邏輯電路？（V_1 ___(AND，OR) $V_2=V_O$？）

■ 表 1-8 工作項目三狀況 2 實測值的整理

V_1	V_2	V_O (V)	V_O (Hi/Low)
Low	Low		☐ Hi ☐ Low
Low	Hi		☐ Hi ☐ Low
Hi	Low		☐ Hi ☐ Low
Hi	Hi		☐ Hi ☐ Low

實習二　電晶體的基本應用

一　實習目的

1. 瞭解電晶體元件的 V-I 特性曲線。
2. 瞭解電晶體放大電路以及開關電路的特性與工作原理。

二　實習材料

電阻板上的電阻	650Ω × 1	1kΩ × 1	1.5kΩ × 1	2.2kΩ × 1
	2.7kΩ × 1	33kΩ × 1	120kΩ × 1	330kΩ × 1
可變電阻	10kΩ × 1			
電容	10μF × 1			
二極體	1N4001 × 1			
發光二極體	紅色 × 1			
電晶體(NPN)	9013 × 1			

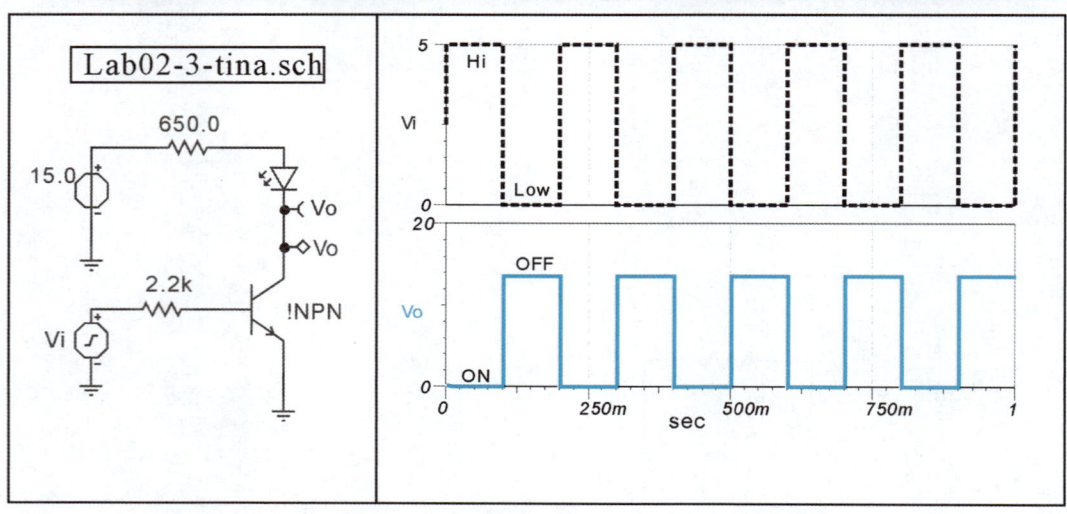

電晶體開關電路應用─LED 驅動電路

三 相關知識

(一) 雙載子接面電晶體(BJT)

BJT 電晶體是由三層的半導體所構成，各層均設有一接腳，如表 2-1 所示，E 為射極接腳；B 為基極接腳；C 為集極接腳。

表 2-1 電晶體的構造、符號與實體圖

類型	BJT 電晶體	
	NPN　(9013)	PNP　(9012)
構造	(E-NPN-C, B)	(E-PNP-C, B)
電路符號	NPN 符號	PNP 符號
實體圖	塑膠封裝	金屬封裝

(二) 電晶體集極特性曲線與集極迴路負載線

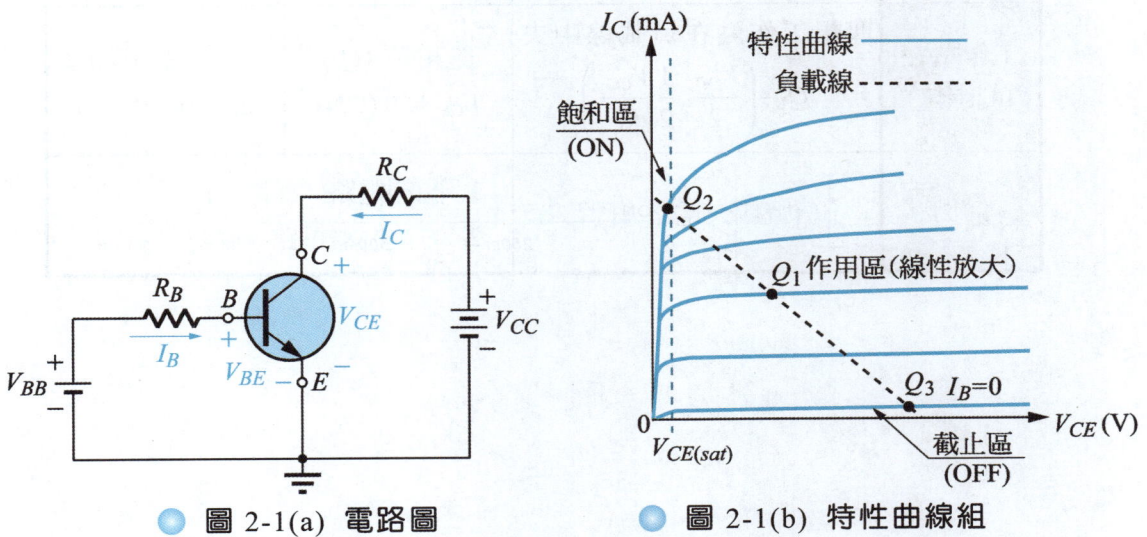

圖 2-1(a)　電路圖　　　圖 2-1(b)　特性曲線組

常用的共射極組態電路，如圖 2-1(a)所示，以及 V_{CE}-I_C 集極特性曲線組，如圖 2-1(b)所示。

1. 負載線：集極迴路的克希荷夫定律電壓方程式(KVL)：

$$V_{CE} = V_{CC} - I_C R_C，$$

由上式可得 $I_C = \dfrac{V_{CC} - V_{CE}}{R_C}$。

(1) 在縱軸取飽和點 $Q_2(V_{CE}, I_C) = (0, \dfrac{V_{CC}}{R_C})$。

(2) 在橫軸取截止點 $Q_3(V_{CE}, I_C) = (V_{CC}, 0)$。

(3) 經上述兩點可畫出一直線，即為負載線，如圖 2-1(b)所示。

2. 工作點：在只有直流偏壓(沒有外加信號)的狀況下，電晶體所獲得的工作電壓及工作電流(跨在電晶體 C、E 兩端的電壓 V_{CE}，流入電晶體 C 端的電流 I_C)就是工作點(Q 點)。工作點可用圖解法由電晶體集極「特性曲線」與集極迴路「負載線」之交點求得。

3. 電晶體特性曲線各狀態工作區的特色與電路應用如表 2-2 所示：

■ 表 2-2 電晶體特性曲線各狀態工作區的特色與應用

	作用區 (活性區、主動區)	飽和區	截止區
工作區特色	$I_C = \beta I_B$	$I_C < \beta I_B$ $V_{CE(sat)} = 0.2V$	$I_C = I_B = 0$ $V_{CE} = V_{CC}$
工作點在負載線位置	理想工作點在負載線中央 $Q_1 = \left(\dfrac{V_{CC}}{2}, \dfrac{1}{2}\dfrac{V_{CC}}{R_C}\right)$	飽和點 (Q_2) $V_{CE} \fallingdotseq 0$ (ON)	截止點 (Q_3) $I_C = 0$ (OFF)
實例	小信號放大電路(實習二)	1. 開關電路 (實習二) 2. 方波振盪電路 (實習五~七)	

(三) 電晶體放大器之應用—共射極小信號放大電路

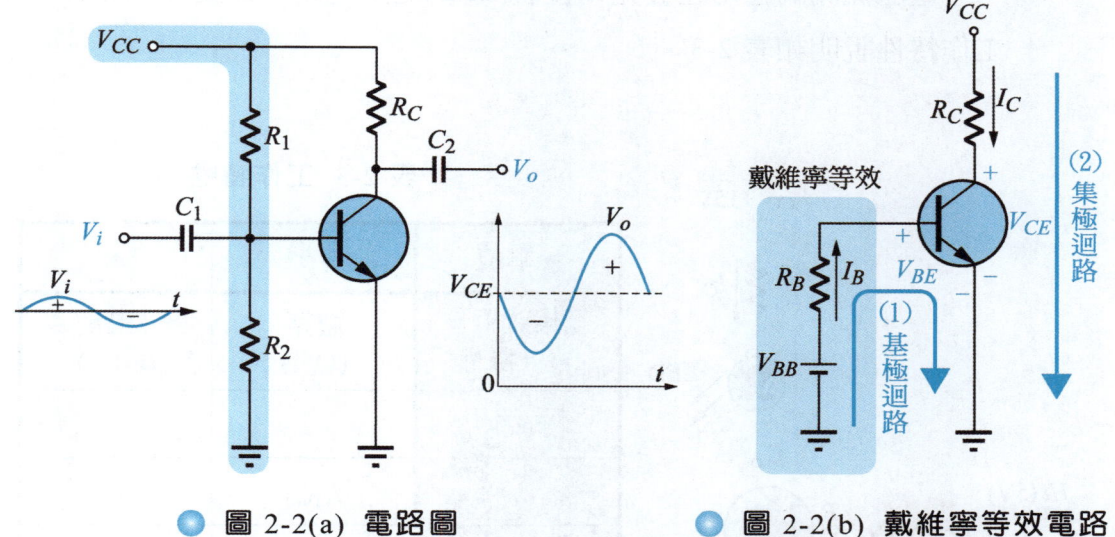

● 圖 2-2(a) 電路圖　　　　● 圖 2-2(b) 戴維寧等效電路

1. 直流偏壓工作點 $Q(V_{CE}, I_C)$

   (1)基極輸入迴路：戴維寧等效電路如圖 2-2(b)所示，

   > 戴維寧電壓 $V_{BB} = \dfrac{R_2}{R_1 + R_2} V_{CC}$，戴維寧電阻 $R_B = R_1 // R_2$

   基極迴路的克希荷夫電壓定律方程式 $V_{BB} = I_B R_B + V_{BE}$

   $\therefore I_B = \dfrac{V_{BB} - V_{BE}}{R_B}$，又 $I_C = \beta I_B$。

   (2)集極輸出迴路的克希荷夫電壓定律方程式為 $V_{CE} = V_{CC} - I_C R_C$。

   (3)由(1)(2)可得 $Q(V_{CE}, I_C)$，並判斷其位於那一種狀態的工作區。

2. 交流電壓增益

   (1)基極的交流輸入電阻：$r_\pi = \dfrac{V_T}{I_B}$。

   (2)電壓增益：$A_v = \dfrac{V_o}{V_i} = -\dfrac{i_c}{i_b}\dfrac{R_C}{r_\pi} = -\beta \dfrac{R_C}{r_\pi}$ (負號表示反相放大)。

(四) 電晶體開關之應用—LED 驅動電路

電晶體開關應用在發光二極體(LED)驅動電路，如圖 2-3 所示，其工作特性說明如表 2-3。

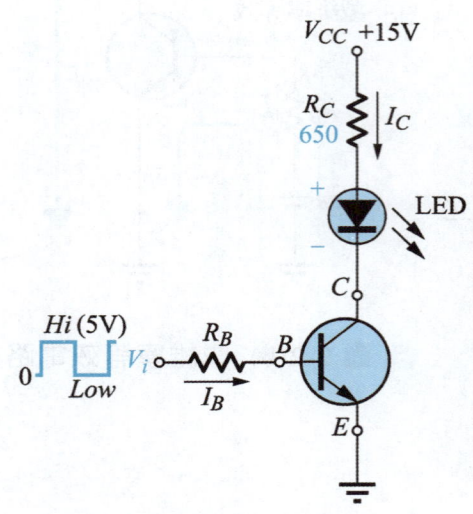

■ 表 2-3 工作特性

V_i 準位	Hi	Low
集射極開關特性	短路(ON)	開路(OFF)
LED	亮	暗
I_C	$I_{C(sat)}$	0
V_{CE}	$V_{CE(sat)} = 0.2V$	V_{CC}
電晶體狀態	飽和	截止

● 圖 2-3 電路圖

發光二極體在順向偏壓下發光，其順偏壓降約 1.5~2.5 V，最大安全電流為 50mA，使用時須串接限流電阻。例如圖 2-3 所示：

(1) 若 LED 工作在 1.8V，20mA 時，集極電阻為

$$R_C = \frac{V_{CC} - V_{LED} - V_{CE(sat)}}{I_C} = \frac{15 - 1.8 - 0.2}{20m} = 650 \ \Omega 。$$

(2) 若 $V_{BE(sat)} = 0.8V$，$\beta = 100$，使電晶體飽和的最小基極電流。

$$I_{B(min)} = \frac{I_C}{\beta} = 200 \ \mu A，則$$

$$R_{B(max)} = \frac{V_i - V_{BE(sat)}}{I_{B(min)}} = 21 \ k\Omega 。$$

四 實習步驟

工作項目一 電晶體集極特性曲線組與 Q 點(工作點)

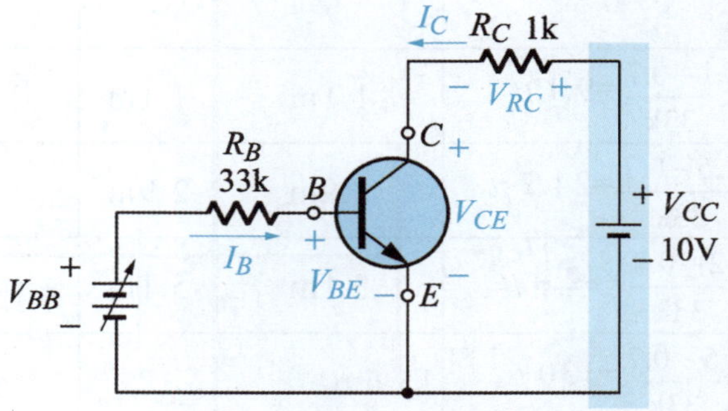

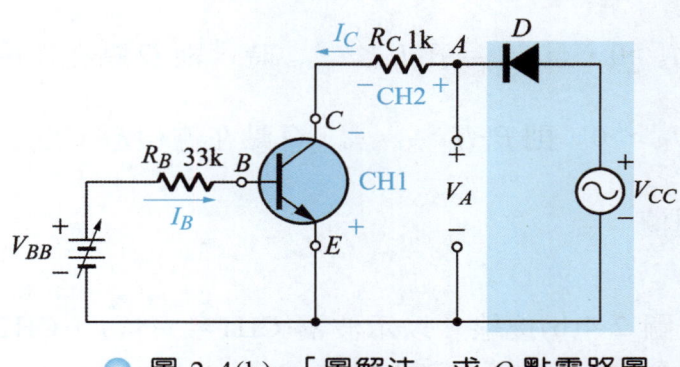

● 圖 2-4(a) 「實測法」求 Q 點電路圖

● 圖 2-4(b) 「圖解法」求 Q 點電路圖

(一) 理論值

1. 「圖解法」求 Q 點

(1)在不同的 I_B 狀況下，可畫出不同的集極特性曲線。

(2)a. 飽和點 ($V_{CE(sat)}$，$I_{C(sat)}$)：$V_{CE(sat)}=0.2\text{V}$，$I_{C(sat)}=9.1\text{mA}$。

b. 截止點 (V_{CE}，I_C)：$V_{CE}=V_{A(P)}=10\text{V}$，$I_C=I_B=0$。

c. 經飽和點及截止點畫一直線，即為負載線。

(3)找出各集極特性曲線與負載線的交點(Q 點)。

2. 「實測法」求 Q 點(V_{CE}，I_C)

■ 表 2-4 Q 點的理論值(9013 電晶體的 $\beta=120$)

狀況	V_{BB}	$I_B = \dfrac{V_{BB} - V_{BE}}{R_B}$ (A)	βI_B (A)	I_C (A)	$V_{CE} = V_{A(P)} - V_D - I_C R_C$	工作區
1	0V	0	0	0	10V	截止區
2	1V	$\dfrac{1-0.7}{33k}=9.1\mu$	1.1m	1.1m	8.2V	作用區
3	1.5V	$\dfrac{1.5-0.7}{33k}=24.2\mu$	2.9m	2.9m	6.4V	作用區
4	2V	$\dfrac{2-0.7}{33k}=42.4\mu$	5.1m	5.1m	4.2V	作用區
5	5V	$\dfrac{5-0.7}{33k}=130\mu$	15.6m>$I_{C(sat)}$	$I_{C(sat)}$=9.1m	$V_{CE(sat)}=0.2V$	飽和區

狀況 1 $I_B=0$，則 $I_C=0$，$V_{CE}=V_{CC}$，Q 點在截止區。

狀況 2-4 $I_B>0$，且 $I_C = \beta \cdot I_B < I_{C(sat)}$ 時，則 Q 點在作用區。

狀況 5 $I_B \gg 0$，則 $\beta \cdot I_B > I_{C(sat)}$，Q 點在飽和區，$I_C = I_{C(sat)}$。

(二) 實測值

1. 「圖解法」求 Q 點

    (1) 按圖 2-4(b)接線，以示波器 CH1＝－V_{CE}，CH2＝V_{RC} 及[X-Y]模式觀測。在觀察前先作「歸零調整」(將 CH1 及 CH2 都選擇[GND]耦合模式，調整亮點對準螢幕中央)後，再把 CH1 及 CH2 都改以[DC]耦合模式進行觀測。

    (2) 由電源供應器提供表 2-5 所指定 V_{BB} 值，並輸入函數波產生器所能提供的最大信號 $V_{CC(P-P)}$＝20V(依機種而定)，f＝100Hz 之弦波。

    > **註** 在圖 2-4(b)電路中，經由二極體半波整流後得到信號
    > $V_{A(P)} = 0.5 \cdot V_{CC(P-P)} = 0.5 \cdot 20 = 10V$，
    > $I_{C(sat)} = (V_{A(P)} - V_{CE(sat)} - V_D)/R_C = (10 - 0.2 - 0.7)/1k$
    > $= 9.1mA$。

    (3) 將不同 I_B 狀況下的集極特性曲線繪於圖 2-5(b)。

(4)如圖 2-5(a)所示，找出圖 2-5(b)的各集極特性曲線與負載線之交點(Q_1~Q_5)，並記錄各 Q 點位置於表 2-5。

■ 表 2-5 「圖解法」求 Q 點(表格裡 [ ]內的數據為理論值)

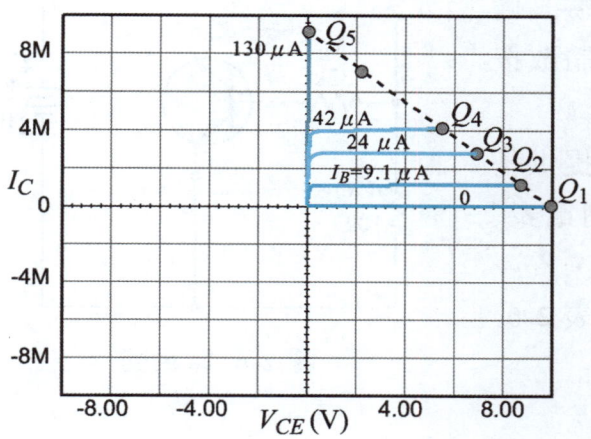

Q \\ V_{BB}	V_{CE} (V)	$I_C = \dfrac{V_{RC}}{1k}$ (mA)
0V	[10V]	[0]
1V	[8.2]	[1.1m]
1.5V	[6.4]	[2.9m]
2V	[4.2]	[5.1m]
5V	[0.2]	[9.1m]

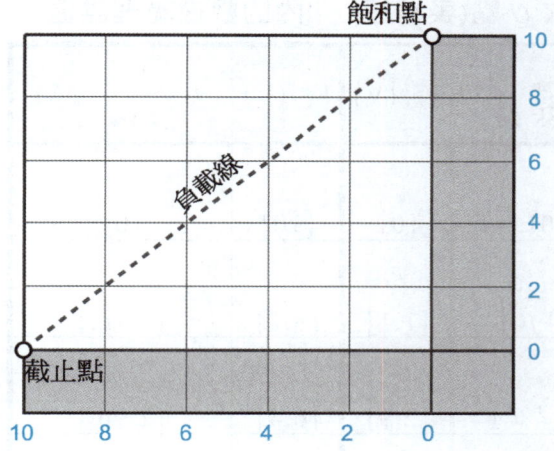

CH1＝2V/DIV，CH2＝2V/DIV

● 圖 2-5(b)　示波器顯示的波形

注意

(1)示波器 CH1，CH2 的兩探棒之負端必須接同一位置。

(2)示波器螢幕上顯示的波形(如圖 2-5(b)所示，特性曲線在第 2 象限顯示)與實際特性曲線的波形(如圖 2-5(a)所示，特性曲線在第 1 象限顯示)呈現左右相反。

2.「實測法」求 Q 點(V_{CE}, I_C)

(1) 按圖 2-4(a)接線。(因為圖 2-4(a)的電路必須使用兩種直流電源,所以若您的實驗設備只能提供單種電源,則請改按圖 2-6 接線。)

(2) 按表 2-6 所指定 V_{BB} 值提供基極直流偏壓。並以三用電表 DCV 檔測量 V_{RB}、V_{RC}、V_{CE} 各電壓值,然後記錄於表 2-6。

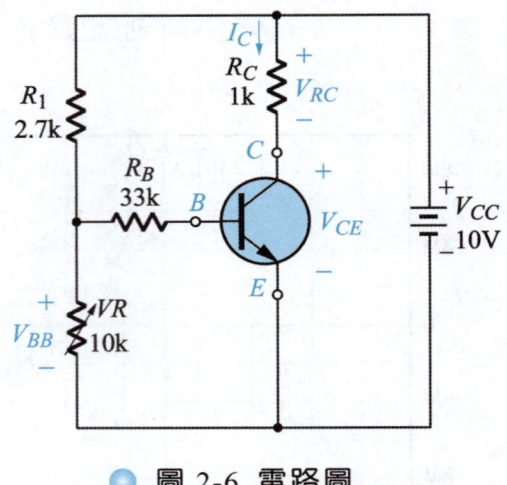

● 圖 2-6 電路圖

■ 表 2-6 「實測法」求 Q 點(表格裡[ ]內的數據為理論值)

工作點的位置	V_{BB}	V_{RB}(V)	$I_B = \dfrac{V_{RB}}{33k}$ (A)	V_{RC}(V)	V_{CE}(V)	$I_C = \dfrac{V_{RC}}{1k}$ (A)
1.截止區	0V	[0]	[0]	[0]	[10]	[0]
2.作用區	1V	[0.3]	[9.1μ]	[1.1]	[8.2]	[1.1m]
3.作用區	1.5V	[0.8]	[24.2μ]	[2.9]	[6.4]	[2.9m]
4.作用區	2V	[1.4]	[42μ]	[5.1]	[4.2]	[5.1m]
5.飽和區	5V	[4.3]	[130μ]	[9.8]	[0.2]	[9.8m]

工作項目二　共射極小信號放大電路

狀況 1 直流分析

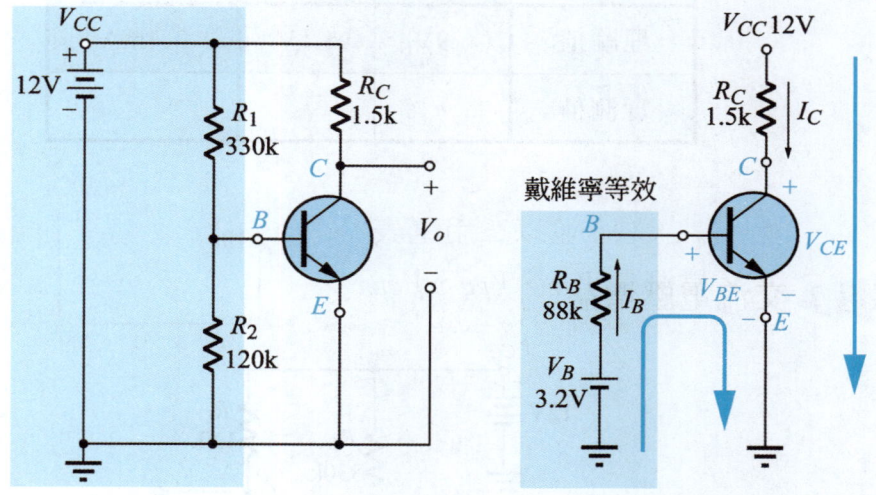

● 圖 2-7(a)　電路圖　　　　● 圖 2-7(b)　戴維寧等效電路

（一）理論值

1. 基極輸入迴路：如圖 2-7(b)所示。

   戴維寧電壓 $V_{BB} = \dfrac{R_2}{R_1 + R_2} V_{CC} = 3.2\text{V}$，

   戴維寧電阻 $R_B = R_1 \,/\!/\, R_2 = 330\text{k} \,/\!/\, 120\text{k} = 88\text{ k}\Omega$，

   $I_B = \dfrac{V_B - V_{BE}}{R_B} = (3.2 - 0.7)\,/\,88\text{k} = 28.4\,\mu\text{A}$。

2. 集極輸出迴路：若 β_{type} 取 120，

   $I_C = \beta I_B = 3.4\text{ mA}$，$V_{CE} = V_{CC} - I_C R_C = 12 - (3.4\text{m} \times 1.5\text{k}) = 6.9\text{V}$

3. 因為 $V_{BC} = V_{BE} - V_{CE} = 0.7 - 6.9 = -6.2\text{V} < 0$（逆偏），所以 Q 點在作用區。

（二）實測值：

　　　按圖 2-7(a)接線，以電源供應器提供 $V_{CC} = 12\text{V}$。以三用電表 DCV 檔測量各元件電壓值，並記錄於表 2-7。

■ 表 2-7 工作項目二狀況 1 的測量結果

$Q(V_{CE}, I_C)$	V_{CE}	V_{RC}	$I_C = \dfrac{V_{RC}}{R_C}$
理論值	6.9V	5.1V	3.4mA
實測值			

狀況 2 交流電壓增益

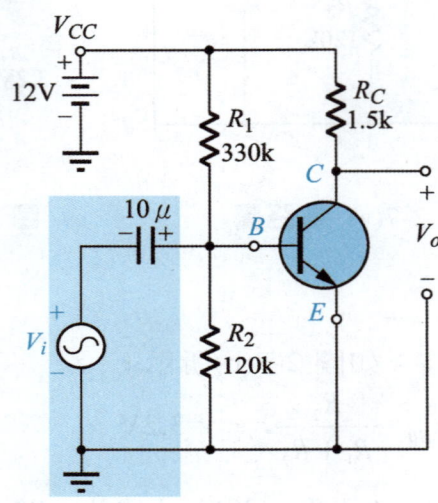

● 圖 2-8 電路圖

(一) 理論值

1. 基極輸入電阻(h_{ie})：$r_\pi = \dfrac{V_T}{I_B} = 0.026 / 28.4\mu = 915$ Ω。

2. 電壓增益：$A_v = \dfrac{V_o}{V_i} = -\beta \dfrac{R_C}{r_\pi} = -120 \times 1.5k / 915 = -196$。

(二) 實測值

1. 按圖 2-8 接線，由函數波產生器提供 $V_{i(P\text{-}P)} = 20\text{mV}$，$f = 1\text{kHz}$，弦波。

2. 以示波器 CH1＝V_i、CH2＝V_o、[DC]耦合方式同時觀測兩波形，並記錄結果於圖 2-9(b)及表 2-8 中。

■ 表 2-8 工作項目二狀況 2 的測量結果

	$V_{i(P\text{-}P)}$	$V_{o(max)}$	$V_{o(min)}$	$V_{o(P\text{-}P)}$	$V_{o(av)}=\dfrac{V_{o(max)}+V_{o(min)}}{2}$	$A_v=\dfrac{V_{o(P-P)}}{V_{i(P-P)}}$
理論值	20mV	8.86V	4.94V	3.92V	6.9V	－196
實測值						

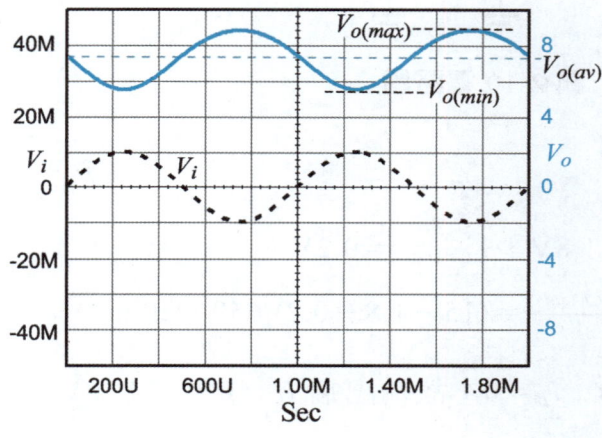 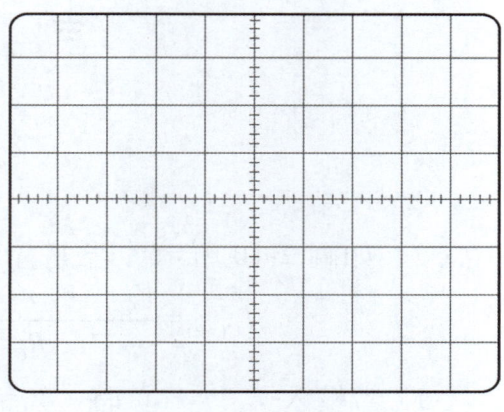

CH1(V_i)＝_____V/DIV
CH2(V_o)＝_____V/DIV
Time＝_____s/DIV

● 圖 2-9(a) 電腦模擬圖 ● 圖 2-9(b) 示波器顯示的波形

工作項目三　LED驅動電路

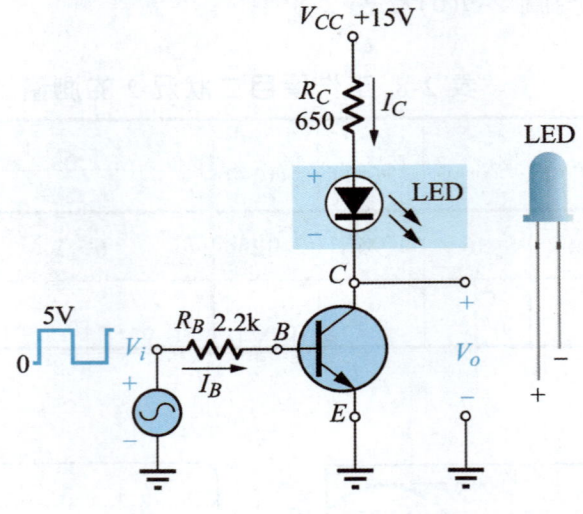

● 圖 2-10 電路圖

(一) 理論值

如圖 2-10 所示，若 $V_{LED}=1.8V$，$V_{CE(sat)}=0.2V$

$$I_{C(sat)}=\frac{V_{CC}-V_{LED}-V_{CE(sat)}}{R_C}=(15-1.8-0.2)/650=20\ mA。$$

1. 當輸入 V_i 為 Low 時，$V_i=0$，$I_B=0$，故輸出端 $I_C=0$〔LED 暗〕，$V_{CE}=V_{CC}=15V$。Q 點在截止區。

2. 當輸入 V_i 為 Hi 時，$V_i=5V$，$I_B=\dfrac{V_i-V_{BE(sat)}}{R_B}=(5-0.8)/2.2k=1.9\ mA$。

   因為 $\beta I_B \gg I_{C(sat)}$，所以 Q 點在飽和區，

   故輸出端 $I_C=I_{C(sat)}$〔LED 亮〕，$V_{CE}=0.2\ V$。

(二) 實測值

1. 按圖 2-10 接線，由電源供應器提供 $V_{CC}=15V$，並以函數波產生器的 TTL 輸出端提供 TTL 準位的信號($V_{i(min)}=0V$、$V_{i(max)}=5V$，$f=5Hz$，方波)。

2. 以示波器 CH1＝V_i、CH2＝V_o、[DC]耦合方式同時觀測兩波形，並記錄結果於圖 2-11(b)及表 2-9 中。

■ 表 2-9 工作項目三的測量結果(表格裡[ ]內的數據為理論值，電壓單位為 V)

	V_i	V_o	LED
V_i 為 Hi	[5V]	[0.2V]	[亮]
V_i 為 Low	[0V]	[15V]	[暗]

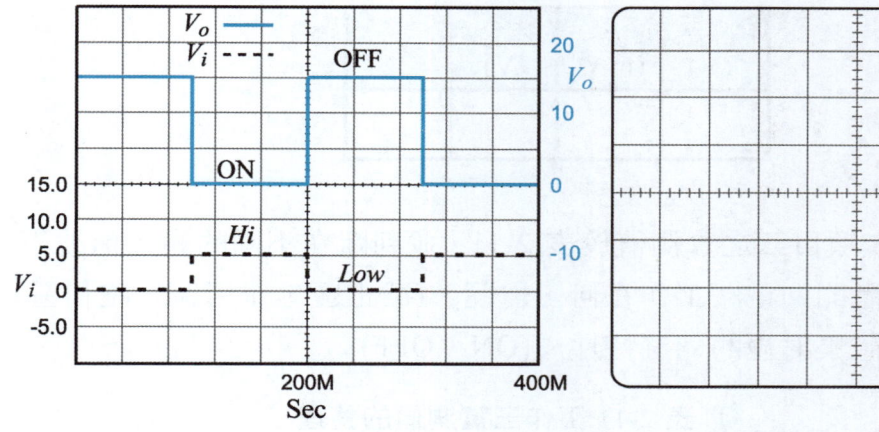

CH1(V_i) =_____V/DIV
CH2(V_o) =_____V/DIV
　　　Time=_____s/DIV

● 圖 2-11(a) 電腦模擬圖　　● 圖 2-11(b) 示波器顯示的波形

五 問題與討論

1. 整理工作項目二之狀況 1.及 2.所得實測值於表 2-10，並回答下列問題：

    (1) 電晶體放大電路的工作點在何工作區？(截止區，作用區，飽和區)

    (2) 直流分析的 V_{CE} 與輸出信號的直流成份 $V_{o(av)}$ 是否近似？($V_{CE} \approx V_{o(av)}$？)

    (3) 如何將輸出信號的直流成份濾除，而只有交流信號輸出？

    (4) 共射極放大電路的輸出 V_o 為輸入 V_i 波形的反相放大，其電壓增益 A_v 是正還是負？

    ■ 表 2-10 工作項目二狀況 1、2 實測值的整理

V_{CE} (V)	I_C (mA)	$V_{o(av)}$ (V)	A_v

2. 整理工作項目三之實測值於表 2-11，並判斷在不同的輸入信號下：

    (1) 電晶體開關電路工作在何工作區。(截止區，作用區，飽和區)

    (2) 電晶體集射極的開關特性。(ON，OFF)

    ■ 表 2-11 工作三實測值的整理

輸入	$V_{CE}=V_o$ (V)	LED (亮/暗)	工作區	集射極的開關特性
V_i 為 Hi				□ON □OFF
V_i 為 Low				□ON □OFF

實習三 運算放大器的基本應用

一 實習目的

1. 瞭解理想運算放大器的「虛短路」及「虛斷路」特性。
2. 瞭解運算放大器運用在放大器的線性工作特性。
3. 瞭解運算放大器運用在比較器的非線性工作特性。

二 實習材料

電阻板上的電阻　　10kΩ×1　100kΩ×1
IC　　　　　　　　μA 741×1

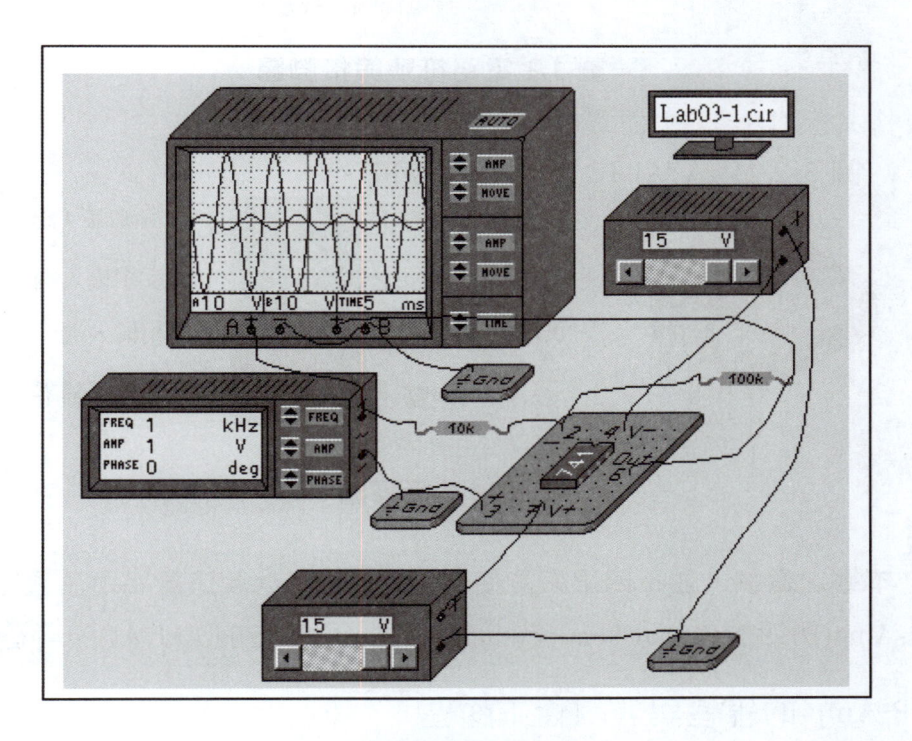

反相放大器

三、相關知識

(一) 運算放大器 (OP Amp)

1. μA741 是一種常用的運算放大器

編號 μA741 的積體電路(IC)是一種常用的運算放大器(OP Amp)，其中 μA 代表製造廠商是 Fairchild，而 741 則表示電路的型式。圖 3-1 為 OP Amp 的電路符號與相對應的 741 元件接腳。

正電源端 $+V_{CC}$
反相輸入端 V_-　2
非反相輸入端 V_+　3
　　　　　　　　　7
　　　　　　　　　6　輸出端 V_O
　　　　　　　　　4
負電源端 $-V_{CC}$

● 圖 3-1 電路符號與接腳圖

2. 雙排封裝(DIP)741 運算放大器元件的實體接腳圖

圖 3-2 為 μA741 IC 元件的接腳圖。

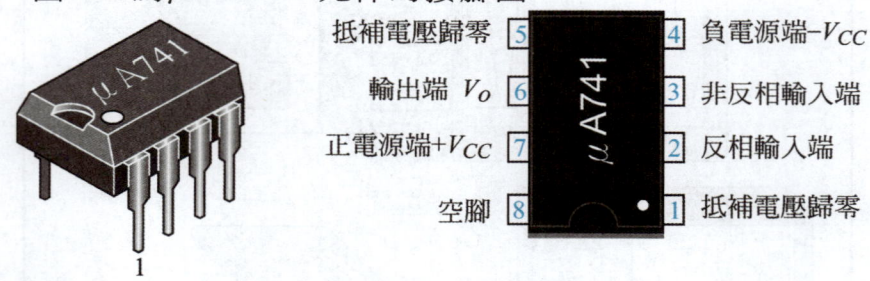

抵補電壓歸零　5　　　4　負電源端 $-V_{CC}$
輸出端 V_O　6　　　3　非反相輸入端
正電源端 $+V_{CC}$　7　　　2　反相輸入端
空腳　8　　　1　抵補電壓歸零

● 圖 3-2 接腳圖

> **註**
> 本書之實驗，並不侷限只能使用 μA741，其他製造廠商所生產的 741 OP-Amp(例如 National Semiconductor Corp.所製造的 LM741)亦可替換。

(二) OP Amp 的線性與非線性工作區

OP Amp 的轉換特性曲線如圖 3-3 所示，其工作區分為線性與非線性工作區兩個部份，各工作區之特點說明如表 3-1 所示。

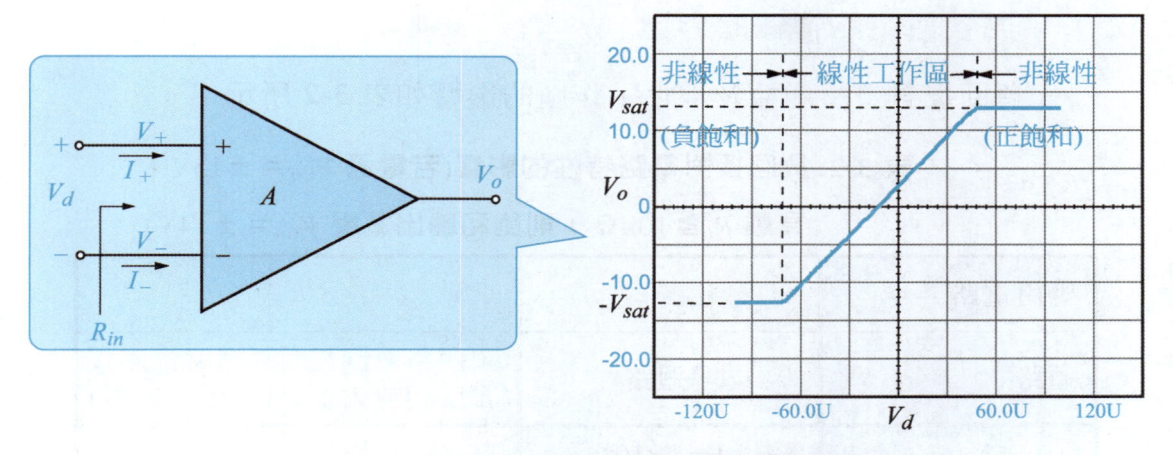

● 圖 3-3　OP Amp 轉換特性曲線

■ 表 3-1 OP Amp 的線性與非線性工作區之工作說明

		線性工作區	非線性(飽和)工作區
說明	V_d	因為理想 OP Amp 的開迴路電壓增益 $A=\infty$，所以 $V_d = V_+ - V_- = \dfrac{V_o}{A} = \dfrac{V_o}{\infty} = 0$ 因此兩輸入端等電位 ($V_+ = V_-$)，就像「短路」一樣，故稱為「虛短路」。在此情況下，若有一輸入端電位為零，則另一輸入端的電位也會為零，稱之為「虛接地」。	不具有「虛短路」特性，也就是 $V_+ \neq V_-$！ (a)正飽和： 　當 $V_+ > V_-$ 時，$V_o = +V_{sat}$ (b)負飽和： 　當 $V_+ < V_-$ 時，$V_o = -V_{sat}$
	R_{in} & I_{in}	因為理想 OP Amp 有無限大的輸入電阻 $R_{in} = \infty$，所以 $I_{in} = I_+ = I_- = 0$，兩個輸入端就像「斷路」一樣，故稱為「虛斷路」。	與在「線性工作區」相同，具有「虛斷路」特性。
分析電路注意事項		分析 OP Amp 的應用電路時，必須先判斷是工作在「線性區」？還是在「非線性區」？	
實例		1. 負回授：反相、非反相放大器 (實習三) 2. 正回授($AB=1$)：正弦波振盪器 (實習四)	1. 開迴路：比較器(實習三) 2. 正回授：方波振盪器 (實習五~七)

(三) 負回授對電路特性的影響

負回授對電壓增益及線性工作區的影響如表 3-2 所示：

■ 表 3-2 負回授對電路特性的影響(若電源 $V_{CC} = \pm 15V$，負載 $R_L \geq 10k\Omega$，則飽和輸出電壓 $V_{sat} = \pm 14V$)

應用電路	比較器	放大器	
迴路	開迴路	閉迴路負回授 (非反相放大器)	閉迴路負回授 (反相放大器)
電壓增益 A_v	$A = 2 \times 10^5$ (OP Amp 741 元件)	$A_v = 1 + \dfrac{R_2}{R_1}$	$A_v = -\dfrac{R_2}{R_1}$
負回授對 A_v 影響		減小，穩定	減小，穩定
線性工作區	$\dfrac{\pm 14}{A} = 70\mu V$(很窄)	$\dfrac{\pm 14}{A_v} \gg 70\mu V$	$\dfrac{\pm 14}{A_v} \gg 70\mu V$
負回授對線性工作區影響		加寬	加寬

(四) 反相放大器

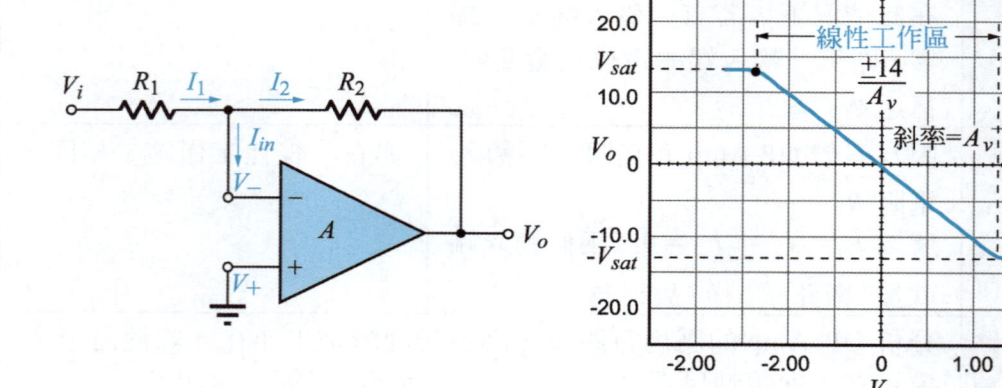

● 圖 3-4(a) 電路圖　　● 圖 3-4(b) 轉換特性曲線電腦模擬圖

反相放大器如圖 3-4 所示，其電壓增益 A_v 的推導為：

$$I_1 = \frac{V_i - V_-}{R_1} = \frac{V_i - 0}{R_1} \text{ (}\because \text{虛接地)} = \frac{V_i}{R_1}$$

又 $I_2 = I_1 - I_{in}$ (∵KCL)$= I_1 - 0$ (∵虛斷路)$= I_1$

∴輸出電壓 $V_o = V_- - I_2 R_2 = 0 - I_2 R_2$ (∵虛接地)$= -I_1 R_2$

$$= -(\frac{V_i}{R_1})R_2 = -(\frac{R_2}{R_1})V_i$$

∴電壓增益 $A_v = \dfrac{V_o}{V_i} = -\dfrac{R_2}{R_1}$

(五) 非反相放大器

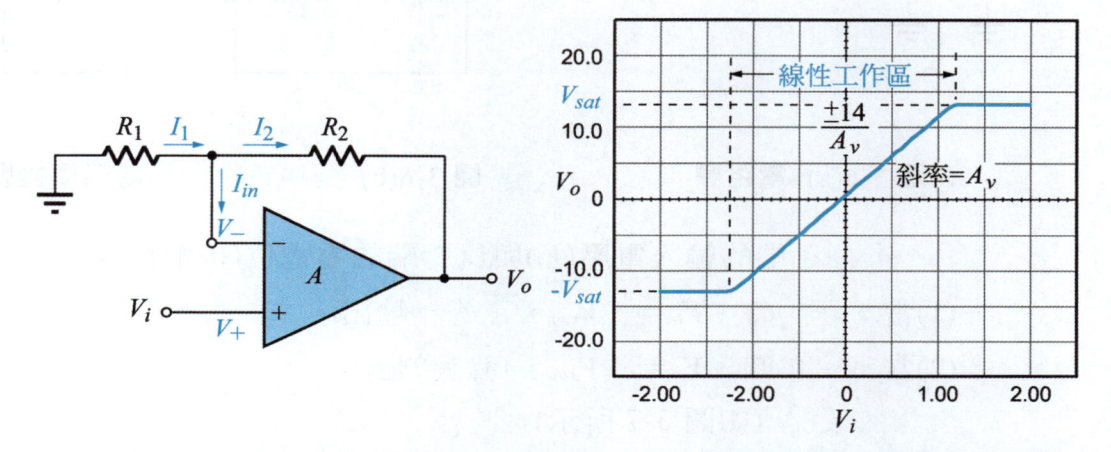

● 圖 3-5(a) 電路圖　　● 圖 3-5 (b) 轉換特性曲線電腦模擬圖

非反相放大器如圖 3-5(a)所示，其電壓增益 A_v 的推導為：

$$I_1 = \frac{-V_-}{R_1} = \frac{-V_i}{R_1} \quad (∵虛接地)$$

又 $I_2 = I_1 - I_{in}$ (∵KCL)$= I_1 - 0$ (∵虛斷路)$= I_1$

∴輸出電壓 $V_o = V_- - I_2 R_2 = V_i - I_2 R_2$ (∵虛短路)$= V_i - I_1 R_2$

$$= V_i - (-\frac{V_i}{R_1})R_2 = V_i + (\frac{R_2}{R_1})V_i$$

∴電壓增益 $A_v = \dfrac{V_o}{V_i} = 1 + \dfrac{R_2}{R_1}$

(六) 比較器

運算放大器兩輸入端的電壓比較大小，以決定輸出電壓。若非反相輸入端電壓大於反相輸入端電壓時，輸出正飽和電壓。若非反相輸入端電壓小於反相輸入端電壓時，輸出負飽和電壓。

1. 非反相比較器（如圖 3-6 所示）

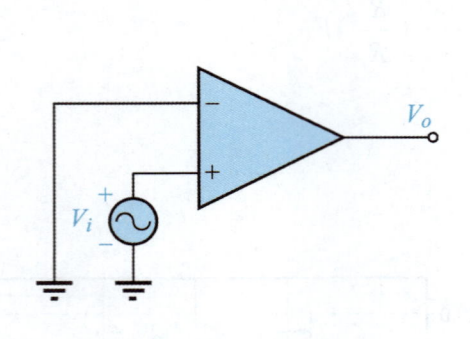

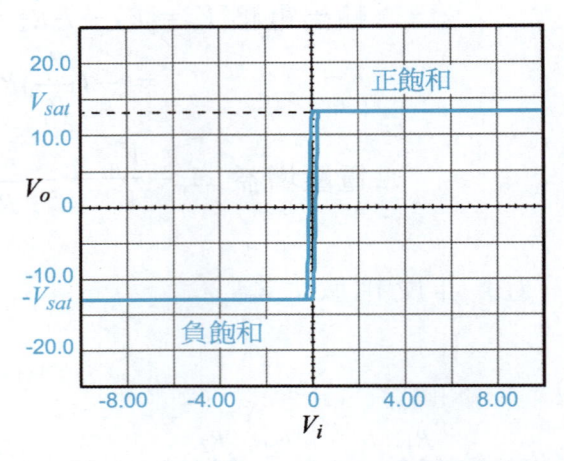

● 圖 3-6(a) 電路圖　　● 圖 3-6(b) 轉換特性曲線電腦模擬圖

非反相端的輸入電壓(V_i)與反相端的零電位(接地)比較：

(1)當 $V_i > 0$ 時，$V_o = +V_{sat}$，正飽和輸出。

(2)當 $V_i < 0$ 時，$V_o = -V_{sat}$，負飽和輸出。

2. 反相比較器（如圖 3-7 所示）

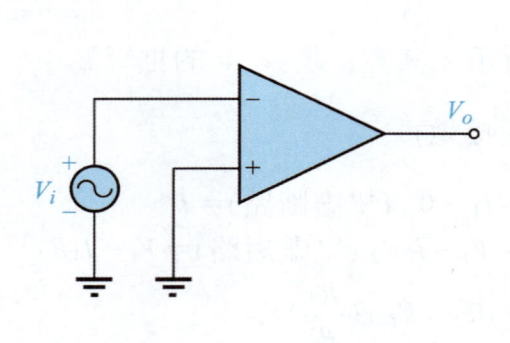

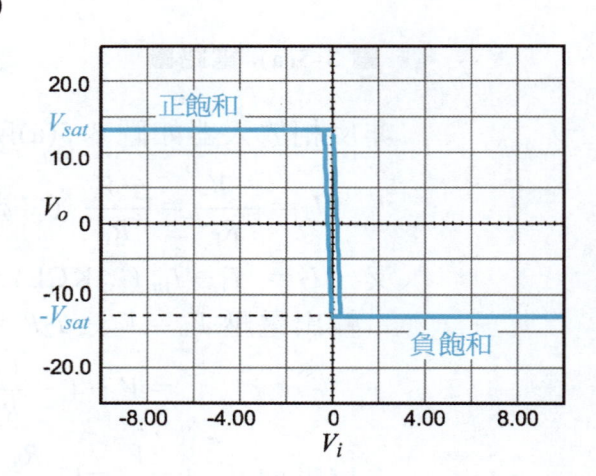

● 圖 3-7(a) 電路圖　　● 圖 3-7(b) 轉換特性曲線電腦模擬圖

反相端的輸入電壓(V_i)與非反相端的零電位(接地)比較：

(1)當 $V_i > 0$ 時，$V_o = -V_{sat}$，負飽和輸出。

(2)當 $V_i < 0$ 時，$V_o = +V_{sat}$，正飽和輸出。

四 實習步驟

工作項目一　反相放大器

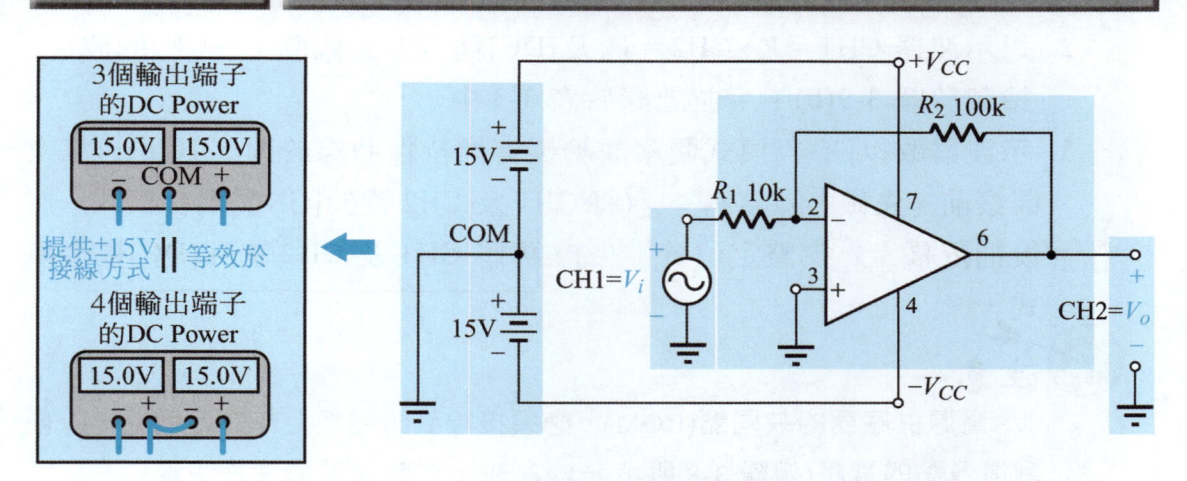

圖 3-8(a)　電路圖

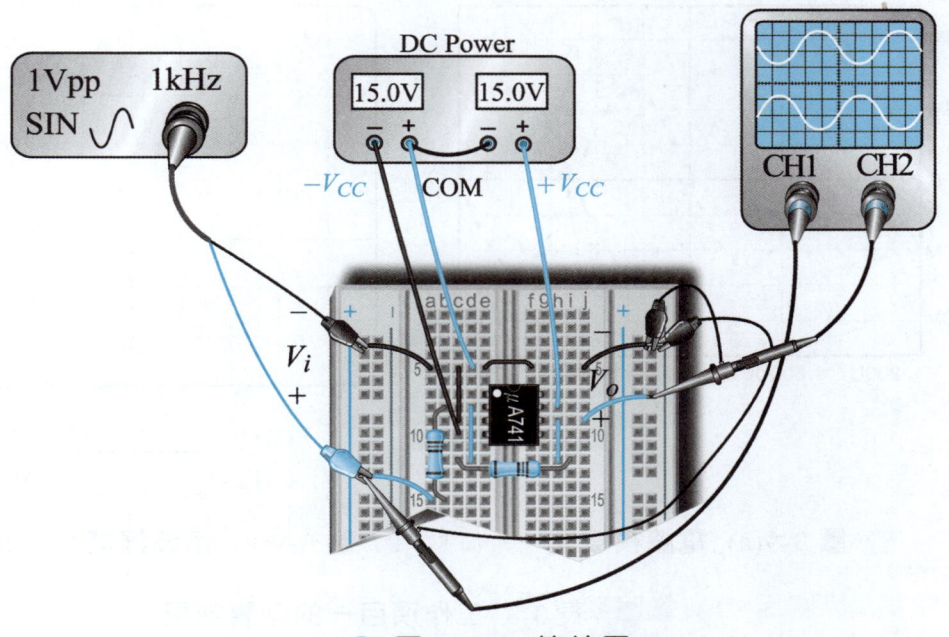

圖 3-8(b)　接線圖

(一) 理論值

電壓增益 $A_v = \dfrac{V_o}{V_i} = -\dfrac{R_2}{R_1} = -\dfrac{100\,\text{k}}{10\,\text{k}} = -10$。

(二) 實測值

1. 按圖 3-8 接線,由電源供應器的【Tracking】模式提供雙電源±15V,並以函數波產生器提供 $V_{i(P-P)}=1V$,$f=1kHz$ 之弦波。
2. 以示波器 CH1 = V_i、CH2 = V_o 及[DC]耦合方式觀測 V_i 與 V_o 的波形,繪製於圖 3-9(b)中,並記錄於表 3-3 中。
3. 示波器改以[X-Y]模式觀察並繪製轉換特性曲線於圖 3-10(b)。每次觀察前,先做「歸零調整」(將 CH1 及 CH2 置於[GND]耦合模式,然後把螢幕光點調整定位於中央),再將 CH1 及 CH2 置回[DC]耦合模式。

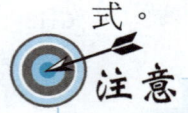

> **注意**
> 電源供應器的共同點(COM),必須接線到麵包板上作為參考點,以便測得各點的電壓(如圖 3-8 所示,V_o 為輸出對參考點的電壓測量)。

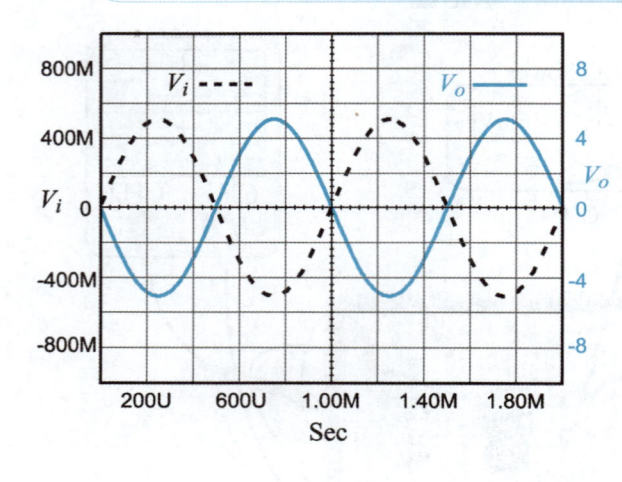

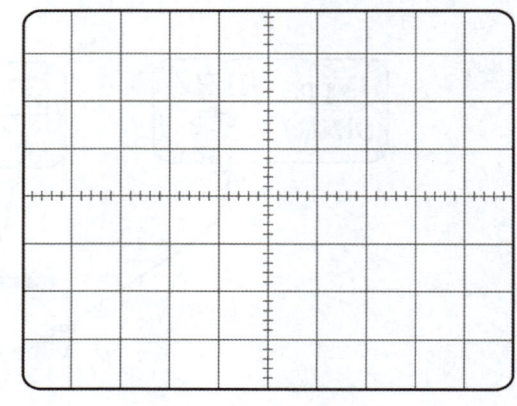

CH1 = _____ V/DIV
CH2 = _____ V/DIV

● 圖 3-9(a) 電腦模擬圖　　● 圖 3-9(b) 示波器顯示的波形

■ 表 3-3 工作項目一的測量結果

	$V_{i(P-P)}$	$V_{o(P-P)}$	$A_v = \dfrac{V_{o(P-P)}}{V_{i(P-P)}}$
理論值	1V	10V	−10
實測值			

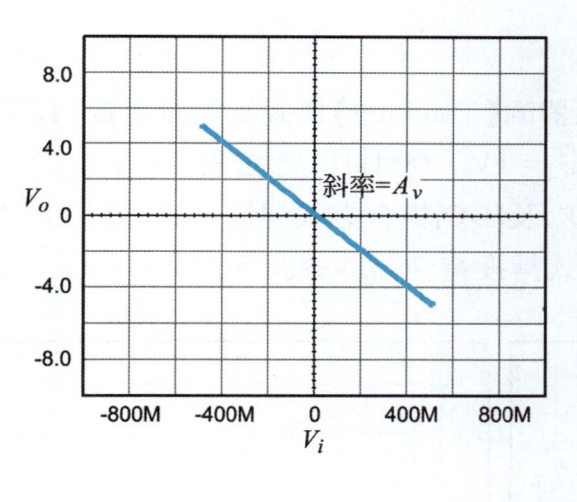

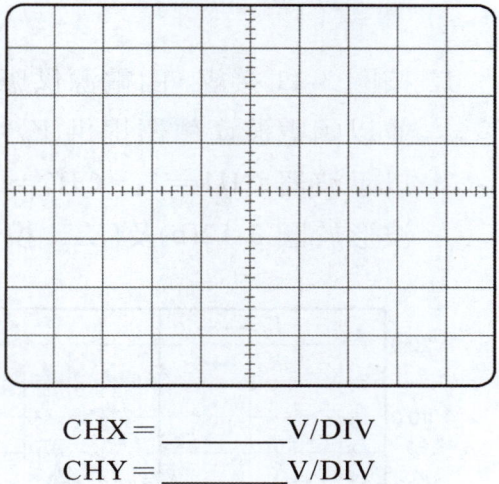

● 圖 3-10(a) 電腦模擬圖　　● 圖 3-10(b) 示波器顯示的波形

CHX = _____ V/DIV
CHY = _____ V/DIV

工作項目二　非反相放大器

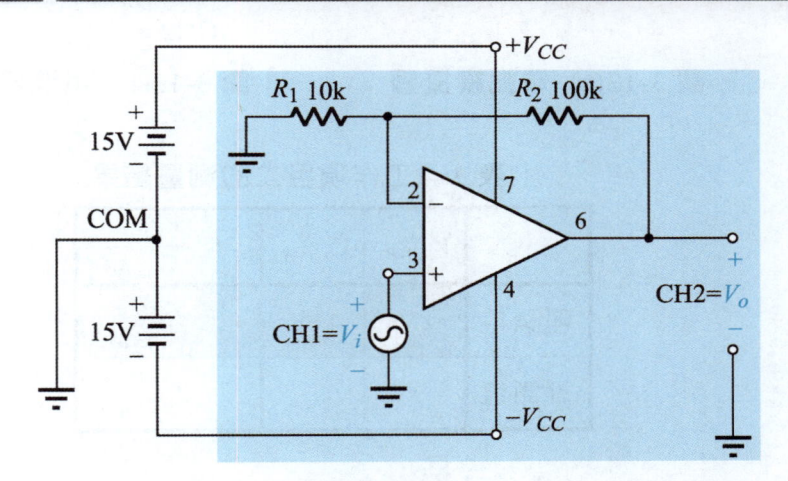

● 圖 3-11 電路圖

(一) 理論值

電壓增益 $A_v = \dfrac{V_o}{V_i} = 1 + \dfrac{R_2}{R_1} = 1 + \dfrac{100k}{10k} = 11$ 。

(二) 實測值

1. 按圖 3-11 接線，由電源供應器的【Tracking】模式提供雙電源±15V，並以函數波產生器提供 $V_{i(P\text{-}P)}=1V$，$f=1kHz$ 之弦波。
2. 以示波器 CH1＝V_i、CH2＝V_o 及[DC]耦合方式觀測，並繪製 V_i、V_o 波形於圖 3-12(b)及[X-Y]模式轉換特性曲線於圖 3-13(b)中。

CH1＝＿＿＿＿V/DIV
CH2＝＿＿＿＿V/DIV

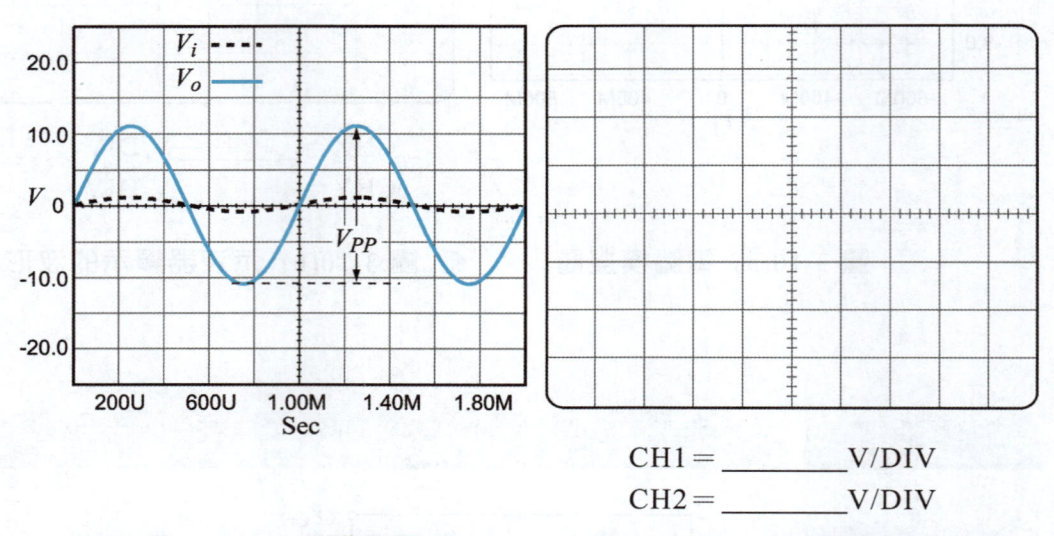

● 圖 3-12(a) 電腦模擬圖　　● 圖 3-12(b) 示波器顯示的波形

■ 表 3-4 工作項目二的測量結果

	$V_{i(P\text{-}P)}$	$V_{o(P\text{-}P)}$	$A_v=\dfrac{V_{o(P\text{-}P)}}{V_{i(P\text{-}P)}}$
理論值	1V	11V	11
實測值			

CHX = _____ V/DIV
CHY = _____ V/DIV

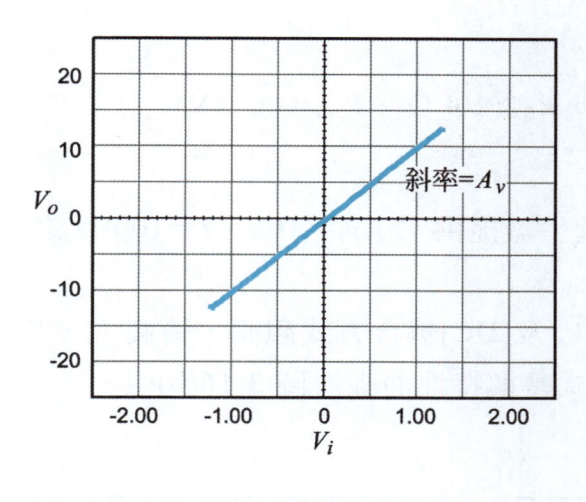

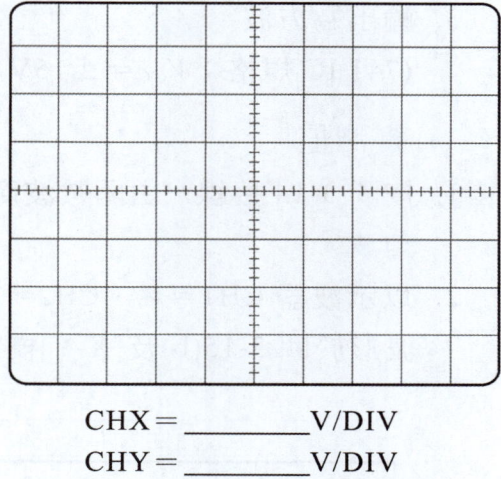

● 圖 3-13(a) 電腦模擬圖　　● 圖 3-13(b) 示波器顯示的波形

工作項目三　比較器

狀況 1 非反相比較器

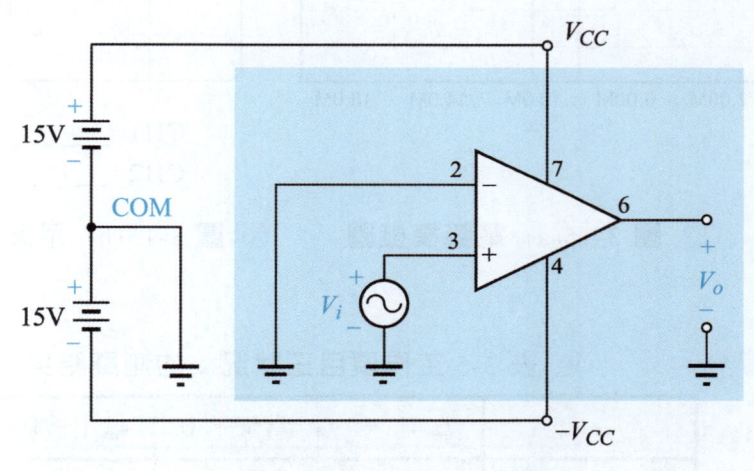

● 圖 3-14 電路圖

(一) 理論值

$V_+ = V_i$，$V_- = 0$

1. 當 $V_i > 0$ 時，則 $V_+ > V_-$，得 $V_o = +V_{sat} = 14$ V。
2. 當 $V_i < 0$ 時，則 $V_+ < V_-$，得 $V_o = -V_{sat} = -14$ V。

3. 輸出為方波

    (741 IC 規格：$V_{CC}=\pm 15V$，$R_L \geq 10k\Omega$，$V_{sat}=\pm 14V$)

(二) 實測值

1. 按圖 3-14 接線，由函數波產生器提供 $V_{i(P-P)}=10V$，$f=100Hz$ 之三角波。
2. 以示波器 CH1 = V_i、CH2 = V_o 及 [DC] 耦合方式觀測，繪製 V_i、V_o 波形於圖 3-15(b) 及 [X-Y] 模式轉換特性曲線於圖 3-16(b) 中。

CH1 = _____ V/DIV
CH2 = _____ V/DIV

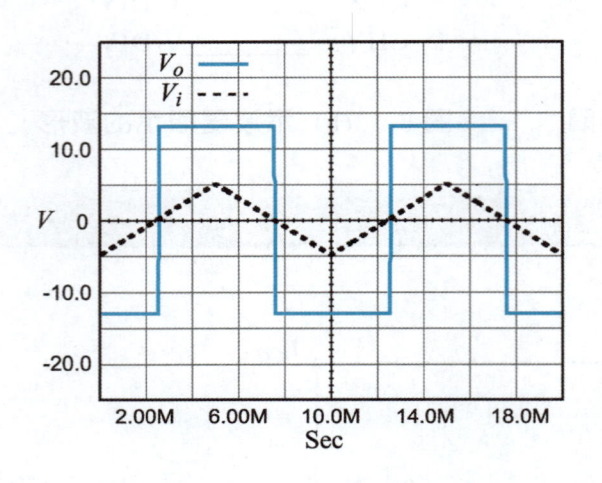

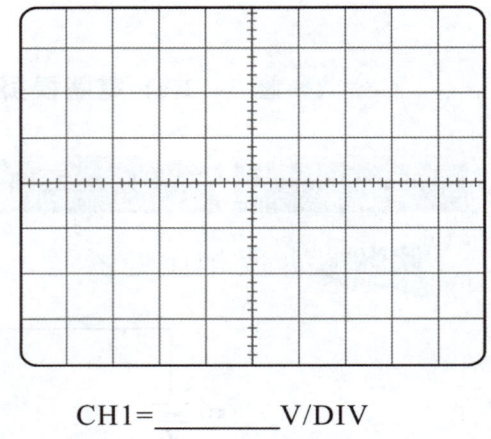

● 圖 3-15(a) 電腦模擬圖　　● 圖 3-15(b) 示波器顯示的波形

■ 表 3-5 工作項目三狀況 1 的測量結果

	當 $V_i > 0$	當 $V_i < 0$	輸出波形
理論值 V_o(V)	+14	−14	方波
實測值 V_o(V)			

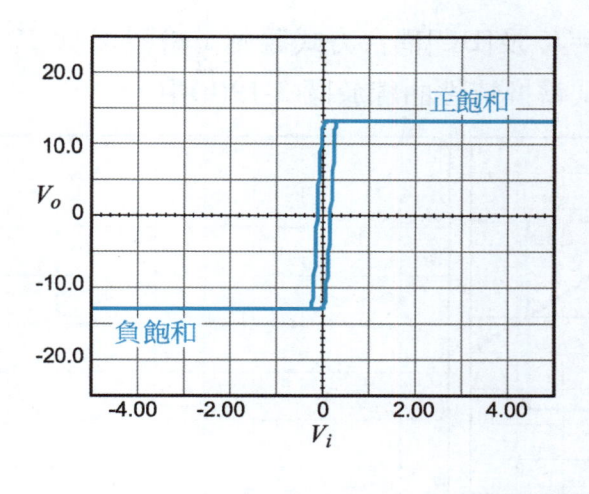

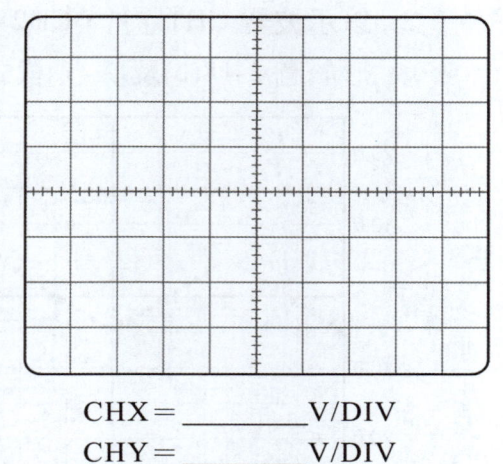

● 圖 3-16(a) 電腦模擬圖　　● 圖 3-16(b) 示波器顯示的波形

CHX = ＿＿＿＿V/DIV
CHY = ＿＿＿＿V/DIV

狀況 2　反相比較器

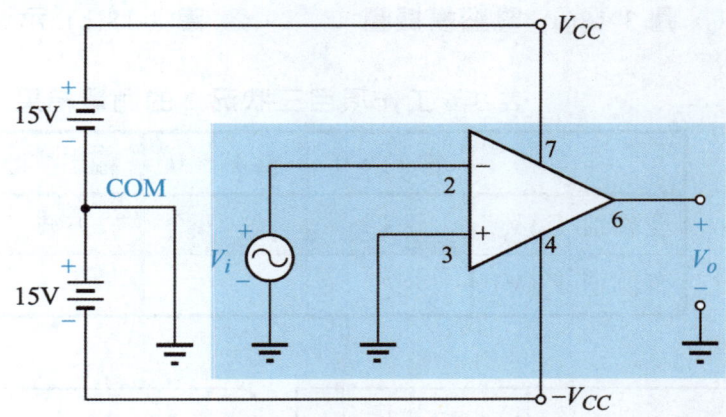

● 圖 3-17　電路圖

(一) 理論值

$V_- = V_i$，$V_+ = 0$

1. 當 $V_i > 0$ 時，則 $V_- > V_+$，得 $V_o = -V_{sat} = -14$ V。
2. 當 $V_i < 0$ 時，則 $V_- < V_+$，得 $V_o = +V_{sat} = 14$ V。
3. 輸出為方波。

(二) 實測值

1. 按圖 3-17 接線，由函數波產生器提供 $V_{i(P-P)} = 10$ V，$f = 100$ Hz 之三角波。

2. 以示波器 CH1＝V_i、CH2＝V_o 及[DC]耦合方式觀測，繪製 V_i 與 V_o 波形於圖 3-18(b)及[X-Y]模式轉換特性曲線於圖 3-19(b)中。

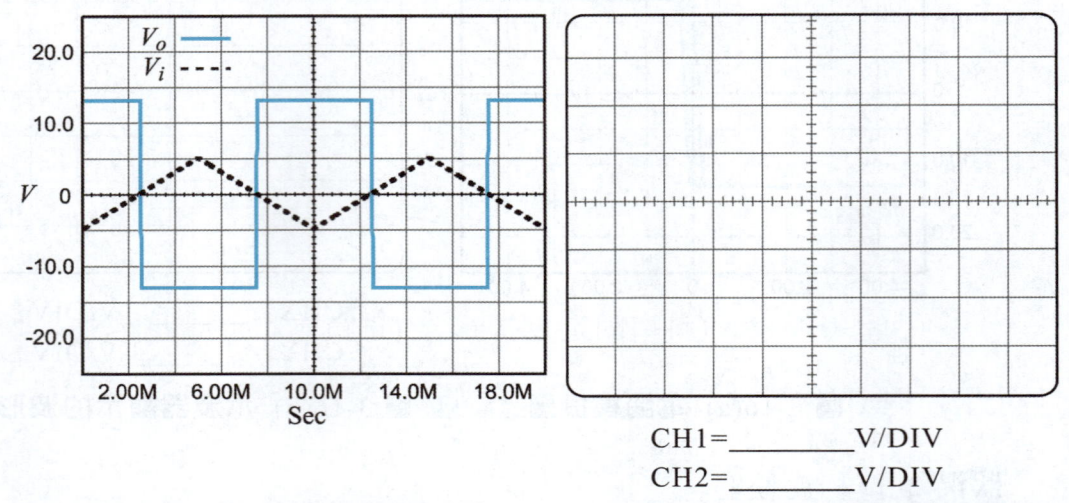

CH1＝_____V/DIV
CH2＝_____V/DIV

● 圖 3-18(a) 電腦模擬圖　　● 圖 3-18(b) 示波器顯示的波形

■ 表 3-6 工作項目三狀況 2 的測量結果

	當 $V_i > 0$	當 $V_i < 0$	輸出波形
理論值 V_o(V)	－14	＋14	方波
實測值 V_o(V)			

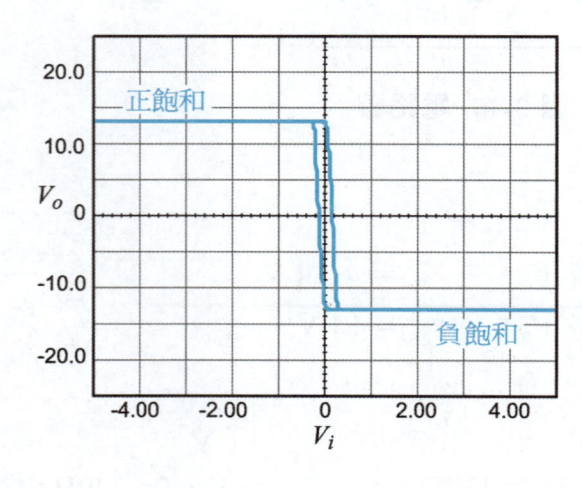

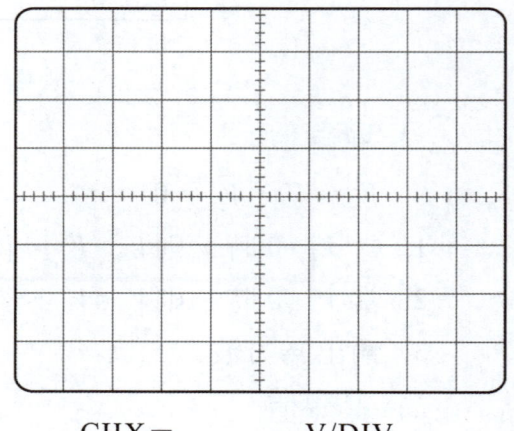

CHX＝_____V/DIV
CHY＝_____V/DIV

● 圖 3-19(a) 電腦模擬圖　　● 圖 3-19(b) 示波器顯示的波形

五 問題與討論

1. 整理工作項目一及二的實測值於表 3-7 中,並回答下列問題:
   (1) 反相放大器的電壓增益實測值與理論值($A_v = -10$)是否近似?
   ($|A_{v1}| \approx 10$?)
   (2) 非反相放大器的電壓增益實測值與理論值($A_v = 11$)是否近似?
   ($A_{v2} \approx 11$?)
   (3) 觀察圖 3-10(b)與圖 3-13(b) 的轉換特性曲線,判斷輸入、輸出呈線性放大(斜率固定)或非線性(正負飽和)的關係?

   ■ 表 3-7 工作一、二實測值的整理

工作項目	一 反相放大	二 非反相放大
電壓增益	$A_{v1} =$	$A_{v2} =$

2. 整理工作項目三比較器的實測值於表 3-8 中,並回答下列問題:
   (1) 比較器電路的輸出波形為何?(弦波,三角波,方波)
   (2) 觀察圖 3-16(b)與圖 3-19(b) 的轉換特性曲線,判斷輸入、輸出呈線性放大(斜率固定)或非線性(正負飽和)的關係?

   ■ 表 3-8 工作三實測值的整理

狀況	當 $V_i > 0$	當 $V_i < 0$	輸出波形
1. 非反相比較器 V_o(V)			
2. 反相比較器 V_o(V)			

單元測驗一

( )　1. 二極體接順向偏壓時，其工作區域為
(A)截止區　(B)導通區　(C)崩潰區　(D)負電阻區。

( )　2. 二極體接順向偏壓時，其理想模型為　(A)負電阻　(B)導通電壓(0.7V)　(C)短路(ON)　(D)斷路(OFF)　模型。

( )　3. 二極體接逆向偏壓時，其等效模型為　(A)負電阻　(B)導通電壓(0.7V)　(C)短路(ON)　(D)斷路(OFF)　模型。

( )　4. 二極體不能應用在何種電路？
(A)放大　(B)整流　(C)截波　(D)邏輯電路。

( )　5. 電晶體應用在線性放大電路時，電晶體工作在何區？
(A)飽和區　(B)截止區　(C)飽和區及截止區　(D)作用區。

( )　6. 電晶體應用在非線性開關電路時，電晶體工作在何區？
(A)飽和區　(B)截止區　(C)飽和區及截止區　(D)作用區。

( )　7. 電晶體開關電路中，當集射極在 ON 時，電晶體工作在何區？
(A)飽和區　(B)截止區　(C)崩潰區　(D)作用區。

( )　8. 電晶體開關電路中，當集射極在 OFF 時
(A)$V_{CE} \approx 0V$　(B)$\beta I_B > I_C$　(C)$I_B > 0$ 且 $\beta I_B = I_C$　(D)$I_B = I_E = 0$。

( )　9. 下列運算放大器應用電路中，那一種電路之 OP Amp 的輸入端不具有虛短路特性？　(A)史密特振盪器　(B)RC 相移振盪器　(C)韋恩電橋振盪器　(D)反相放大器。

( )　10. 下列運算放大器應用電路中，那一種電路之 OP Amp 的輸入端不具有虛斷路(輸入電流 $I_{in} = 0$)特性？　(A)史密特振盪器　(B)RC 相移振盪器　(C)韋恩電橋振盪器　(D)以上皆具有。

( )　11. 有關負回授放大電路的敘述，下列何者錯誤？　(A)可產生弦波振盪　(B)電壓增益加大　(C)頻帶寬度增加　(D)失真減小。

( )　12. 運算放大器應用在放大電路時，OP Amp 工作在何區？　(A)正飽和區　(B)負飽和區　(C)正飽和及負飽和區　(D)線性工作區。

2 波形產生電路

- 實習四　正弦波振盪器
- 實習五　無穩態多諧振盪器
- 實習六　單穩態多諧振盪器
- 實習七　雙穩態多諧振盪器及史密特振盪器
- 單元測驗二

實習四　正弦波振盪器

一、實習目的

1. 瞭解 RC 相移振盪器的特性與工作原理。
2. 瞭解韋恩電橋振盪器的特性與工作原理。
3. 瞭解石英晶體振盪器的特性與工作原理。

二、實習材料

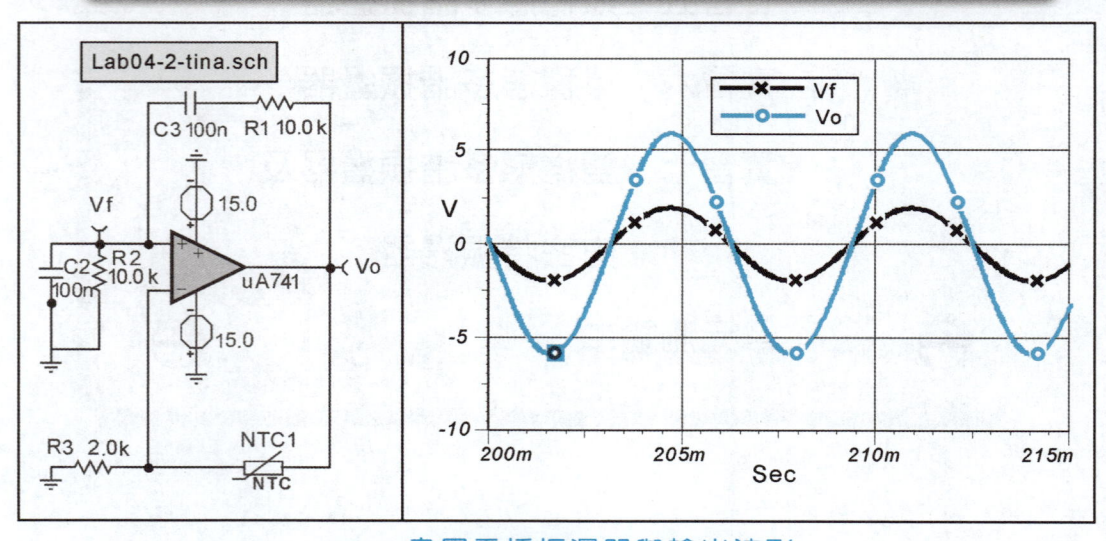

電阻板上的電阻	100Ω × 1	1kΩ × 1	2.2kΩ × 1	3.3kΩ × 3
	10kΩ × 2	33kΩ × 2	560kΩ × 1	
可變電阻	10kΩ × 1	1MΩ × 1		
電容	0.001μF × 2	0.01μF × 2	0.1μF × 3	47μF × 1
電晶體(NPN)	9013 × 1			
IC	μA 741 × 1			
石英晶體	1MHz × 1			

韋恩電橋振盪器與輸出波形

三 相關知識

(一) 波形產生電路

1. 波形產生電路(振盪器)能將直流電源的電能轉變為各種頻率、波形的交流信號輸出。
2. 振盪器是由放大電路與回授網路共同組成的正回授迴路,如圖 4-1 所示。

> **註** 當回授網路取到的回授信號(V_f)與輸入信號(V_i)為同相位時為正回授。

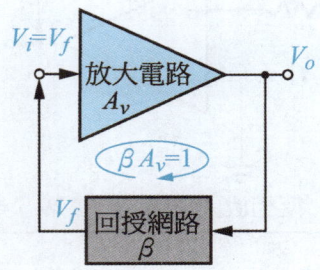

● 圖 4-1 正回授迴路方塊圖

3. 振盪器分為兩大類,如表 4-1 所示。

■ 表 4-1 各類波形產生電路

正弦波振盪器		非正弦波振盪器
低頻(RC)振盪器	高頻(LC)振盪器	以方波振盪器為例
1. RC 相移(實習四) 2. 韋恩電橋(實習四) 3. 雙 T 型	1. 考畢子 2. 哈特萊 3. 石英晶體(實習四)	1. 多諧振盪器(1)無穩態(實習五) 　　　　　　　(2)單穩態(實習六) 　　　　　　　(3)雙穩態(實習七) 2. 史密特振盪器　　　　(實習七)

(二) 振盪條件

正弦波振盪器在一適當頻率下,若

1. 迴路增益 $\beta A_v = 1$,如圖 4-1 所示。
   (實際電路的迴路增益應略大於 1)
2. 迴路總相位移為 $360°$ 或 $0°$。

則電路在此頻率下,得以持續振盪,輸出正弦波。

(三) 超前型 RC 相移振盪器

　　低頻振盪器使用 R、C 元件組成回授迴路，所以又稱為 RC 振盪器。本實習以超前型 RC 相移振盪器為例，如圖 4-2 所示。

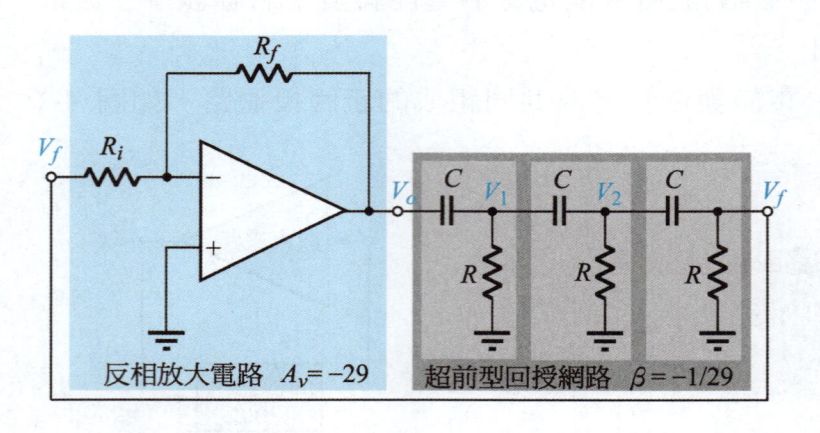

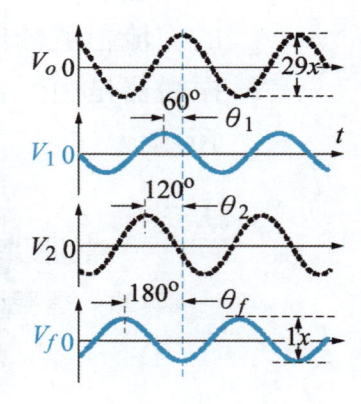

● 圖 4-2(a) 超前型 RC 相移振盪器　　　● 圖 4-2(b) 電腦模擬圖

1. 反相放大電路 $A_v = \dfrac{V_o}{V_f} = -\dfrac{R_f}{R_i}$，負號表示 180° 倒相，且增益 $|A_v| \geq 29$。

2. 因每一節 RC 網路相位移不超過 90°，所以在適當頻率 f_0 下，要獲取相位移 180° 最少需三節 RC 回授網路。因此整個迴路總相位移為 360° 或 0°。

3. 在 f_0 頻率下，RC 回授網路的回授因數(衰減率) $\beta = \dfrac{V_f}{V_o} = -\dfrac{1}{29}$。因迴路增益 $\beta A_v \geq 1$，符合振盪條件，所以電路得以產生振盪。

4. 超前型 RC 相移振盪器的 V_f 相位較 V_o 領前 180°，其振盪頻率 $f_0 = \dfrac{1}{2\pi RC\sqrt{6}}$。

5. 若改接落後型 RC 回授網路，如圖 4-3 所示，則成為落後型 RC 相移振盪器，其 V_f 相位較 V_o 落後 180°，振盪頻率為 $f_0 = \dfrac{\sqrt{6}}{2\pi RC}$。

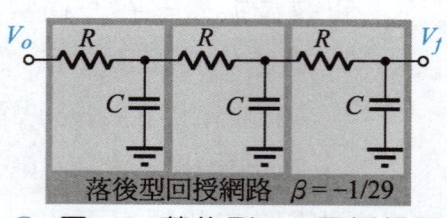

● 圖 4-3 落後型 RC 回授網路

(四) 韋恩電橋振盪器

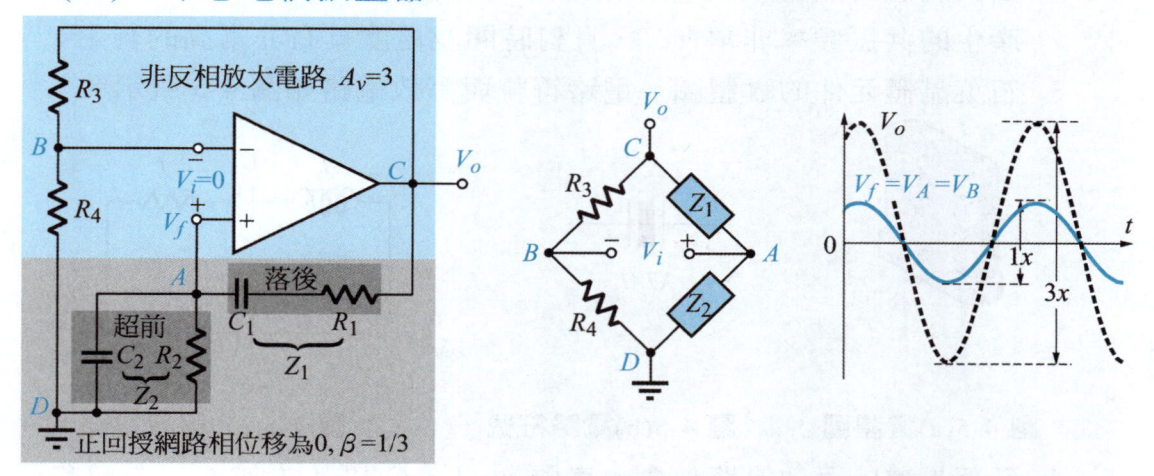

● 圖 4-4(a) 電路圖　　● 圖 4-4(b) 以電橋網路表示　　● 圖 4-4(c) 波形圖

1. 非反相放大電路之 R_3、R_4 組成負回授網路，得正增益
$A_v = \dfrac{V_o}{V_f} = 1 + \dfrac{R_3}{R_4} \geq 3$，相位移為 0。

2. R_1、C_1 組成相位落後網路，R_2、C_2 組成相位領前網路，當電橋平衡，且網路在適當頻率 f_0 時，呈現純電阻性，相位移為 0。因此 Z_1、Z_2 形成正回授網路，而整個迴路總相位移為 0°。

3. 在頻率 f_0 下，因為正回授網路的回授因數(衰減率) $\beta = \dfrac{V_f}{V_o} = \dfrac{1}{3}$，所以迴路增益 $\beta A_v = \dfrac{1}{3} \cdot 3 = 1$，符合振盪條件，電路得以產生共振。

4. 若 $R_1 = R_2 = R$，$C_1 = C_2 = C$，
則振盪頻率 $f_0 = \dfrac{1}{2\pi\sqrt{R_1 R_2 C_1 C_2}} = \dfrac{1}{2\pi RC}$。

(五) 石英晶體振盪器

1. **壓電效應**：當機械力加在石英晶體面上時，在晶體的相對面上會產生正、負不同電荷的電位差。而在晶體的面上加上週期性的電位差時，晶體面上會產生相同頻率的振動，此振動在共振頻率時達到最大。

2. 由於晶體的品質因數 Q 值非常高，因此忽略串聯電阻 r 後，晶體所產生的共振頻率非常準確，且對時間及溫度具有非常高的穩定性。

3. 石英晶體元件的實體圖、電路符號與等效電路如圖 4-5 所示。

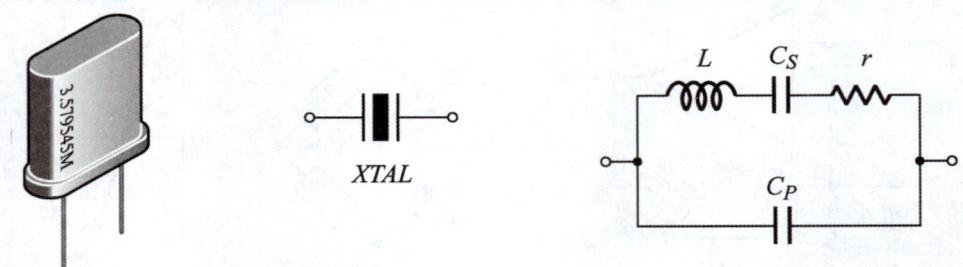

● 圖 4-5(a) 實體圖　　● 圖 4-5(b) 電路符號　　● 圖 4-5(c) 等效電路

4. 石英晶體的等效電路包含一串聯 r、L、C_s 以及並聯 C_p。忽略串聯電阻 r，得串聯共振頻率 f_s，與並聯共振頻率 f_p：

$$f_s = \frac{1}{2\pi\sqrt{LC_s}} \quad , \quad f_p = 1\bigg/\left(2\pi\sqrt{L\frac{C_s C_p}{C_s + C_p}}\right)$$

5. 由上式得 $f_p > f_s$，但是 $C_p >> C_s$，所以 f_p 非常接近 f_s ($f_p \approx f_s$)。因此晶體振盪器可以很準確地在元件所標示的頻率下產生共振。

6. 又當振盪頻率介於 f_s 與 f_p 之間時，晶體電抗呈電感性，故在考畢子振盪器中，以晶體取代電感元件，如圖 4-6(b) 所示，由串聯 L、C_s 與 $C_p + \dfrac{C_1 C_2}{C_1 + C_2}$ 產生共振，因為 C_s 甚小於 C_1、C_2 及 C_p，所以共振頻率 f_0 還是非常接近 f_s。

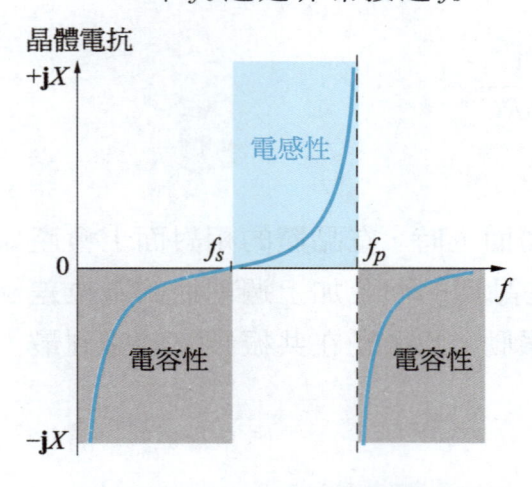

● 圖 4-6(a) 晶體電抗與頻率關係　　● 圖 4-6(b) 考畢子晶體振盪器

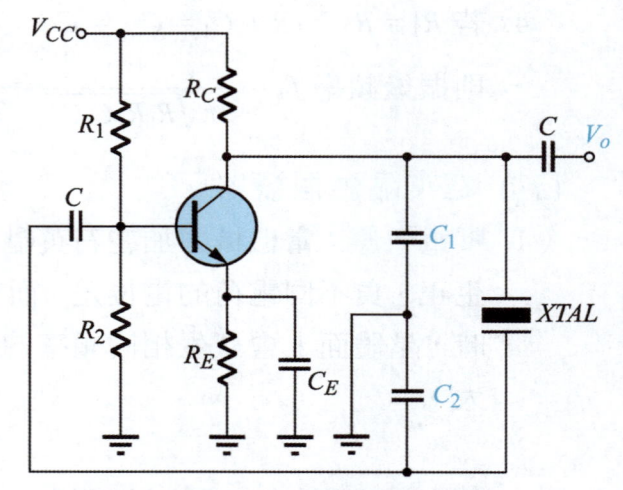

四 實習步驟

工作項目一　超前型 RC 相移振盪器

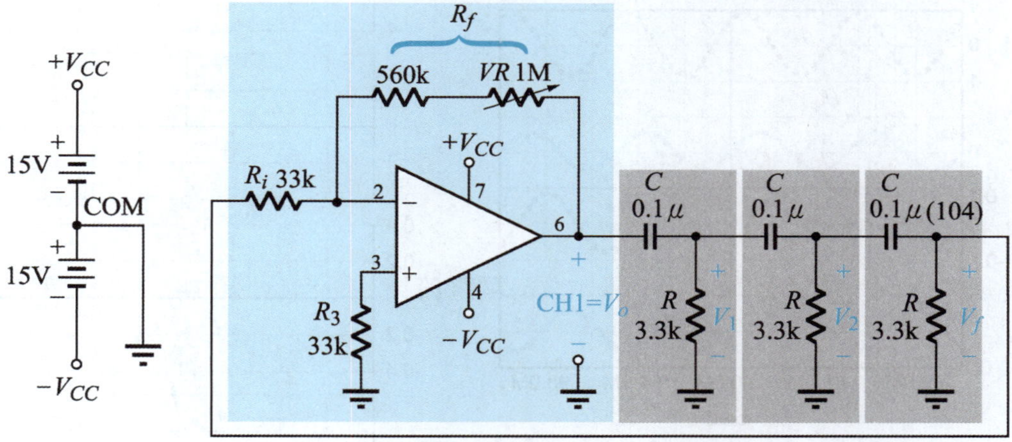

● 圖 4-7 電路圖

(一) 理論值

1. 振盪條件 $\beta A = 1 \angle 0$ 。

   (1) 回授因數 $\beta = -\dfrac{1}{29}$，負號表示三節 RC 回授網路的相位移 +180 ，每一節 RC 相位移 +60 。

   (2) 電壓增益 $|A_v| = \dfrac{R_f}{R_i} = 29$，$R_f = 29\, R_i = 957\,\mathrm{k}\Omega$。

2. 振盪頻率 $f_0 = \dfrac{1}{2\pi RC\sqrt{6}} = 1/(15.38 \times 3.3\mathrm{k} \times 0.1\mu) = 197\,\mathrm{Hz}$，

   $T = \dfrac{1}{f_0} = 5\,\mathrm{ms}$。

(二) 實測值

1. 按圖 4-7 接線，以電源供應器【Tracking】模式提供雙電源 ±15V。

2. 以示波器雙頻道[AC]耦合模式，CH1 = V_o 觀察輸出波形，同時調整可變電阻 VR，使 V_o 出現不失真的弦波振盪波形。然後以 CH2 分別觀測 V_1、V_2、V_f，並以 V_o 波形為基準對齊時間軸，繪製各波形於圖 4-8(b)。

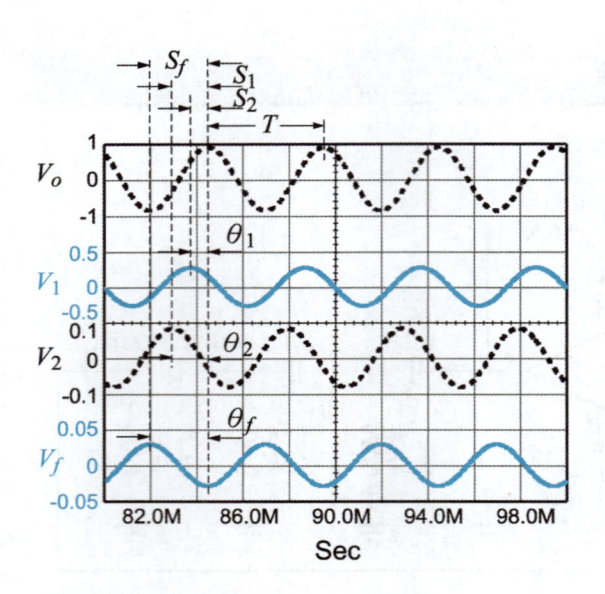

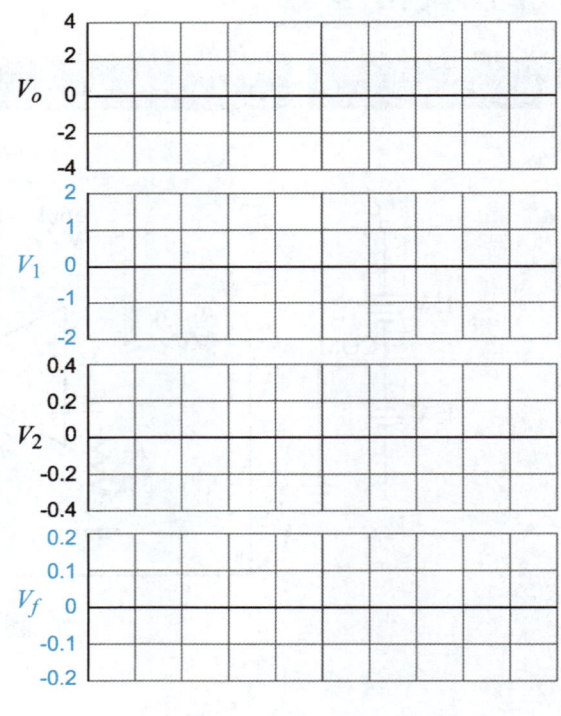

● 圖 4-8(a) 電腦模擬圖　　　　　　　● 圖 4-8(b) 示波器顯示的波形

3. 觀測各值並利用下列公式計算相位角，記錄於表 4-2 中。

以 θ_1 為例：$\theta_1 = 360° \times S_1 / T$ ，當 V_1 超前 V_o 時，θ_1 為正。

■ 表 4-2 工作項目一的測量結果

	振盪波形	T	S_1	S_2	S_f	$f_0 = \dfrac{1}{T}$	θ_1	θ_2	θ_f
理論值	弦波	5ms	0.8ms	1.6ms	2.5ms	200Hz	60°	120°	180°
實測值									

4. 最後將可變電阻 VR 拆離電路，再以三用電表Ω檔測量 VR 電阻值，並記錄於表 4-3 中。

■ 表 4-3 工作項目一的測量結果

單獨測量	$VR(\Omega)$	$R_f = VR + 560k(\Omega)$
理論值	397k	957k
實測值		

工作項目二　韋恩電橋振盪器

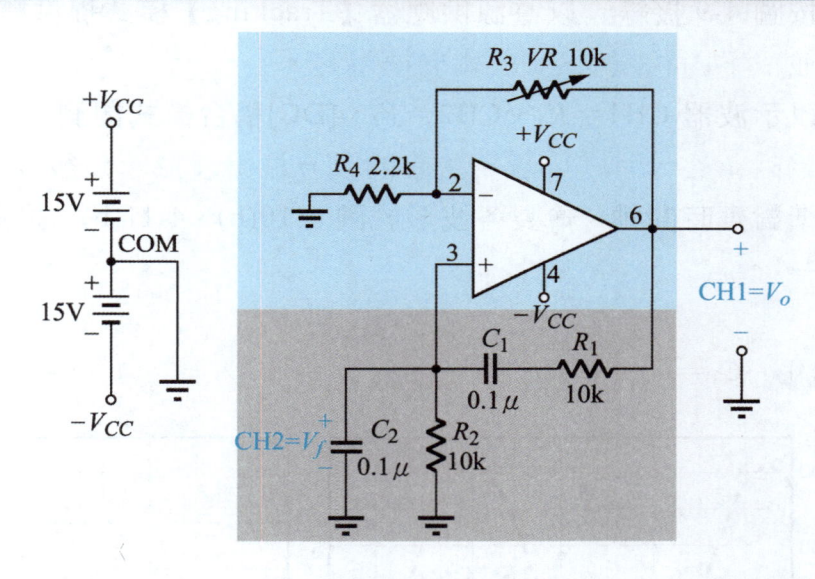

圖 4-9 電路圖

(一) 理論值

1. 振盪條件 $\beta A = 1 \angle 0$ 。

    (1) 回授因數 $\beta = \dfrac{V_f}{V_o} = \dfrac{1}{3}$ 。

    (2) 電壓增益 $A_v = \dfrac{V_o}{V_f} = 1 + \dfrac{R_3}{R_4} = 3$，則 $\dfrac{R_3}{R_4} = 2$，

    $R_3 = 2\ R_4 = 4.4\text{k}\Omega$ 。

2. $R_1 = R_2 = R$，$C_1 = C_2 = C$，則振盪頻率為

狀況 1 $C = 0.1\mu$，$f_0 = \dfrac{1}{2\pi RC} = 0.16/(10\text{k} \times 0.1\mu) = 160$ Hz，

$T = \dfrac{1}{f_0} = 6.25$ ms

狀況 2 $C = 0.01\mu$，$f_0 = \dfrac{1}{2\pi RC} = 0.16/(10\text{k} \times 0.01\mu) = 1.6\text{k}$ Hz，

$T = \dfrac{1}{f_0} = 0.625$ ms

(二) 實測值

1. 按圖 4-9 接線，以電源供應器【Tracking】模式提供雙電源±15V，並依下面狀況 1、2 所述變換電容。
2. 以示波器 CH1＝V_o、CH2＝V_f，[DC]耦合模式觀測，同時調整可變電阻 VR，使 V_o 出現不失真的弦波振盪波形。然後以 V_o 波形為基準對齊時間軸，繪製各波形於圖 4-10(b)、4-11(b)，並完成紀錄於表 4-4。

狀況 1 $C_1 = C_2 = C = 0.1\mu$

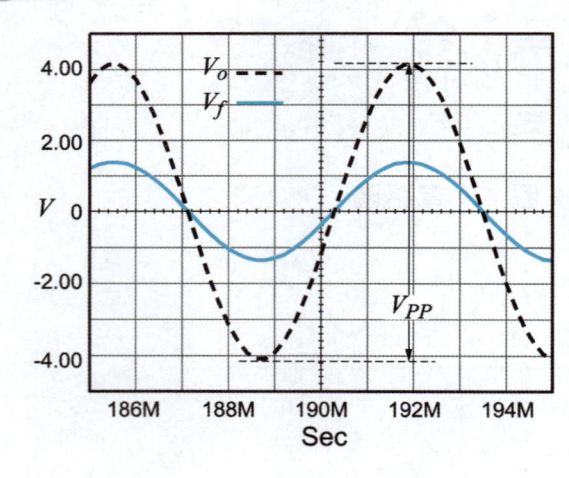

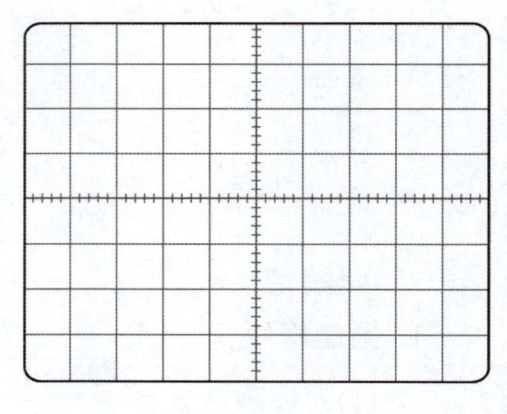

CH1＝＿＿V/DIV；CH2＝＿＿V/DIV
Time＝＿＿＿＿＿ s/DIV

● 圖 4-10(a) 電腦模擬圖　　● 圖 4-10(b) 示波器顯示的波形

狀況 2　　$C_1 = C_2 = C = 0.01\mu$

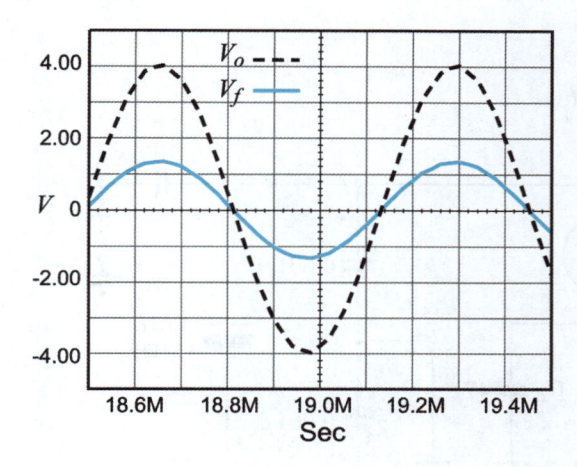

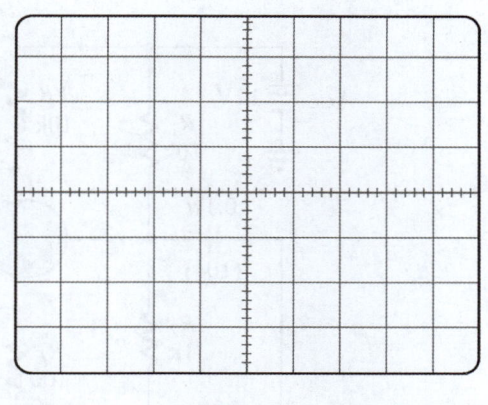

● 圖 4-11(a) 電腦模擬圖　　● 圖 4-11(b) 示波器顯示的波形

CH1＝＿＿V/DIV；CH2＝＿＿V/DIV
Time＝＿＿＿＿ s/DIV

■ 表 4-4 工作項目二的測量結果（表格裡[ ]內的數據為理論值）

狀況	振盪波形	$T(s)$	$V_{o(P-P)}$ (V)	$V_{f(P-P)}$ (V)	$f_0 = \dfrac{1}{T}$ (Hz)	$A_v = \dfrac{V_{o(P-P)}}{V_{f(P-P)}}$
1. $C=0.1\mu$	[弦波]	[6.25m]			[160]	[3]
2. $C=0.01\mu$	[弦波]	[0.625m]			[1.6k]	[3]

3. 最後將可變電阻 VR 拆離電路，再以三用電表Ω檔測量 VR 電阻值，並記錄於表 4-5 中。

■ 表 4-5 工作項目二的測量結果

單獨測量	$VR(\Omega)$
理論值	4.4 k
實測值	

工作項目三　石英晶體振盪器

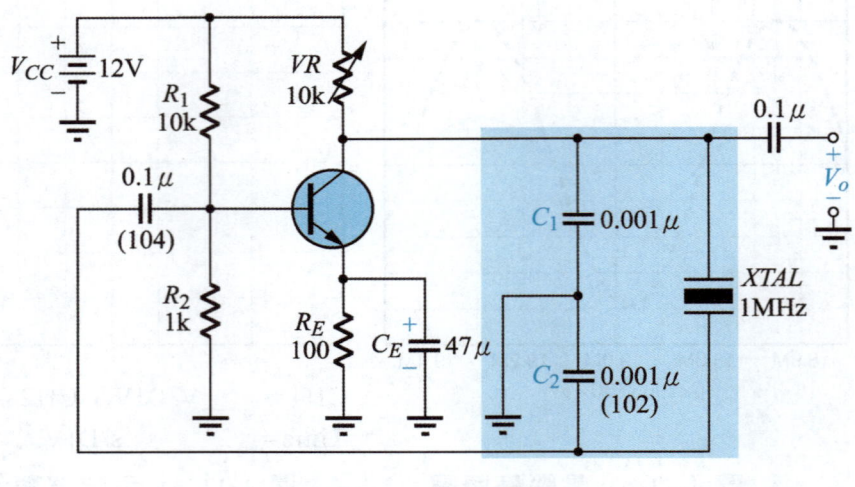

● 圖 4-12 電路圖

(一) 理論值

1. 當頻率介於 f_s 與 f_p 之間時，晶體電抗呈電感性，故在考畢子振盪器中，以晶體($XTAL$)取代電感元件。
2. 晶體運用在各種型式的振盪器時，其振盪頻率在串聯共振頻率 f_s 以及並聯共振頻率 f_p 之間。
3. 因 f_s 與 f_p 相差不多($f_s \approx f_p$)，所以晶體振盪器可以很準確且穩定地在元件所標示的頻率下產生共振。
4. 本實習採用振盪頻率 1MHz 的晶體，所以共振頻率 $f_0 = 1\text{MHz}$，週期 $T = 1/f_0 = 1\mu\text{s}$。

(二) 實測值

1. 按圖 4-12 接線，以電源供應器提供 $V_{CC} = 12\text{V}$。
2. 以示波器 CH1 = V_o，[DC]耦合模式觀測，同時調整可變電阻 VR，使 V_o 出現不失真的弦波振盪波形。然後繪製波形於圖 4-13(b)，並完成紀錄於表 4-6。

實習四　正弦波振盪器

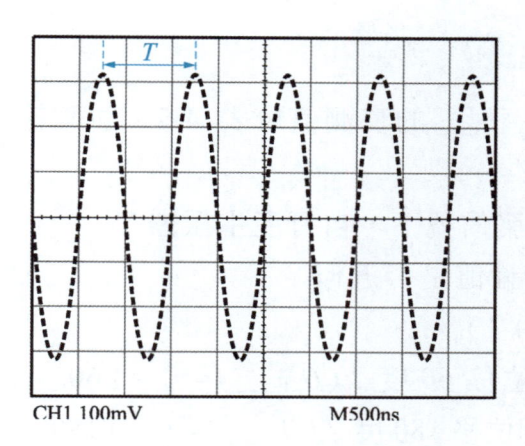

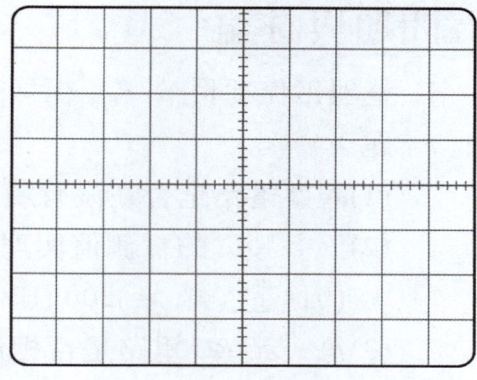

CH1 = <u>100mV</u>/DIV
Time = <u>500ns</u>/DIV

CH1 = _____ V/DIV
Time = _____ s/DIV

● 圖 4-13(a) 儲存示波器顯示圖　　● 圖 4-13(b) 示波器顯示的波形

(因模擬軟體試用版多不含晶體元件，故改以實作結果當作參考)

■ 表 4-6 工作項目三的測量結果

串聯諧振	振盪波形	$f_0 = \dfrac{1}{T}$
理論值	弦波	1MHz
實測值		

五 問題與討論

1. 整理工作項目一 RC 相移振盪器的實測值於表 4-7，並回答下列問題：
   (1) 觀察電路是否在沒有觸發信號下，自行產生振盪？
   (2) 振盪頻率的實測值與理論值是否近似？
      (f_0 ___(≈，≠)200 (Hz)？)
   (3) 每一節 RC 電路是否相位移 60 度？(θ_1___(≈，≠) 60°？)
   (4) 三節 RC 回授網路是否相位移 180 度？(θ_f___(≈，≠) 180°？)
   (5) 實驗結果是否符合振盪條件？($\beta A = -\dfrac{1}{29} \times A_v$___(≈，≠)1？)

■ 表 4-7 工作一實測值的整理

工作一	振盪波形	f_0(Hz)	θ_1(°)	θ_f(°)	$R_f(\Omega)$	$A_v = -\dfrac{R_f}{33k}$
RC 相移振盪器						

2. 整理工作項目二韋恩電橋振盪器的實測值於表 4-8，並回答下列問題：
   (1) 改變電容器 C 值是否可調整振盪頻率？
   (2) 觀察圖 4-11(b)，判斷回授 V_f 與輸出 V_o 波形是同相或反相？
   (3) 實驗結果是否符合振盪條件？($\beta A = \dfrac{1}{3} \times A_v$ ___(≈，≠)1？)

■ 表 4-8 工作二實測值的整理

狀況	振盪波形	f_0(Hz)	A_v
1. $C=0.1\mu$			
2. $C=0.01\mu$			

3. 觀察表 4-6 工作項目三石英晶體振盪器的共振頻率實測值，與元件標示值是否近似？(f_0 ___(≈，≠)1M (Hz)？)

實習五　無穩態多諧振盪器

一　實習目的

1. 瞭解電晶體式無穩態多諧振盪器的特性與工作原理。
2. 瞭解運算放大器式無穩態多諧振盪器的特性與工作原理。

二　實習材料

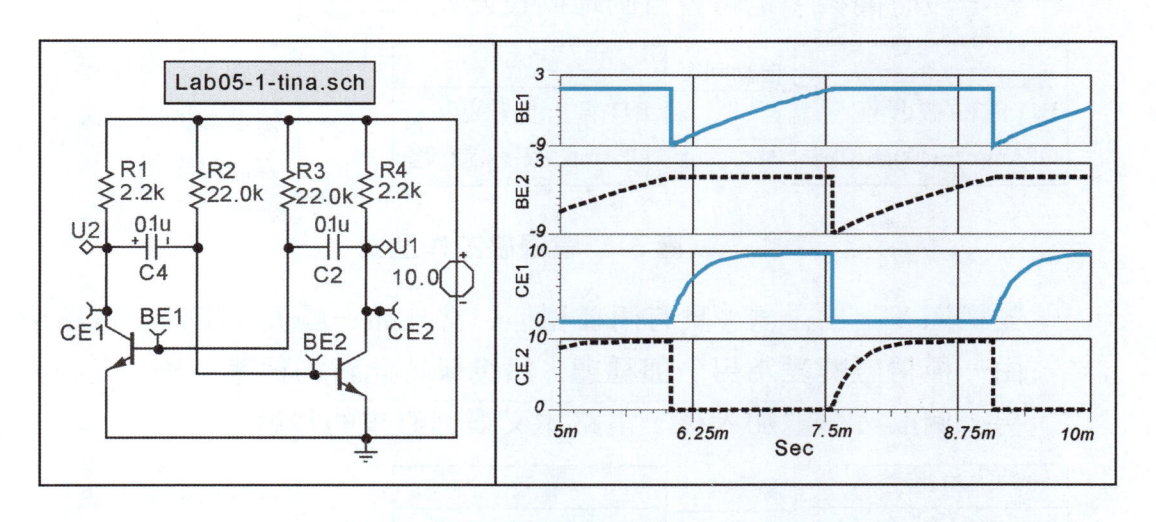

電阻板上的電阻	390Ω×2	2.2kΩ×2	10kΩ×1	22kΩ×2
	100kΩ×1	270kΩ×1	1MΩ×1	
電容	0.1μF×2	0.01μF×2	47μF×2	
發光二極體	紅色 ×2			
電晶體(NPN)	9013 ×2			
IC	μA 741 ×1			

電晶體式無穩態多諧振盪器與輸出波形

三 相關知識

多諧振盪器工作在非線性區，例如電晶體式多諧振盪器在飽和區與截止區之間切換，而運算放大器式多諧振盪器在正、負飽和區之間切換，使得輸出波形為方波。

多諧振盪器依工作型式分為：(以電晶體式多諧振盪器為例)

1. 無穩態多諧振盪器：在沒有外加觸發信號的情況下，每一個電晶體(電路中有兩個電晶體)都沒有穩態，而是一直在飽和與截止兩種暫態之間交互變化。

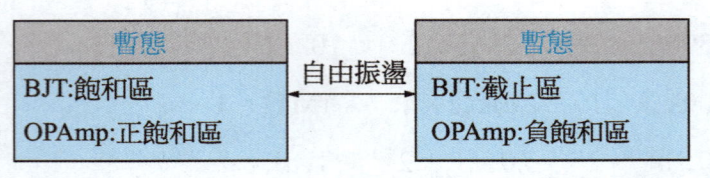

暫態 BJT:飽和區 OPAmp:正飽和區	自由振盪	暫態 BJT:截止區 OPAmp:負飽和區

穩態＝穩定狀態
暫態＝暫時狀態

● 圖 5-1 無穩態工作型式

2. 單穩態多諧振盪器：在沒有觸發信號時，電路保持一個電晶體永遠飽和，另一個則永遠截止之穩態。當有觸發信號輸入時，電路則由穩態轉變為暫態(原本飽和者暫變為截止，截止者暫變為飽和)，再經一段時間後，電路會自動地回復為原來的穩態。

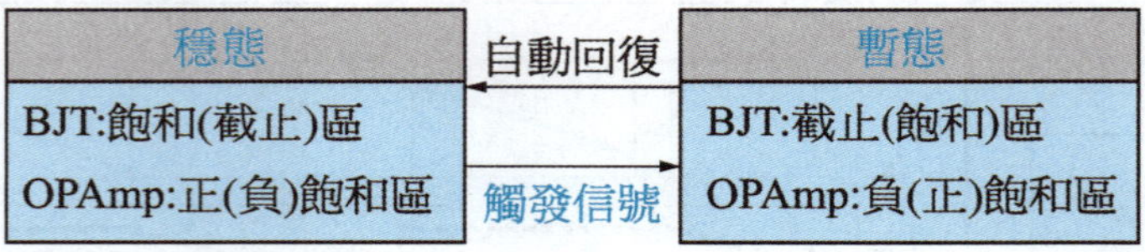

穩態 BJT:飽和(截止)區 OPAmp:正(負)飽和區	自動回復 觸發信號	暫態 BJT:截止(飽和)區 OPAmp:負(正)飽和區

有關單穩態多諧振盪器的詳細內容請參閱實習六

● 圖 5-2 單穩態工作型式

3. 雙穩態多諧振盪器：具有兩種穩態。當外加一觸發信號時，電路會由一種穩態轉變為另一種穩態，然後保持此新的穩態不變，直到有另一個觸發信號加入後，電路才又變回原來的穩態。

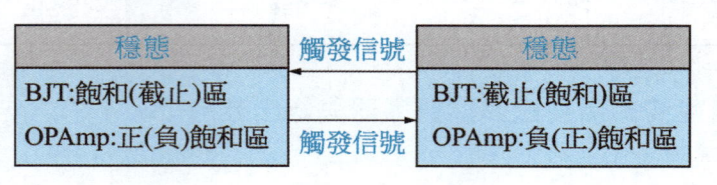

穩態 BJT:飽和(截止)區 OPAmp:正(負)飽和區	觸發信號 觸發信號	穩態 BJT:截止(飽和)區 OPAmp:負(正)飽和區

有關雙穩態多諧振盪器的內容請參閱實習七

● 圖 5-3 雙穩態工作型式

(一) 電晶體式無穩態多諧振盪器

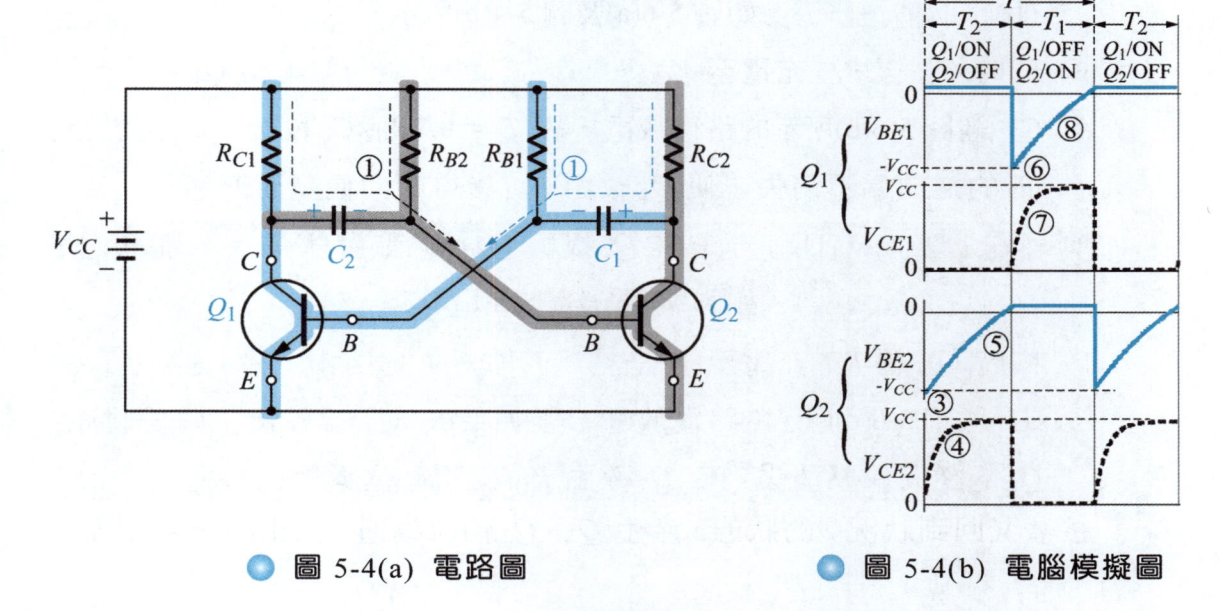

● 圖 5-4(a) 電路圖　　　　　● 圖 5-4(b) 電腦模擬圖

1. 電晶體作為開關時的近似飽和(導通 ON)模型與截止(OFF)模型。

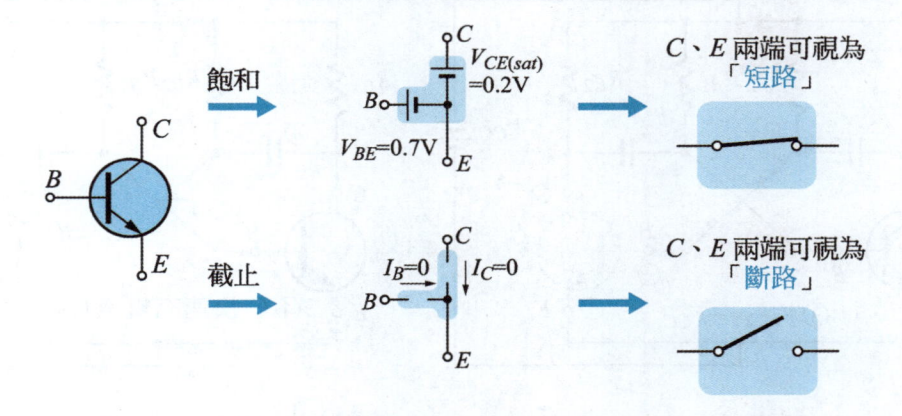

● 圖 5-5 電晶體的飽和(導通 ON)與截止(OFF)模型

2. 工作原理

   ① 接上 V_{CC} 電源後，Q_1、Q_2 由 R_{B1}、R_{B2} 獲得順向偏壓而導通，C_1、C_2 亦經由 R_{C2}、R_{C1} 同時充電，如圖 5-4(a)所示。

   ② 若電晶體 Q_1 的電流增益較 Q_2 高，則 Q_1 先達飽和導通(ON)狀態。

③ 因 Q_1 導通(Q_1 ON)，C_2 經 Q_1 提供 Q_2 逆向偏壓($V_{BE2} = -V_{CC}$)，使 Q_2 截止(Q_2 OFF)，如圖 5-6(a)及圖 5-4(b)所示。

④ 同時 C_1 經 R_{C2} 充電至 V_{CC}，"準備"提供逆向偏壓給 Q_1。

⑤ C_2 經圖 5-6(b)所示的路徑放電。經 $T_2 = 0.7R_{B2}C_2$ 秒後，C_2 提供給 Q_2 的逆向偏壓消失，使 Q_2 改由 R_{B2} 獲得順向偏壓而導通。

⑥ 因 Q_2 導通(Q_2 ON)，C_1 經 Q_2 提供 Q_1 逆向偏壓($V_{BE1} = -V_{CC}$)，使 Q_1 截止(Q_1 OFF)，如圖 5-6(c)及圖 5-4(b)所示。

⑦ 同時 C_2 經 R_{C1} 充電至 V_{CC}，"準備"提供逆向偏壓給 Q_2。

⑧ C_1 經圖 5-6(d)所示的路徑放電。經 $T_1 = 0.7R_{B1}C_1$ 秒後，C_1 提供給 Q_1 的逆向偏壓消失，使 Q_1 改由 R_{B1} 獲得順向偏壓而導通。

接著又回到狀況③的狀態，產生 Q_1、Q_2 輪流導通、截止的來回振盪。

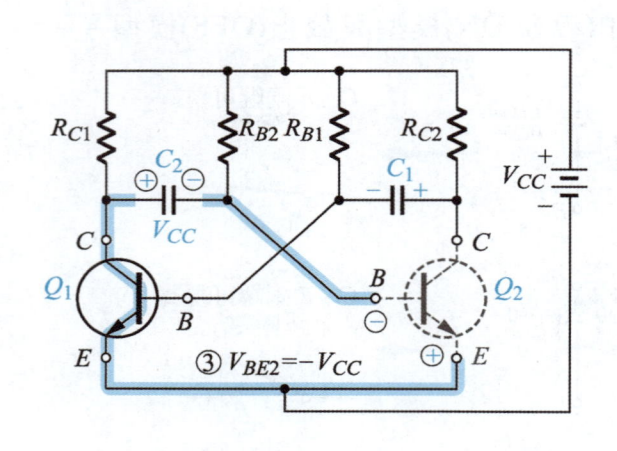

● 圖 5-6(a) 第一種暫態 (Q_1 ON，Q_2 OFF)

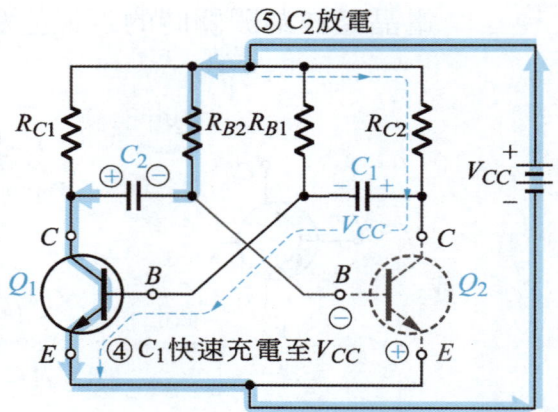

● 圖 5-6(b) 第一種暫態變成第二種暫態的過程

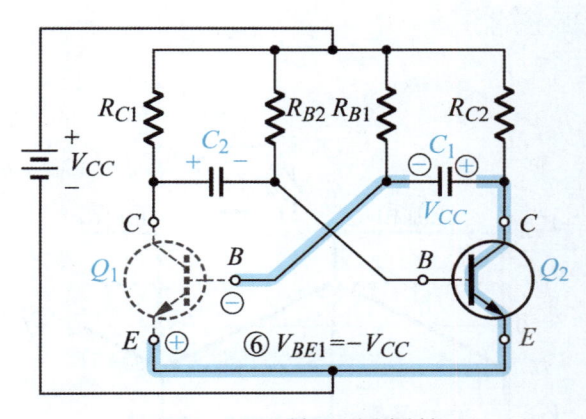

● 圖 5-6(c) 第二種暫態
　　　　　(Q_1 OFF，Q_2 ON)

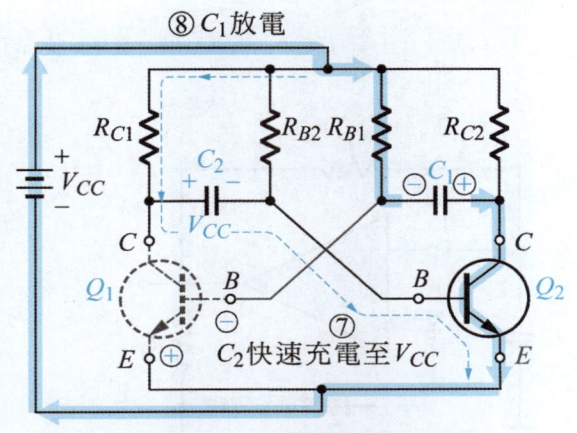

● 圖 5-6(d) 第二種暫態變回
　　　　　第一種暫態的過程

> **註**
> 1. 因為電路是左右對稱的關係，所以「③～⑤」與「⑥～⑧」的步驟流程也呈對稱性。
> 2. ③～⑧形成一個循環週期。

3. **振盪週期**：「狀況③~⑤的 T_2」加上「狀況⑥~⑧的 T_1」即得**振盪週期** $T = T_1 + T_2 = 0.7(R_{B1} C_1 + R_{B2} C_2)$。

4. **飽和條件**
   當電路工作在飽和區時，電晶體電流

   $$I_B = \frac{V_{CC} - V_{BE}}{R_B} \approx \frac{V_{CC}}{R_B} \,,\; I_{C(sat)} = \frac{V_{CC} - V_{CE(sat)}}{R_C} \approx \frac{V_{CC}}{R_C} \,,$$

   飽和條件為 $\beta I_B > I_{C\,(sat)}$，將上式代入左式後得 $\beta \dfrac{V_{CC}}{R_B} > \dfrac{V_{CC}}{R_C}$，最後再化簡得**飽和條件**為 $\beta R_C > R_B$。

(二) 運算放大器式無穩態多諧振盪器

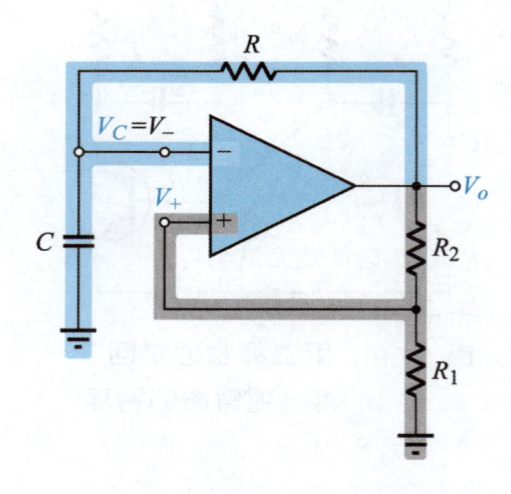

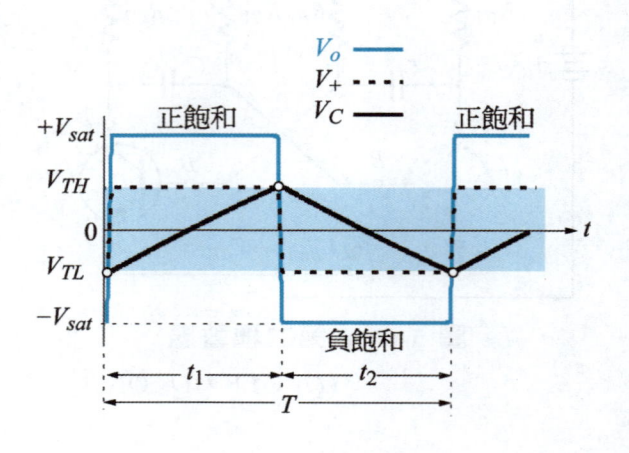

● 圖 5-7(a) 電路圖　　　　● 圖 5-7(b) 電腦模擬圖

　　運算放大器式無穩態多諧振盪器由史密特電路與 RC 負回授電路所組成，如圖 5-7(a)所示。

1. 史密特電路由 R_1、R_2 正回授電路組成。
   (1) 輸出波形：正負飽和兩個穩定狀態的方波 $V_o = \pm V_{sat}$。
   (2) 正回授因數：$\beta = \dfrac{R_1}{R_1 + R_2}$
   (3) 回授電壓：$V_+ = \beta \cdot V_o$
   (4) 上臨界電壓：當 $V_o = +V_{sat}$，由回授電壓得 $V_{TH} = \beta \cdot (+V_{sat})$
   (5) 下臨界電壓：當 $V_o = -V_{sat}$，由回授電壓得 $V_{TL} = \beta \cdot (-V_{sat})$

2. RC 負回授電路及振盪工作原理
   (1) V_o 對 V_C 充放電，使得 V_C 形成三角波，並用來觸發史密特電路產生振盪，如圖 5-7(b)所示。
   (2) 充電時間 t_1：此時 $V_o = +V_{sat}$，使得 V_C 由 V_{TL} 向 $+V_{sat}$ 充電，當充電到 V_{TH} 時，觸發電路，V_o 轉態為 $-V_{sat}$。

$$V_C = V_{TH} = +V_{sat} - (V_{sat} - V_{TL}) \ e^{-\frac{t_1}{RC}}$$

$$\beta V_{sat} = V_{sat} - (V_{sat} + \beta V_{sat}) \ e^{-\frac{t_1}{RC}}$$

$$t_1 = RC \ln \frac{1+\beta}{1-\beta}$$

(3)放電時間 t_2：此時 $V_o = -V_{sat}$，使得 V_C 由 V_{TH} 向 $-V_{sat}$ 放電，當放電到 V_{TL} 時，觸發電路，V_o 轉態為 $+V_{sat}$。

$$V_C = V_{TL} = -V_{sat} - (-V_{sat} - V_{TH}) \ e^{-\frac{t_2}{RC}}$$

$$-\beta V_{sat} = -V_{sat} - (-V_{sat} - \beta V_{sat}) \ e^{-\frac{t_2}{RC}}$$

$$t_2 = t_1 = RC \ln \frac{1+\beta}{1-\beta}$$

(4)反覆 t_1、t_2 形成振盪，其振盪週期

$$T = t_1 + t_2 = 2RC \ln \frac{1+\beta}{1-\beta} = 2RC \ln \left(1 + \frac{2R_1}{R_2}\right) 。$$

四 實習步驟

工作項目一　電晶體式無穩態多諧振盪器

狀況 1 直流工作點飽和測試

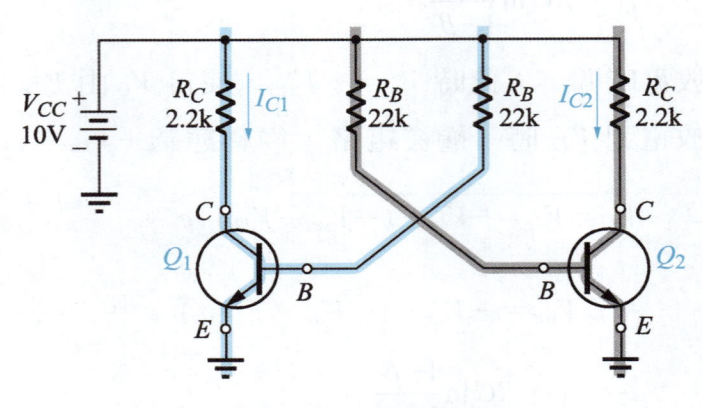

● 圖 5-8 電路圖

(一) 理論值

1. 飽和條件 $\beta R_C > R_B$：如圖 5-8 所示，電流增益 β (h_{FE}) 取 120，$R_B = 22\text{k}\Omega$，$R_C = 2.2\text{k}\Omega$，則 $\beta R_C \gg R_B$，電路工作在飽和區。

2. 電晶體飽和狀態的工作點
$$（V_{CE(sat)} = 0.2\text{V}，I_{C(sat)} = \frac{V_{CC} - V_{CE(sat)}}{R_C} = \frac{10-0.2}{2.2\text{k}} = 4.45\text{mA}）$$

(二) 實測值

按圖 5-8 接線，以電源供應器提供 $V_{CC} = 10\text{V}$，並以三用電表 DCV 檔測量各電壓值，然後換算成電流值記錄於表 5-1 中。

■ 表 5-1　工作項目一狀況 1 的測量結果

	V_{BE1}	V_{BE2}	V_{CE1}	V_{CE2}	$I_{C1} = \dfrac{V_{CC} - V_{CE1}}{R_C}$	$I_{C2} = \dfrac{V_{CC} - V_{CE2}}{R_C}$
理論值	0.7V	0.7V	0.2V	0.2V	4.45mA	4.45mA
實測值						

實習五　無穩態多諧振盪器

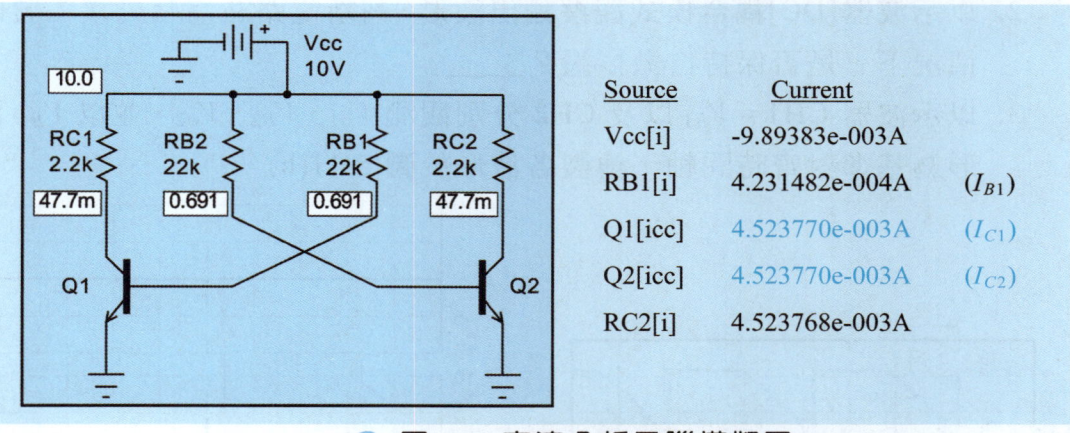

● 圖 5-9　直流分析電腦模擬圖

Source	Current	
Vcc[i]	-9.89383e-003A	
RB1[i]	4.231482e-004A	(I_{B1})
Q1[icc]	4.523770e-003A	(I_{C1})
Q2[icc]	4.523770e-003A	(I_{C2})
RC2[i]	4.523768e-003A	

狀況 2 無穩態多諧振盪

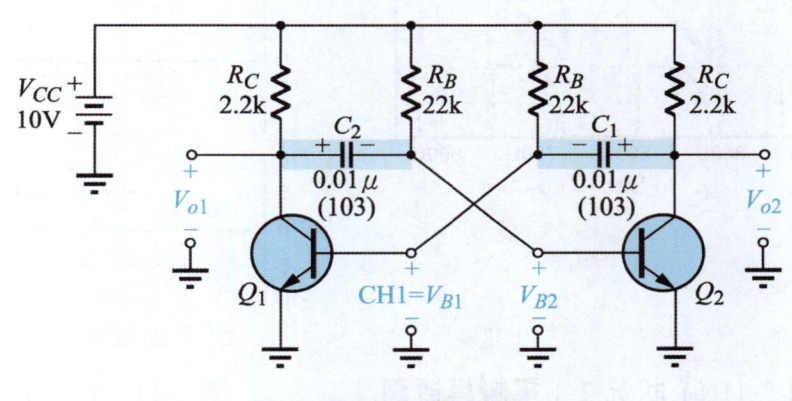

● 圖 5-10　電路圖

(一) 理論值

狀況 2-1　取 $C_1 = C_2 = 0.01\ \mu F$（標號 103），則振盪週期

$T = 0.7(R_{B1}C_1 + R_{B2}C_2) = 0.7 \times 0.44m = 0.3$ ms，

$f = 1/T = 3.3$ kHz。

狀況 2-2　取 $C_1 = C_2 = 0.1\ \mu F$（標號 104），則振盪週期

$T = 0.7(R_{B1}C_1 + R_{B2}C_2) = 0.7 \times 4.4m = 3$ ms，$f = 1/T = 330$ Hz。

(二) 實測值

1. 按圖 5-10 接線，加入電容器 $C_1 = C_2 = 0.01\ \mu F$。

2. 以示波器[DC]耦合模式觀察輸出波形，判斷電路在沒有外接信號的情況下，是否保持自激振盪？＿＿＿＿

3. 以示波器 CH1＝V_{B1} 以及 CH2 分別觀測 V_{o1}、V_{B2}、V_{o2}，並以 V_{B1} 波形為基準對齊時間軸，繪製各波形於圖 5-11(b)。

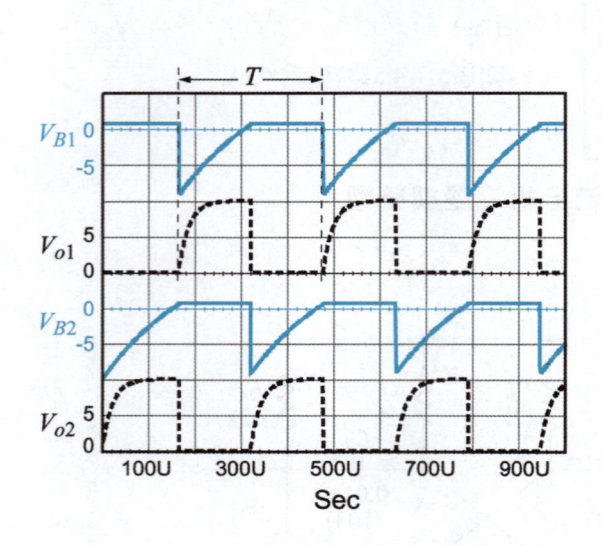

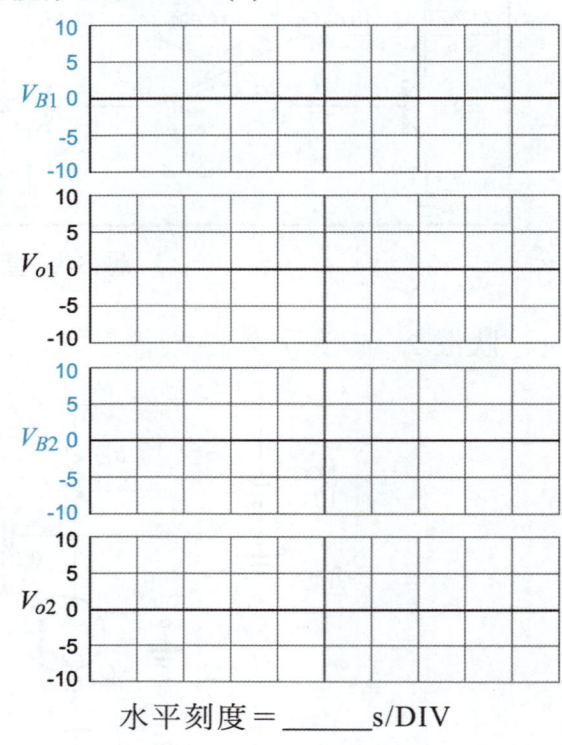

水平刻度＝＿＿＿＿s/DIV

● 圖 5-11(a) 狀況 2-1 電腦模擬圖

● 圖 5-11(b) 狀況 2-1：$C_1 = C_2 = 0.01\mu$F 示波器顯示的波形

4. 依照表 5-2 不同電容值的狀況，以示波器觀測振盪週期 T，並換算成頻率記錄於表 5-2 中。

■ 表 5-2 工作項目一狀況 1 的測量結果

（表格裡[ ]內的數據為理論值）

狀況	V_o 波形	T (s)	$f=1/T$ (Hz)
2-1. $C_1 = C_2 = 0.01\ \mu$	[方波]	[0.3m]	[3.3k]
2-2. $C_1 = C_2 = 0.1\ \mu$	[方波]	[3m]	[330]

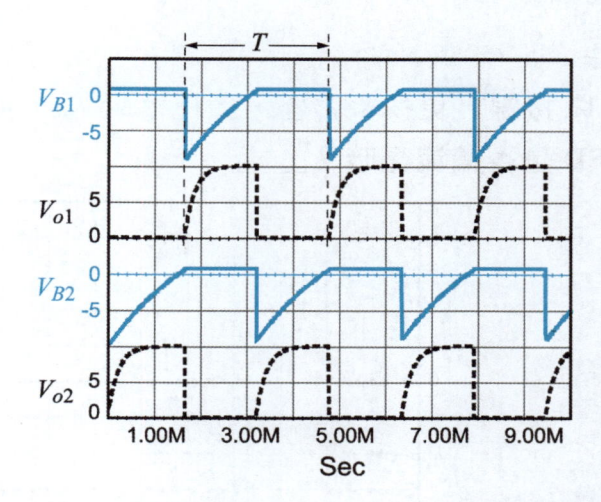

● 圖 5-12　狀況 2-2：$C_1 = C_2 = 0.1\ \mu F$ 電腦模擬圖

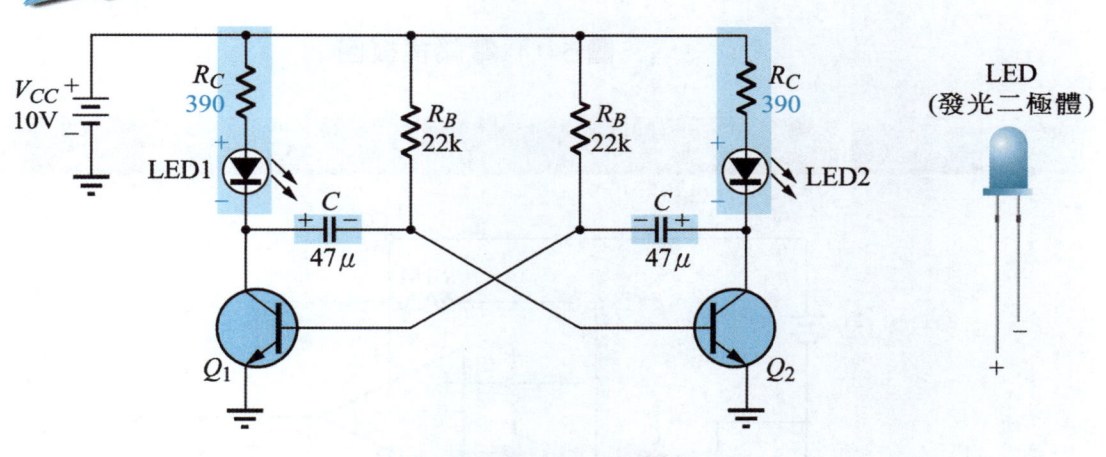

狀況 3　閃爍燈

● 圖 5-13　電路圖

(一) 理論值

1. 當電晶體導通(飽和)時，$V_{CE(sat)} = 0.2V$，LED 亮。
   LED 的壓降 $V_{LED} = 1.8V$，則 LED 的工作電流
   $$I_{C(sat)} = \frac{V_{CC} - V_{LED} - V_{CE(sat)}}{R_C} = (10-2)/390 = 20.5\ \text{mA}$$

2. 當電晶體工作在截止區時，$V_{CE} = V_{CC} = 10V$，$I_C = 0$，LED 暗。

3. 振盪週期 $T = 1.4\ R_B C = 1.4 \times 1.03 = 1.44\ \text{s}$，$f = \dfrac{1}{T} = 0.7\ \text{Hz}$。

(二) 實測值

1. 按圖 5-13 接線，更換電容器、集極電阻 R_C，並加入 LED。
2. 觀察 LED 是否輪流亮暗？＿＿＿。

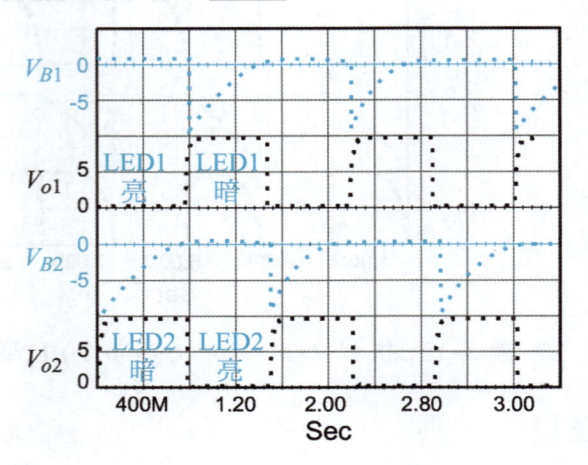

● 圖 5-14 電腦模擬圖

工作項目二　運算放大器式無穩態多諧振盪器

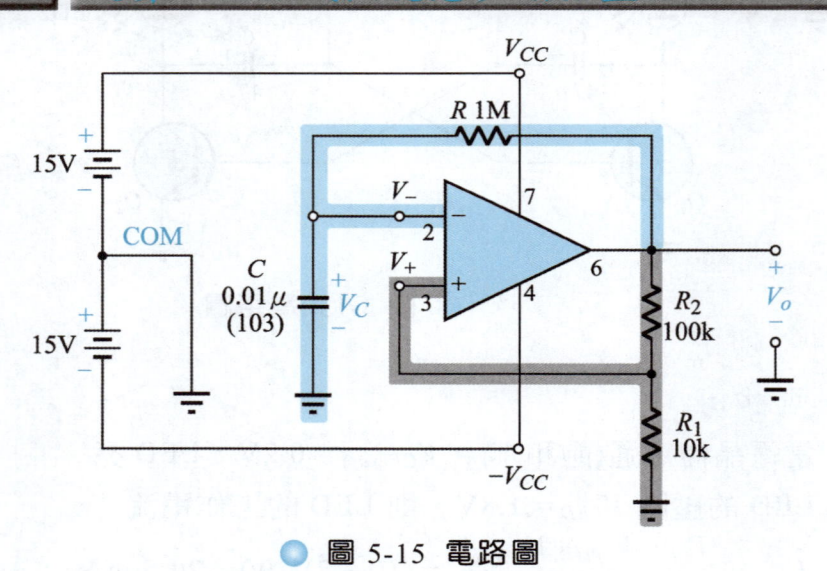

● 圖 5-15 電路圖

(一) 理論值

1. 反相史密特電路

   (1) 輸出波形：$V_o = \pm V_{sat}$ 的方波。

(2) 正回授因數：$\beta = \dfrac{R_1}{R_1 + R_2} = \dfrac{1}{11}$。

(3) 回授電壓：$V_+ = \beta \cdot V_o = \pm 14/11 = \pm 1.27$ V，得

　　上臨界電壓 $V_{TH} = +1.27$ V，

　　下臨界電壓 $V_{TL} = -1.27$ V。

2. RC 負回授，由 V_C 觸發電路產生振盪。

狀況 1 取 $R = 1\ \text{M}\Omega$，則振盪週期

$$T = 2RC \ln \dfrac{1+\beta}{1-\beta} = 2 \times 0.01 \times \ln \dfrac{12}{10} = 3.65\ \text{ms}，f = \dfrac{1}{T} = 274\ \text{Hz}。$$

狀況 2 取 $R = 270\ \text{k}\Omega$，則振盪週期

$$T = 2RC \ln \dfrac{1+\beta}{1-\beta} = 2 \times 0.0027 \times \ln \dfrac{12}{10} = 0.98\ \text{ms}，f = \dfrac{1}{T} = 1\text{k Hz}。$$

(二) 實測值

1. 按圖 5-15 接線，以電源供應器【Tracking】模式提供雙電源±15V。
2. 以示波器 CH1＝V_C，CH2＝V_o，[DC]耦合方式觀測，並記錄於圖 5-16(b)、5-17(b)，以及表 5-3 中。
3. 觀察電路在沒有外接信號的情況下，輸出是否保持自激振盪？＿＿＿

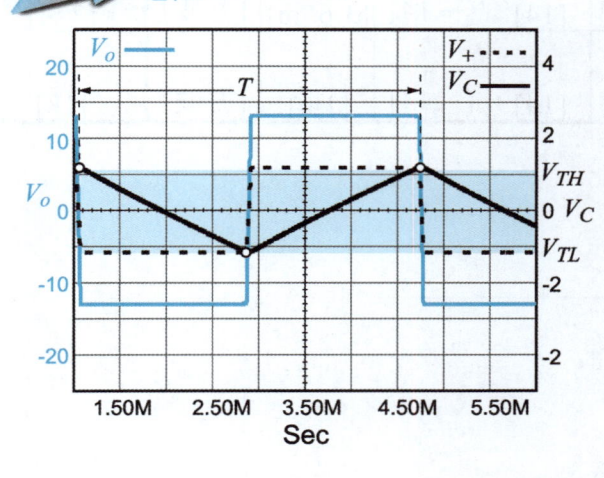

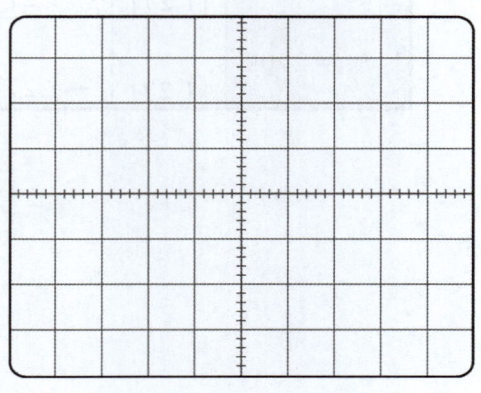

狀況 1 電阻 $R = 1\ \text{M}\Omega$

CH1 (V_C) ＝＿＿＿V/DIV
CH2 (V_o) ＝＿＿＿V/DIV
Time ＝＿＿＿s/DIV

● 圖 5-16(a) 電腦模擬圖　　● 圖 5-16(b) 示波器顯示的波形

狀況 2 電阻 $R = 270\ \text{k}\Omega$

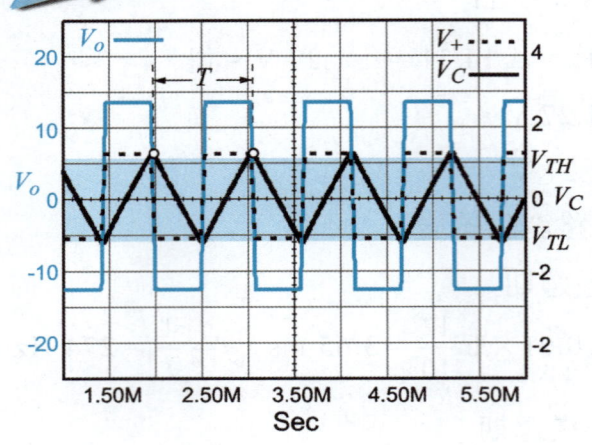

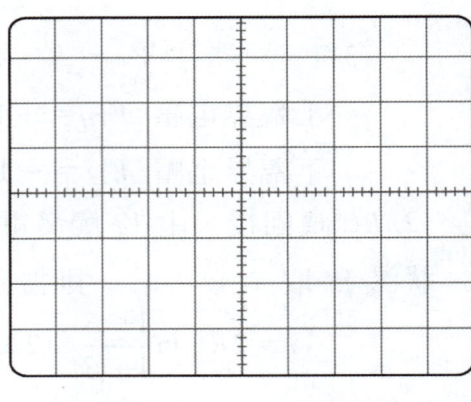

● 圖 5-17(a) 電腦模擬圖

CH1 (V_C) = _____ V/DIV
CH2 (V_o) = _____ V/DIV
Time = _____ s/DIV

● 圖 5-17(b) 示波器顯示的波形

■ 表 5-3 工作項目二的測量結果
（表格裡 [ ] 內的數據為理論值）

狀況	$V_{C(max)}$ (V)	$V_{C(min)}$ (V)	$V_{o(max)}$ (V)	$V_{o(min)}$ (V)	T (s)	V_o 波形	$f = \dfrac{1}{T}$ (Hz)
1. $R = 1\text{M}$	[1.27]	[−1.27]	[14]	[−14]	[3.65m]	[方波]	[274]
2. $R = 270\text{k}$	[1.27]	[−1.27]	[14]	[−14]	[1m]	[方波]	[1k]

五 問題與討論

1. 整理工作項目一工作點的實測值於表 5-4。判斷若電晶體需設計工作在飽和區，則 βR_C 與 R_B 的大小關係為何？
   (βR_C＿＿＿(>，=，<)R_B？)

表 5-4　工作項目一實測值的整理

R_C (Ω)	R_B (Ω)	V_{CE1} (V)	I_{C1} (mA)	標示 Q 點	Q 點位於	比較大小 (>，<)
				I_C(mA) 圖	＿＿＿區	βR_C＿＿＿R_B (β = 120)

2. 整理工作項目一狀況 2 的實測值並計算理論值於表 5-5，回答下列問題：

   (1) 輸出振盪頻率的實測值與計算值是否近似？

   (2) 改變電容器 C 值是否可調整振盪頻率？

表 5-5　工作一狀況 2 實測值的整理

狀況	f (Hz) (實測值)	$T = 1.4 R_B C$ (s) (計算值)	$f = \dfrac{1}{T}$ (Hz) (計算值)
1. $C = 0.01\mu$，$R_B C = 0.22$m			
2. $C = 0.1\mu$，$R_B C = 2.2$m			

3. 整理工作項目二的實測值並計算理論值於表 5-6，回答下列問題：

   (1) 輸出振盪頻率的實測值與計算值是否近似？

   (2) 改變電阻 R 值是否可調整振盪頻率？

■ 表 5-6 工作二實測值的整理

狀況	f (Hz) (實測值)	$T=2RC\ln\dfrac{1+\beta}{1-\beta}$ (s) (計算值)	$f=\dfrac{1}{T}$ (Hz) (計算值)
1. $R=1\text{M}$，$RC=0.01$，$\beta=\dfrac{1}{11}$			
2. $R=270\text{k}$，$RC=0.0027$，$\beta=\dfrac{1}{11}$			

4. 觀察圖 5-11(b)、5-16(b)的 V_o 波形，判斷無穩態多諧振盪器的輸出波形是何波形？(弦波，三角波，方波)

實習六　單穩態多諧振盪器

一　實習目的

1. 瞭解電晶體式單穩態多諧振盪器的特性與工作原理。
2. 瞭解運算放大器式單穩態多諧振盪器的特性與工作原理。

二　實習材料

電阻板上的電阻	390Ω × 1	1kΩ × 1	2.2kΩ × 2	3.3kΩ × 1
	8.2kΩ × 1	10kΩ × 1	22kΩ × 2	27kΩ × 1
	47kΩ × 1	68kΩ × 1	100kΩ × 1	
可變電阻	100kΩ × 1			
電容	0.001μF × 1	0.01μF × 1	0.1μF × 1	47μF × 1
二極體	1N4001 × 2			
發光二極體	紅色 × 1			
電晶體(NPN)	9013 × 3			
IC	μA 741 × 1			

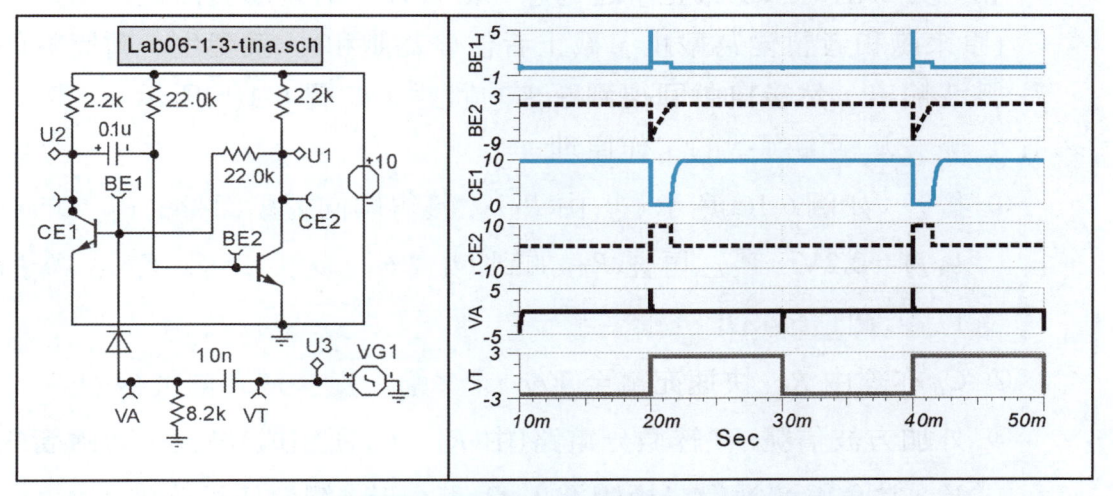

電晶體式單穩態多諧振盪器與輸出波形

三 相關知識

(一) 電晶體式單穩態多諧振盪器

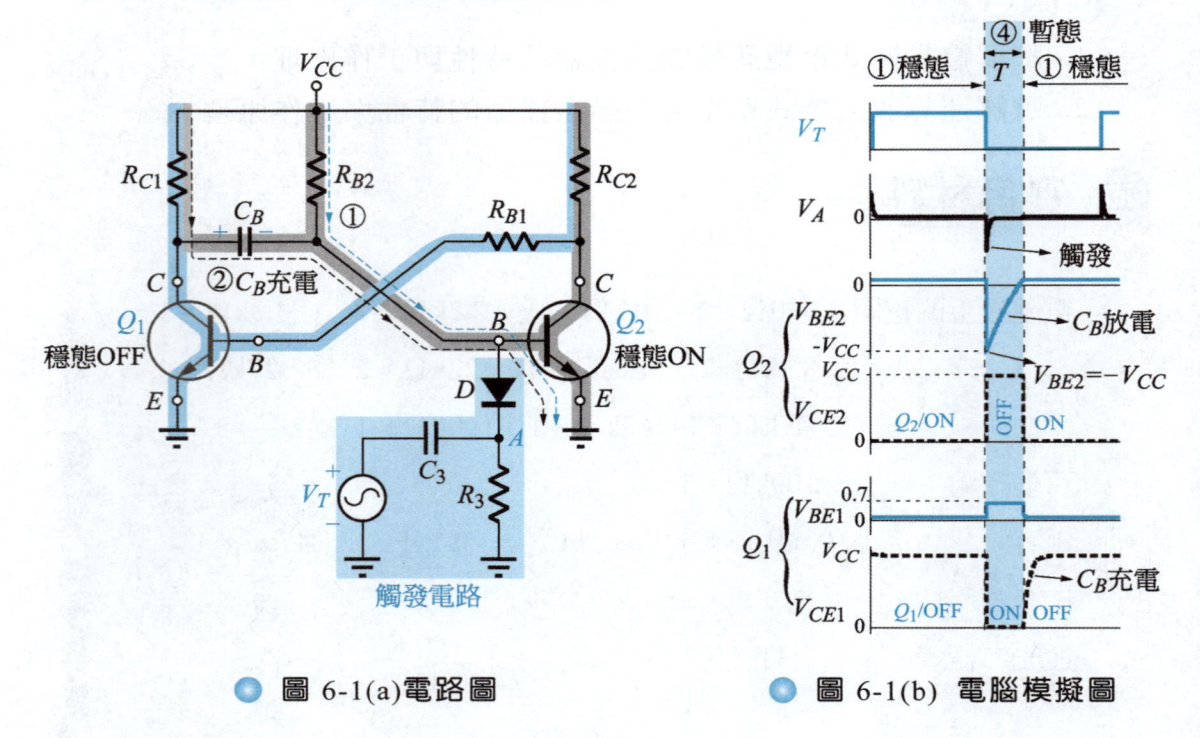

● 圖 6-1(a) 電路圖　　　　● 圖 6-1(b) 電腦模擬圖

電晶體式單穩態多諧振盪器(以負脈波基極觸發型為例，如圖 6-1(a)所示)在沒有觸發信號時，電路保持在「一個電晶體永遠飽和，另一個則永遠截止」之穩態。當有外加信號觸發而電路轉態時(原來飽和者暫變為截止，截止者暫變為飽和)，就產生一暫時性的脈波輸出，然後自動回復到原來的狀態，如圖 6-1(b)所示。

1. 負脈波基極觸發型的工作原理

① 穩態：如圖 6-1(a)所示，Q_2 由 R_{B2} 先獲得順向偏壓而導通(Q_2 ON)，$V_{CE2}=0.2V$。V_{CE2} 再經 R_{B1} 加到 Q_1 基極，因為 $V_{CE2}<V_{BE(ON)}$，所以 Q_1 截止(Q_1 OFF)。

② C_B 亦經由 R_{C1} 快速充電至 V_{CC}，"準備"提供逆向偏壓給 Q_2。

③ 外加方波信號 V_T 經微分電路(由 R_3，C_3 所組成)得正、負脈衝的 V_A。當負脈波通過二極體進入 Q_2 基極時，觸發使電路進入暫態。

④ 暫態：Q_2 因基極受負脈衝而轉變為截止狀態(Q_2 OFF)，$V_{CE2}=V_{CC}$。而 V_{CE2} 經 R_{B1} 加到 Q_1 基極，使 Q_1 得順向偏壓而導通(Q_1 ON)。

⑤ 因 Q_1 導通，C_B 經 Q_1 提供 Q_2 逆向偏壓($V_{BE2}=-V_{CC}$)，使 Q_2 保持截止，如圖 6-2(a)所示。

⑥ C_B 經圖 6-2(b)所示的路徑放電。經 $T=0.7R_{B2}C_B$ 秒後，C_B 提供 Q_2 的逆向偏壓消失，使 Q_2 由 R_{B2} 重新獲得順向偏壓而導通，如此又回到狀況①的穩態。

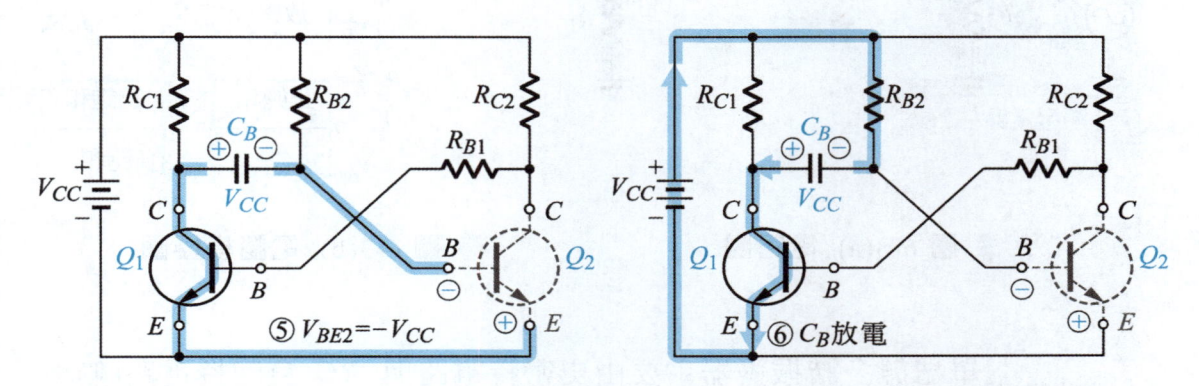

● 圖 6-2(a)　暫態(Q_1 ON，Q_2 OFF)　● 圖 6-2(b)　由暫態變為穩態的過程

2. 脈波寬度　$T=0.7R_{B2}C_B$。
3. 飽和條件　$\beta R_{C2} > R_{B2}$；$\beta R_{C1} > (R_{B1}+R_{C2})$。

(二) 運算放大器式單穩態多諧振盪器

　　運算放大器式(OP Amp)單穩態多諧振盪器，如圖 6-3(a)所示，在沒有觸發信號時，OP Amp 保持正飽和之穩態。當外加信號觸發電路時，OP Amp 轉變為負飽和之暫態，並產生一暫時性的脈波輸出，然後自動回復到原來的穩態，如圖 6-3(b)所示。

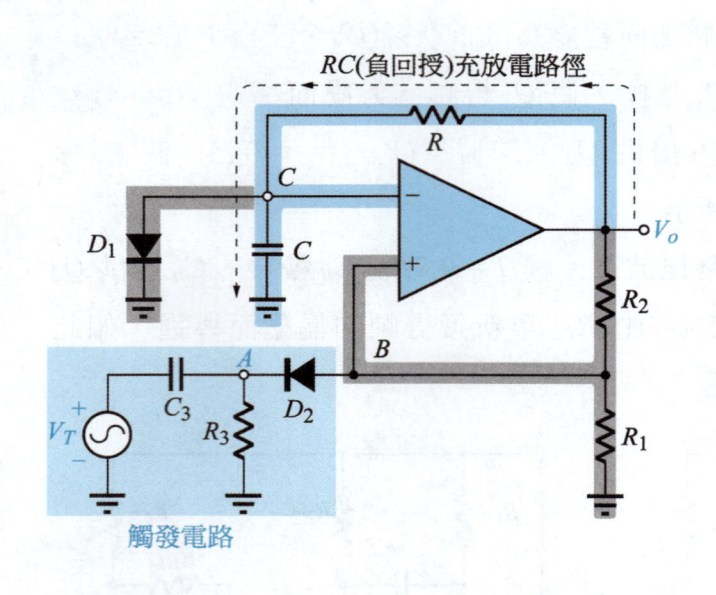

● 圖 6-3(a) 電路圖 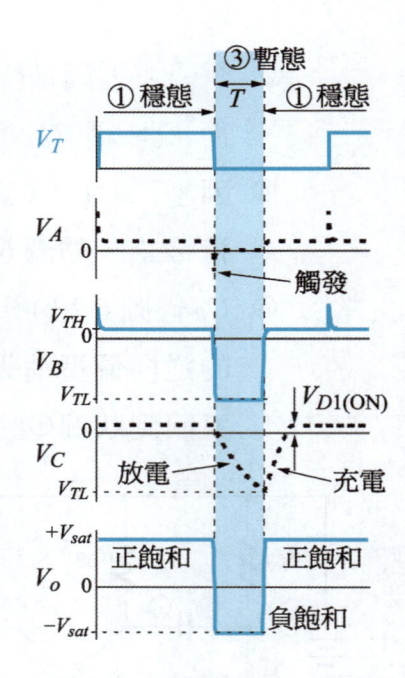　　　　● 圖 6-3(b) 電腦模擬圖

　　單穩態多諧振盪器主要由史密特電路與 RC 負回授電路(無穩態多諧振盪器)加上觸發電路以及定位二極體 D_1 所組成,如圖 6-3(a)所示。

1. 史密特電路由 R_1、R_2 正回授電路組成

    (1) 回授電壓:$V_+ = V_B = \beta \cdot V_o$,$V_o = \pm V_{sat}$
    (2) 上臨界電壓:當 $V_o = +V_{sat}$,因二極體 D_2 導通,故回授電壓為
    $$V_{TH} = \beta' \cdot (+V_{sat}) = \frac{R_1 // R_3}{(R_1 // R_3) + R_2} V_{sat}$$
    $$(\text{註}:\beta' = \frac{R_1 // R_3}{(R_1 // R_3) + R_2})$$
    (3) 下臨界電壓:當 $V_o = -V_{sat}$,則回授電壓為
    $$V_{TL} = \beta \cdot (-V_{sat}) = -\frac{R_1}{R_1 + R_2} V_{sat}$$

2. 振盪工作原理
   ① 當輸出為正飽和的同時，$+V_{sat}$ 電壓經 RC 負回授路徑向電容充電，使得定位二極體 D_1 先導通 ($V_C = V_{D1(ON)} = 0.7V$，$V_{TH} = V_B = \beta' V_{sat}$)，因為 $V_C < V_{TH}$ 不足以觸發電路，故電路得以保持正飽和的穩態，如圖 6-3 所示。
   ② 外加方波信號 V_T 經微分電路(由 R_3，C_3 所組成)得正、負脈波的 V_A。當負脈衝通過二極體 D_2 進入非反相輸入端時，促使 $V_B < V_C$，觸發電路，V_o 轉態為負飽和的暫態。
   ③ 此時 $V_o = -V_{sat}$ (二極體 D_1、D_2 截止)，$-V_{sat}$ 電壓經 RC 負回授路徑，使 V_C 由 $V_{D1(ON)}$ 向 $-V_{sat}$ 放電，經 $T = RC \ln \dfrac{1}{1-\beta}$ 秒後，放電到 V_{TL}，觸發電路，V_o 自行轉態回狀況①正飽和的穩態。

3. 脈波寬度 $T = RC \ln \dfrac{1}{1-\beta}$。

四 實習步驟

工作項目一　電晶體式單穩態多諧振盪器

狀況 1　穩定狀態測量

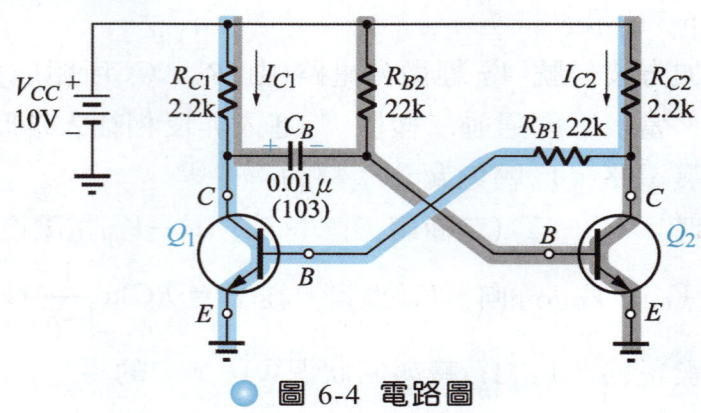

圖 6-4　電路圖

(一) 理論值

如圖 6-4 所示，在沒有觸發信號時，電路保持在穩態。

1. V_{CC} 經 R_{B2} 先使 Q_2 導通，且 $\beta R_{C2} >> R_{B2}$，Q_2 工作在飽和區，
Q_2 工作點為($V_{CE2(sat)} = 0.2V$，$I_{C2(sat)} = \dfrac{V_{CC} - V_{CE2(sat)}}{R_{C2}} = \dfrac{10 - 0.2}{2.2k}$
$= 4.45 \text{ mA}$)。

2. V_{CE2} 經 R_{B1} 促使 Q_1 截止($V_{BE2} = V_{CE2} < 0.7$)，
Q_1 工作點為($V_{CE1} = 10V$，$I_{C1} = I_{B1} = 0$)。

(二) 實測值

按圖 6-4 接線，以電源供應器提供 $V_{CC} = 10V$。並以三用電表 DCV 檔測量各電壓值，並換算成電流值記錄於表 6-1 中。

表 6-1　工作項目一狀況 1 的測量結果

DCV 表	V_{BE1}	V_{BE2}	V_{CE1}	V_{CE2}	$I_{C1} = \dfrac{V_{CC} - V_{CE1}}{R_C}$	$I_{C2} = \dfrac{V_{CC} - V_{CE2}}{R_C}$
理論值	0.2V	0.7V	10V	0.2V	0A	4.45mA
實測值						

實習六 單穩態多諧振盪器

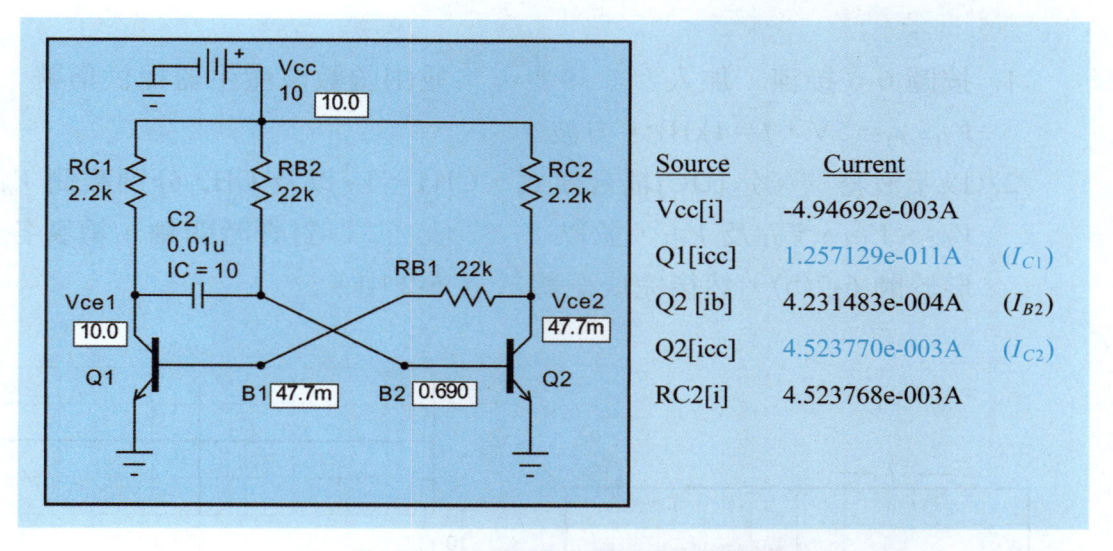

● 圖 6-5 直流分析電腦模擬圖

狀況 2 負緣觸發單穩態多諧振盪

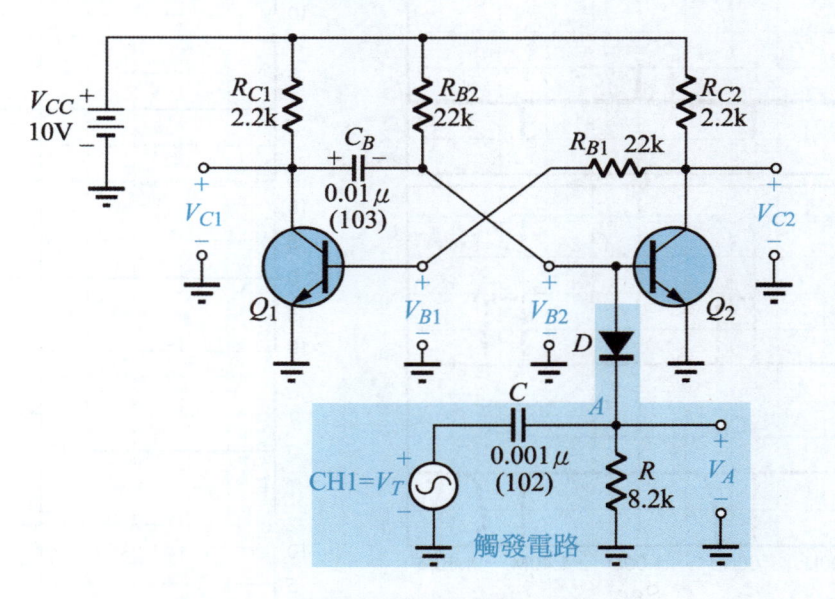

● 圖 6-6 電路圖

（一）理論值

$C_B = 0.01\ \mu\text{F}$，則電路觸發後輸出一脈波，脈波寬度 $T = 0.7 R_{B2} C_B = 0.7 \times 22\text{k} \times 0.01\ \mu = 0.154\ \text{ms}$。

(二) 實測值

1. 按圖 6-6 接線，加入負緣觸發電路並由函數波產生器提供信號 $V_{T(P-P)} = 5V$，$f = 1kHz$，方波。

2. 以示波器雙頻道[DC]耦合模式，CH1 = V_T 以及 CH2 分別觀測 V_A、V_{B2}、V_{C2}、V_{B1} 及 V_{C1}，並以 V_T 波形為基準對齊時間軸，繪製各波形於圖 6-7(b)，然後完成記錄於表 6-2 中。

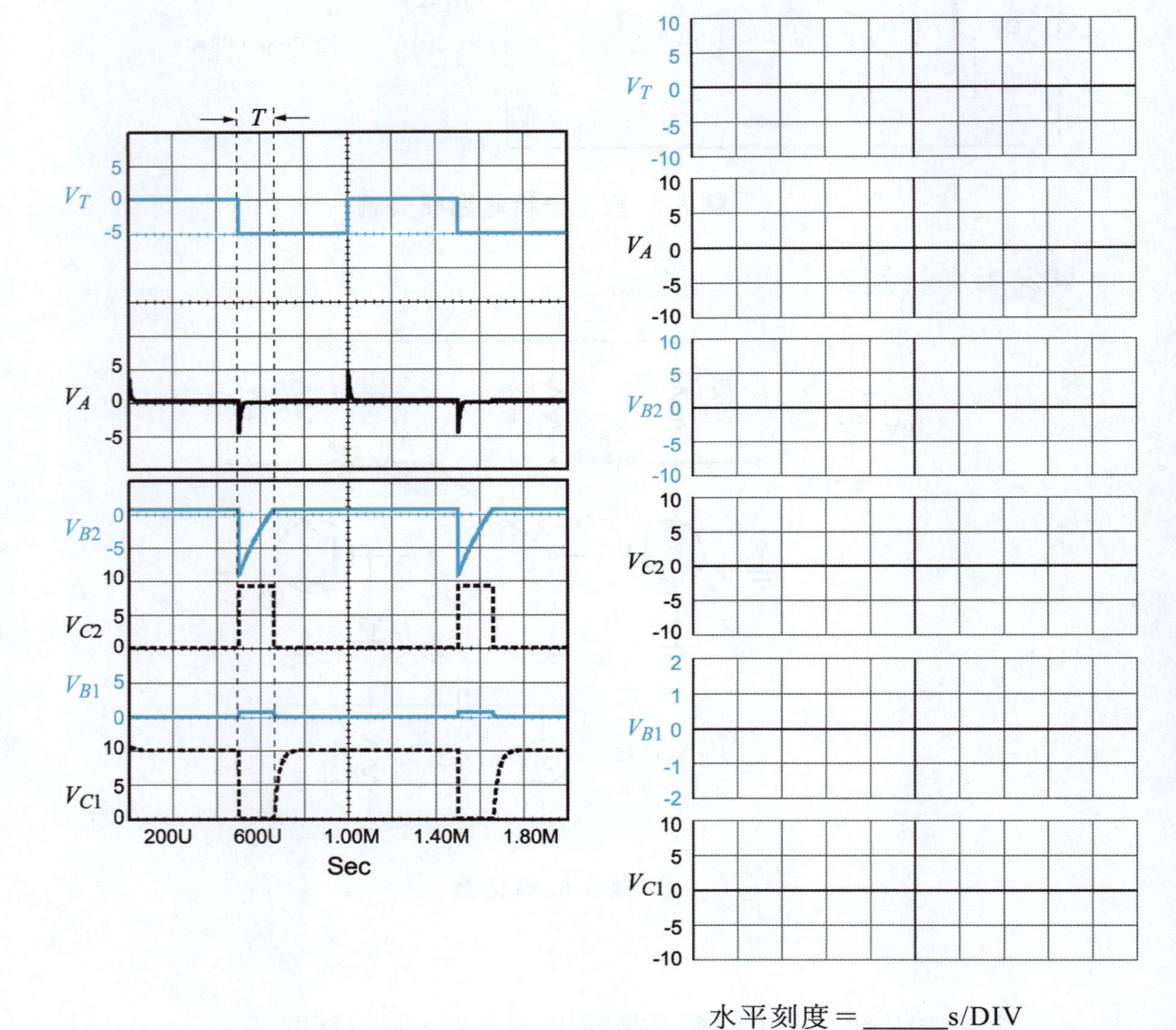

水平刻度 = _____ s/DIV

● 圖 6-7(a) 狀況 2 電腦模擬圖　● 圖 6-7(b) 狀況 2 示波器顯示的波形

■ 表 6-2　工作項目一狀況 2 的測量結果

	V_{C2} 波形	T (s)
理論值	脈波	0.15m
實測值		

狀況 3　正緣觸發單穩態多諧振盪

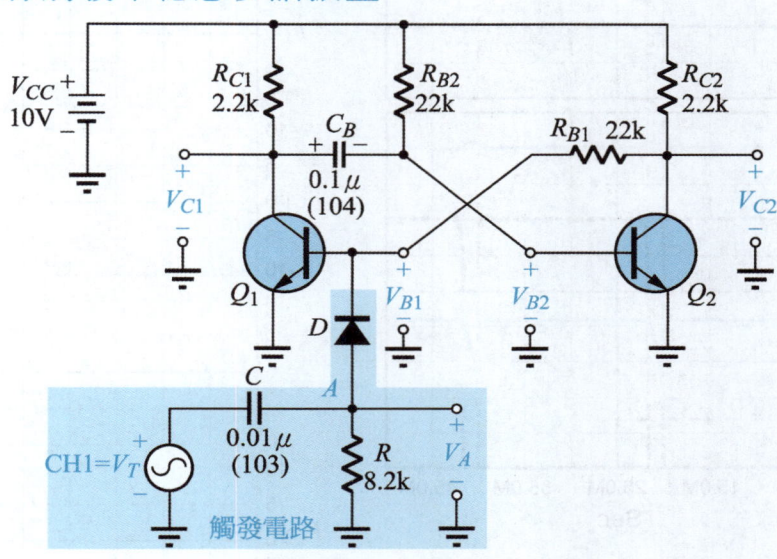

● 圖 6-8　電路圖

(一) 理論值

電容改用 $C_B = 0.1\ \mu F$，則電路觸發後輸出一脈波，脈波寬度 $T = 0.7 R_{B2} C_B = 0.7 \times 22k \times 0.1\ \mu = 1.54$ ms。

(二) 實測值

1. 按圖 6-8 接線($C_B = 0.1\mu F$ 及變更圖 6-6 電路中的正緣觸發電路)，並由函數波產生器提供信號 $V_{T(P-P)} = 5V$，$f = 50Hz$，方波。

2. 以示波器雙頻道[DC]耦合模式，CH1 = V_T 以及 CH2 分別觀測 V_A、V_{B1}、V_{C1}、V_{B2}、V_{C2}，並以 V_T 波形為基準對齊時間軸，繪製各波形於圖 6-9(b)，然後完成記錄於表 6-3 中。

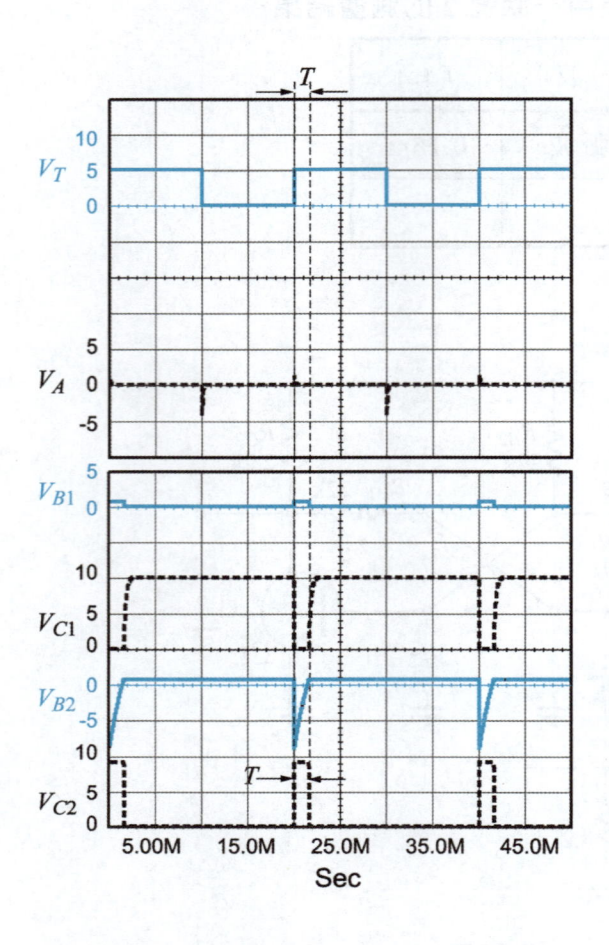

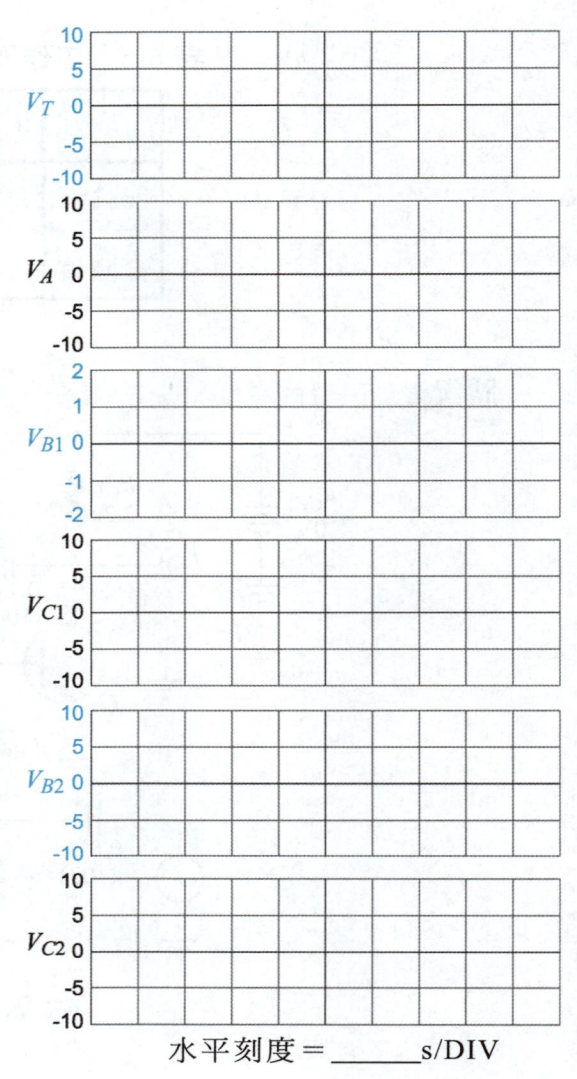

● 圖 6-9(a) 電腦模擬圖　　　　● 圖 6-9(b) 示波器顯示的波形

水平刻度 = _____ s/DIV

■ 表 6-3　工作項目一狀況 3 的測量結果

	V_{C2} 波形	T (s)
理論值	脈波	1.5m
實測值		

狀況 4　定時器應用

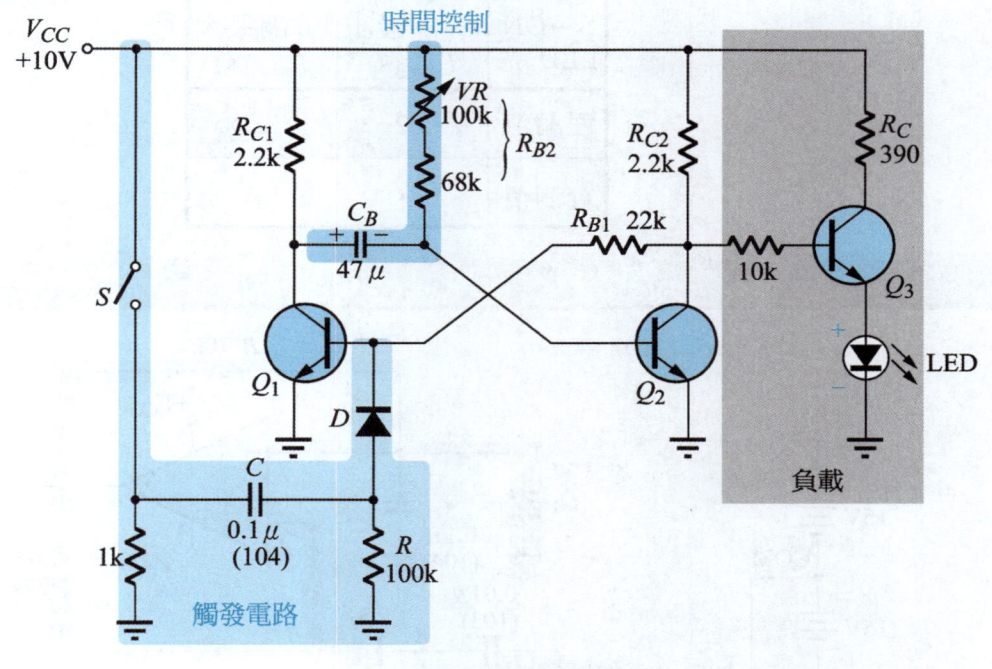

圖 6-10 電路圖

(一) 理論值

1. 電路觸發後，負載通電(LED 亮)一段固定時間 T，再恢復穩態。

狀態	Q_1	Q_2	Q_3	LED
穩定狀態	OFF	ON($V_{CE2}=0.2V$)	OFF	暗(斷電)
觸發轉態	ON	OFF	ON	亮(通電)

2. 以可變電阻控制時間 $T_{min}=0.7R_{B2(min)}C_B=0.7\times 68k\times 47\mu=2.2$ s，
$T_{max}=0.7R_{B2(max)}C_B=0.7\times 168k\times 47\mu=5.5$ s。

(二) 實測值

1. 按圖 6-10 接線。
2. 調整可變電阻值 VR 在最大或最小，然後在將開關 S 接通($S\rightarrow$ON)的同時，開始以計時器測量 LED 亮的時間，並記錄於表 6-4 中。

表 6-4 工作項目一狀況 4 的測量結果

S→ON LED 亮	VR 調最小 T_{min} (s)	VR 調最大 T_{max} (s)
理論值	2.2	5.5
實測值		

工作項目二　運算放大器式單穩態多諧振盪器

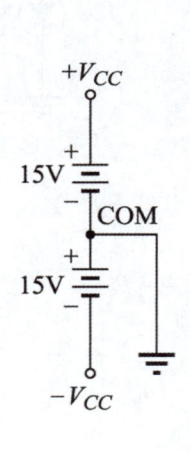

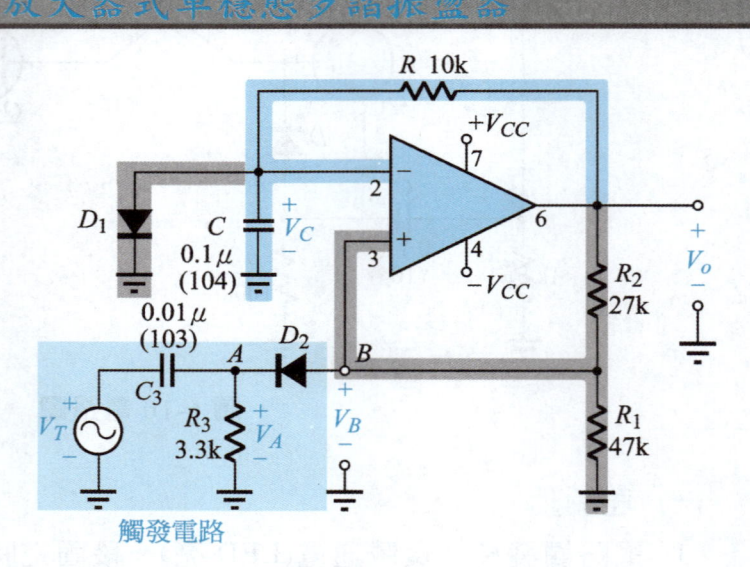

圖 6-11 電路圖

(一) 理論值

1. 當輸出 $V_o = +V_{sat}$ 時，D_1、D_2 導通。

    (1) $V_- = V_C = V_{D1} = 0.7\text{V}$。

    (2) $V_+ = V_B = \dfrac{R_1 /\!/ R_3}{(R_1 /\!/ R_3) + R_2} V_o = \dfrac{47\text{k}/\!/3.3\text{k}}{(47\text{k}/\!/3.3\text{k}) + 27\text{k}} 14 = 1.4 \text{ V}$，$V_A = V_B - V_{D2}$。

    (3) 因為 $V_+ > V_-$，所以保持在正飽和輸出電壓的穩態。

2. 當 V_A 的負脈波信號使 V_B 下降，$V_B < V_-$ 時，觸發電路轉態。

    (1) 輸出 $V_o = -V_{sat}$，因此 D_1、D_2 截止。

    (2) 下臨界電壓 $V_{TL} = V_B = \beta V_o = \dfrac{R_1}{R_1 + R_2} V_o = 0.63 \times (-14) = -8.82 \text{ V}$。

3. 當 V_o 經 RC 負回授使 V_C 由 0.7V 向 $-V_{sat}$ 充電到 V_{TL} 時，電路轉回穩態。

 (1) $\beta = \dfrac{R_1}{R_1 + R_2} = 0.63$。

 (2)輸出脈波寬度 $T = RC\ln\dfrac{1}{1-\beta} = RC = 1\text{ms}$。

(二) 實測值

1. 按圖 6-11 接線，以電源供應器【Tracking】模式提供雙電源±15V，並由函數波產生器提供信號 $V_{T(P-P)} = 5\text{V}$，$f = 200\text{Hz}$ 之方波。

2. 以示波器雙頻道[DC]耦合模式，CH1 = V_T 以及 CH2 分別觀測 V_A、V_B、V_C、V_o，並以 V_T 波形為基準對齊時間軸，繪製各波形於圖 6-12(b)，然後完成記錄於表 6-5 中。

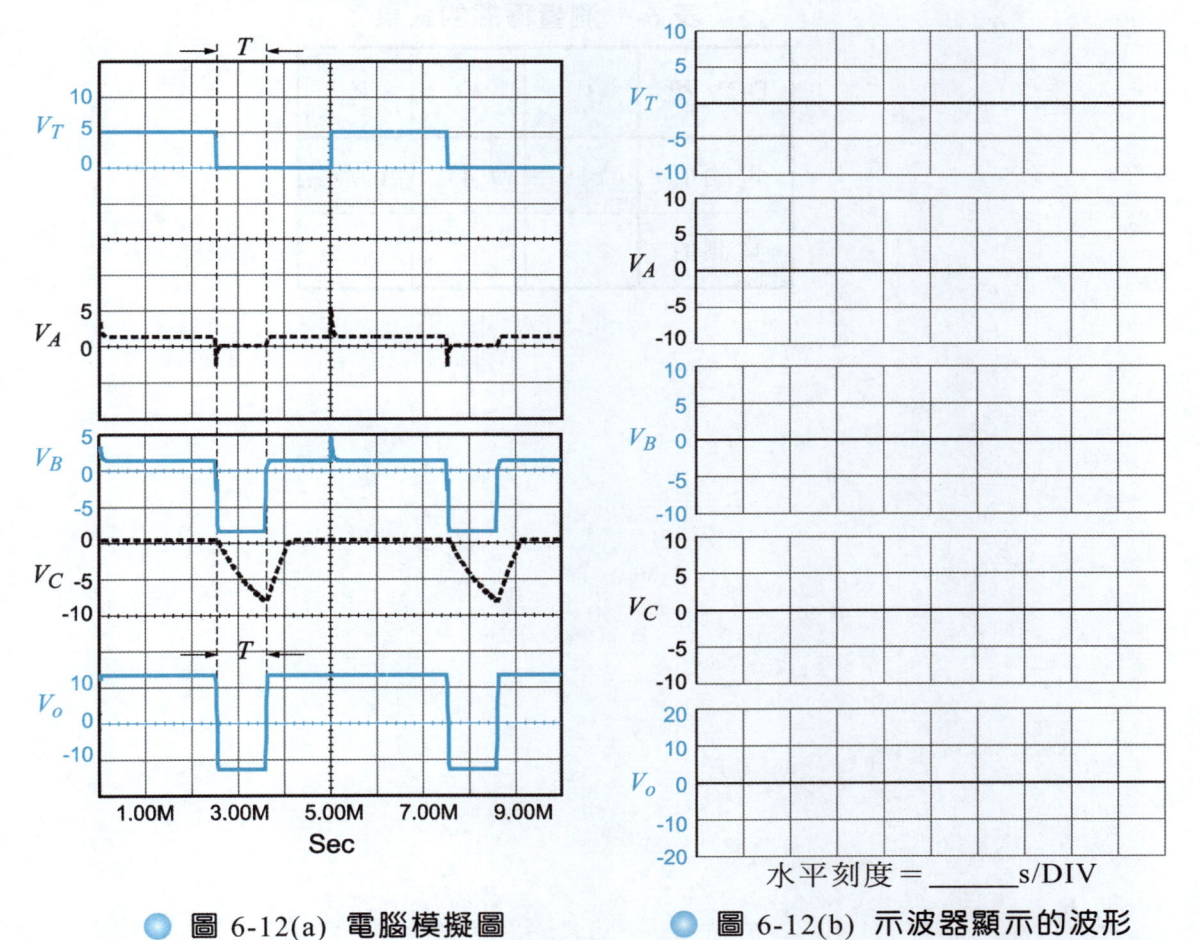

水平刻度 = _____ s/DIV

● 圖 6-12(a) 電腦模擬圖　　● 圖 6-12(b) 示波器顯示的波形

■ 表 6-5 工作項目二的測量結果

	V_o 波形	T (s)
理論值	脈波	1.0m
實測值		

3. 將輸入信號源關閉〔沒有信號觸發電路〕。

   (1) 以示波器觀察輸出 V_o 波形，視其波形是否保持穩定不變且停留在正飽和電壓狀態？＿＿＿＿

   (2) 以三用電表 DCV 檔測量各電壓值，並記錄於表 6-6 中。

■ 表 6-6 測量穩態的結果

DCV 檔	V_o	V_+	V_-
理論值	14V	1.4V	0.7V
實測值			

五 問題與討論

1. 整理工作項目一狀況 1 的實測值於表 6-7。判斷電晶體在穩態時各工作在何區?

   ■ 表 6-7 工作項目一狀況 1 實測值的整理

電晶體 Q1				電晶體 Q2			
V_{CE1} (V)	I_{C1} (mA)	標示 Q 點	Q 點位於	V_{CE2} (V)	I_{C2} (mA)	標示 Q 點	Q 點位於
		I_C(mA) 圖	____區			I_C(mA) 圖	____區

2. 觀察圖 6-7(b)、6-9(b) 的 V_{C2} 及 6-12(b)的 V_o 波形,判斷單穩態多諧振盪器的輸出波形是甚麼波形?(弦波,三角波,脈波)

3. 整理工作項目一的實測值並計算理論值於表 6-8,回答下列問題:
   (1) 輸出脈波寬度的實測值與計算值是否近似?
   (2) 由狀況 2、3 判斷改變電容 C_B 值是否可調整脈波寬度 T?
   (3) 由狀況 4 判斷改變電阻 R_{B2} 值是否可調整脈波寬度 T?

   ■ 表 6-8 工作一實測值及計算值的整理

狀況	T (s) (實測值)	$R_{B2}C_B$	$T=0.7R_{B2}C_B$ (s) (計算值)
2. $R_{B2}=22$k,$C_B=0.01\mu$			
3. $R_{B2}=22$k,$C_B=0.1\mu$			
4. $R_{B2}=68$k,$C_B=47\mu$	$T_{min}=$____		
4. $R_{B2}=168$k,$C_B=47\mu$	$T_{max}=$____		

實習七 雙穩態多諧振盪器及史密特振盪器

一、實習目的

1. 瞭解電晶體式雙穩態多諧振盪器的特性與工作原理。
2. 瞭解電晶體式史密特振盪器的特性與工作原理。
3. 瞭解運算放大器式史密特振盪器的特性與工作原理。

二、實習材料

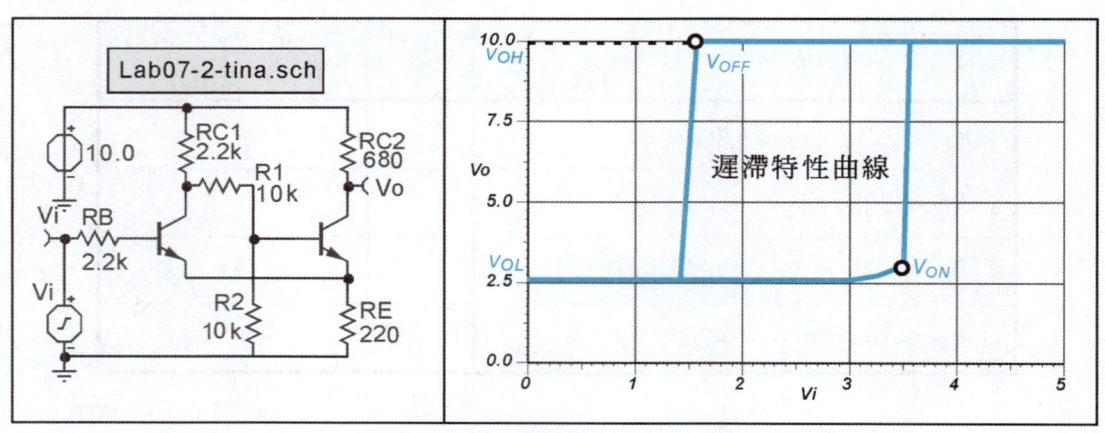

電阻板上的電阻	220Ω×1	270Ω×1	390Ω×1	680Ω×1
	1kΩ×1	2.2kΩ×2	8.2k×1	10kΩ×2
	15kΩ×2	22kΩ×2	33kΩ×1	100kΩ×1
電容	0.001μF×3	0.1μF×1		
二極體	1N4001×2			
發光二極體	紅色×1			
電晶體(NPN)	9013×3			
IC	μA 741×1			

電晶體式史密特振盪器與輸出波形

三 相關知識

(一) 電晶體式雙穩態多諧振盪器

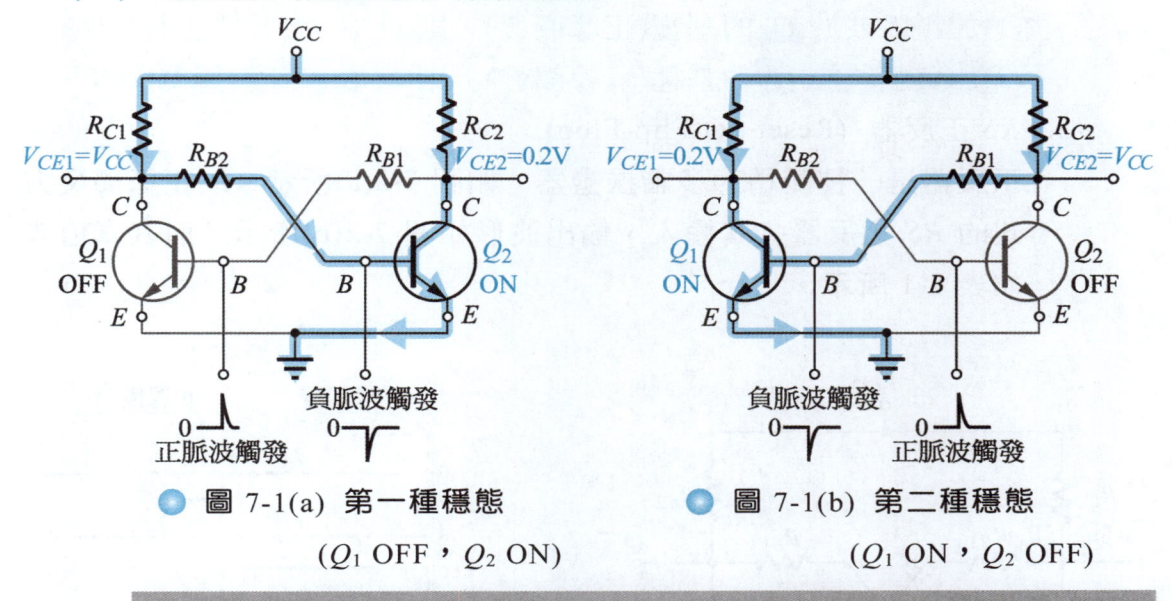

○ 圖 7-1(a) 第一種穩態　　　　　○ 圖 7-1(b) 第二種穩態

　　(Q_1 OFF，Q_2 ON)　　　　　　　　　(Q_1 ON，Q_2 OFF)

1. 電晶體式雙穩態多諧振盪器是具有對稱性的電路，其中兩個電晶體呈互補狀態(若一個在飽和導通狀態，則另一個在截止狀態)。
   (1) Q_1 ON，則 $V_{BE2} = V_{CE1(sat)} = 0.2V$ (<0.7V)，使得 Q_2 OFF。
   (2) Q_1 OFF，則 $V_{BE2} = V_{CE1} = V_{CC}$，$Q_2$ 因得順向偏壓而導通(Q_2 ON)。
   (3) Q_2 ON，則 $V_{BE1} = V_{CE2(sat)} = 0.2V$ (<0.7V)，使得 Q_1 OFF。
   (4) Q_2 OFF，則 $V_{BE1} = V_{CE2} = V_{CC}$，$Q_1$ 因得順向偏壓而導通(Q_1 ON)。

2. 假設電晶體 Q_2 的電流增益較 Q_1 高，則接上 V_{CC} 電源後，Q_2 可先達到 ON。因為「互補關係」，所以 Q_2 ON 使得 Q_1 OFF，而 Q_1 OFF 則可確保 Q_2 維持 ON，此為第一種穩態。

3. 有兩種外加信號的方式可以觸發電路，促使電路由第一種穩態轉態進入第二種穩態：
   (1) 加正脈波於 Q_1 的基極(正緣觸發)，則 Q_1 由 OFF 轉態為 ON。因為「互補關係」，所以 Q_2 也跟著轉態為 OFF，Q_1 並可保持為 ON。
   (2) 加負脈波於 Q_2 的基極(負緣觸發)，則 Q_2 由 ON 轉態為 OFF。因為「互補關係」，所以 Q_1 也跟著轉態為 ON，Q_2 並可保持為 OFF。

4. 同樣的有兩種外加信號方式可以觸發電路使電路由第二種穩態轉態回第一種穩態：

(1)加正脈波於 Q_2 的基極(正緣觸發)，則 Q_2 由 OFF 轉態為 ON。

(2)加負脈波於 Q_1 的基極(負緣觸發)，則 Q_1 由 ON 轉態為 OFF。

5. RS 正反器 (Reset Set Flip-Flop)

正反器是一種雙穩態多諧振盪器，如圖 7-2(a)所示。以正緣觸發方式的 RS 正反器，其輸入、輸出波形如圖 7-2(b)所示，而其真值表如表 7-1 所示。

● 圖 7-2(a) RS 正反器　　　　● 圖 7-2(b) 電腦模擬圖

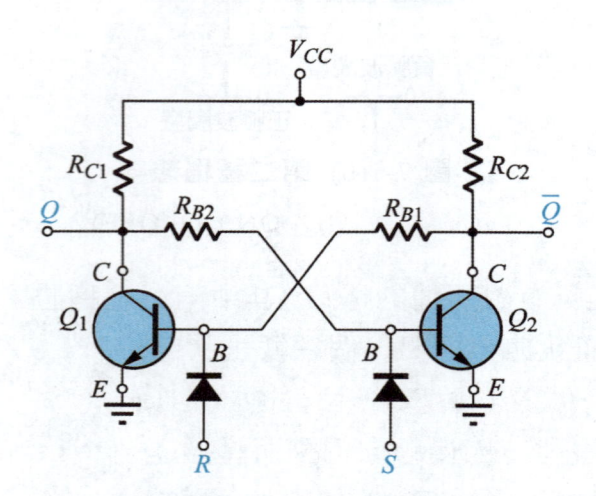

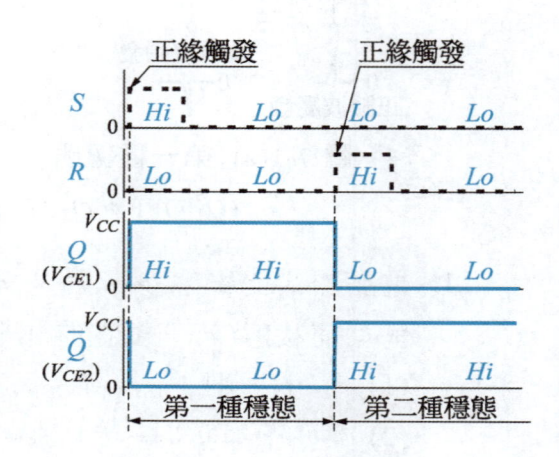

■ 表 7-1　RS 正反器真值表

輸　入		輸出
S	R	Q
Hi	Lo	Hi
Lo	Hi	Lo
Lo	Lo	保持不變(穩態)
Hi	Hi	不允許

6. 基極觸發式 T 型正反器

如圖 7-3(a)所示，加入加速電容 C_{B1}、C_{B2} 以及觸發電路的輸入端合併為單一輸入，即為 T 型正反器，其正緣觸發方式的輸入、輸出波形如圖 7-3(b)所示。

(1) 加速電容的功能：當電晶體要由 OFF 轉為 ON 時，電容充電且視為短路，因此 I_B 加大而使電晶體更快速進入飽和；而當電晶體要由 ON 轉為 OFF 時，電容電壓 V_{CB} 提供逆向偏壓而使電晶體更快速進入截止。

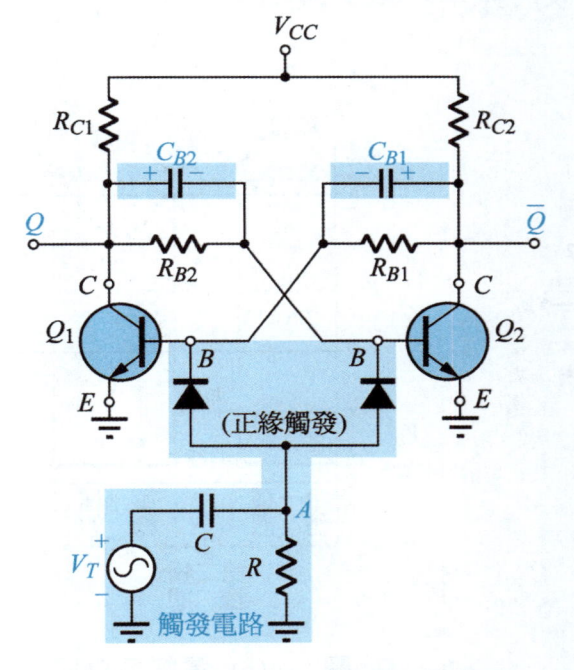

● 圖 7-3(a) T 型正反器　　　● 圖 7-3(b) 電腦模擬圖

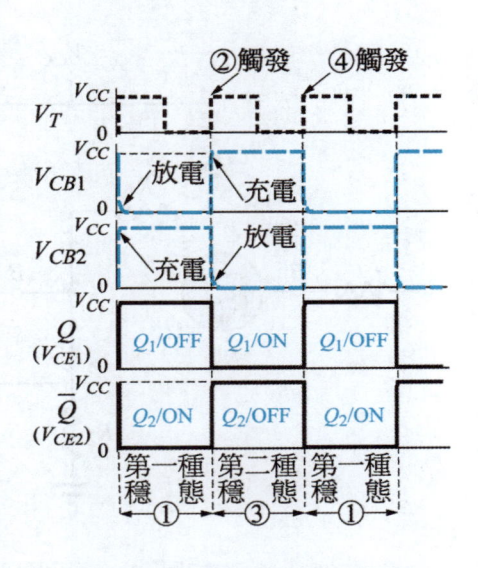

(2) T 型正反器的工作原理

① 若電路在第一種穩態(Q_1 OFF，Q_2 ON)，則 C_{B2} 經由 R_{C1} 快速充電得 $V_{CB2} = V_{CC}$，"準備"提供 Q_2 逆向偏壓。而 C_{B1} 同時經由 R_{B1} 放電。

② 當外加信號的正緣通過二極體，使 Q_1 ON，則加速電容 C_{B2} 提供 Q_2 逆向偏壓，促使 Q_2 快速 OFF，電路轉態進入第二種穩態。

③ 電路在第二種穩態(Q_1 ON，Q_2 OFF)，則 C_{B1} 經由 R_{C2} 快速充電得 $V_{CB1}=V_{CC}$，"準備"提供 Q_1 逆向偏壓。而 C_{B2} 同時經由 R_{B2} 放電。

④ 當下一個外加信號的正緣通過二極體，使 Q_2 ON，則加速電容 C_{B1} 提供 Q_1 逆向偏壓，促使 Q_1 快速 OFF，電路轉態回第一種穩態。

(3) 輸出方波的頻率為輸入脈波的頻率除以 2。

(二) 電晶體式史密特振盪器

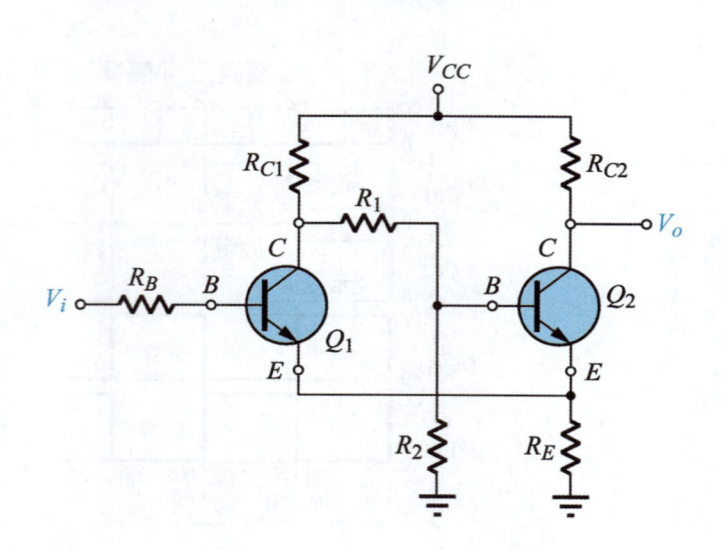

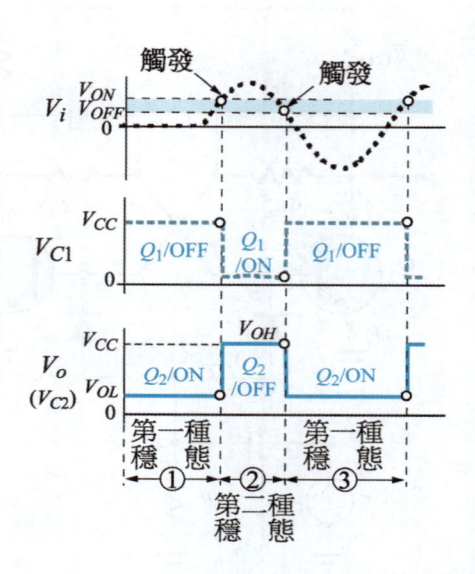

● 圖 7-4(a) 電路圖　　● 圖 7-4(b) 電腦模擬圖

　　史密特振盪器如圖 7-4(a)所示，兩個電晶體呈互補狀態(若一個在飽和導通狀態，則另一個在截止狀態)。外加信號只有在比上臨界電壓大或比下臨界電壓小時，才能觸發電路，如圖 7-4(b)所示。

1. 上臨界電壓(上限位準)：$V_{ON} = V_{BE1} + I_{E2} R_E$。
2. 下臨界電壓(下限位準)：$V_{OFF} = V_{BE1} + I_{E1} R_E$。
3. 設計條件：$V_{ON} > V_{OFF}$。由上面兩式化簡得 $I_{E2} > I_{E1}$。
   因 $I_{E2} = \dfrac{V_{CC}}{R_{C2} + R_E}$，$I_{E1} = \dfrac{V_{CC}}{R_{C2} + R_E}$，代入上式最後得 $R_{C2} < R_{C1}$。

4. 工作原理

① 當無輸入信號或信號小於上臨界電壓($V_i<V_{ON}$)時,電路在第一種穩態(Q_1 OFF,Q_2 ON),如圖 7-5(a)所示。

輸出電壓 $V_o=V_{OL}=\dfrac{R_E}{R_{C2}+R_E}V_{CC}$。

② 當電路在第一種穩態,而外加信號上升到 $V_i>V_{ON}$ 時,觸發電路,Q_1 導通。因為 $V_{CE1(sat)}=V_{BE2}=0.2V$,所以 Q_2 偏壓不足而截止,電路轉態進入第二種穩態(Q_1 ON,Q_2 OFF),如圖 7-5(b)所示。輸出電壓則由 V_{OL} 轉變為 V_{OH}($V_{OH}=V_{CC}$)。

③ 當電路在第二種穩態,而外加信號下降到 $V_i<V_{OFF}$ 時,觸發電路,電路轉態回第一種穩態。輸出電壓則由 V_{OH} 轉變回 V_{OL}。

5. 輸入弦波信號得輸出為「在 V_{OL} 及 V_{OH} 之間轉變的脈波(不對稱的方波)」。

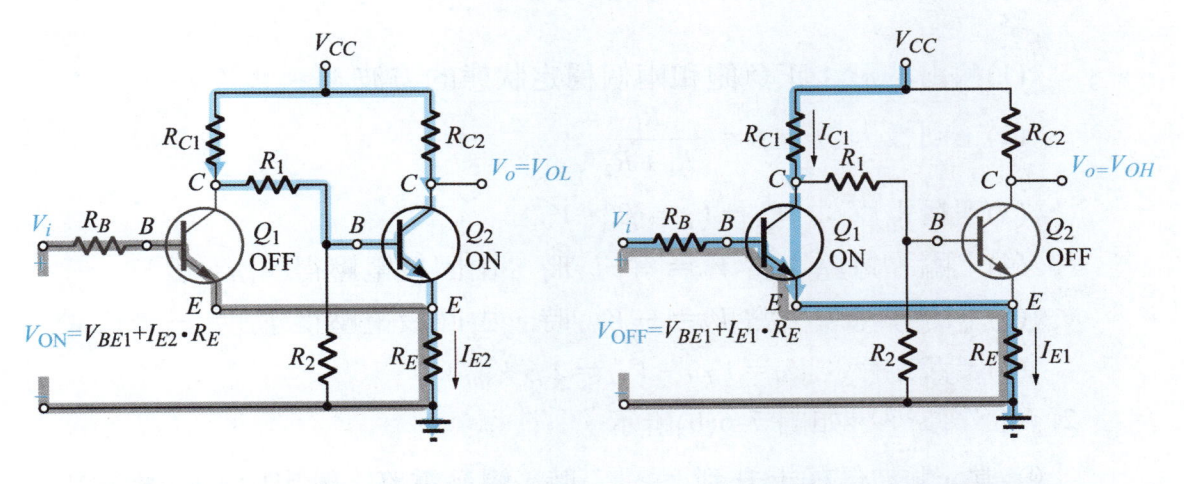

● 圖 7-5(a) 第一種穩態　　　　● 圖 7-5(b) 第二種穩態

(三) 運算放大器式史密特振盪器

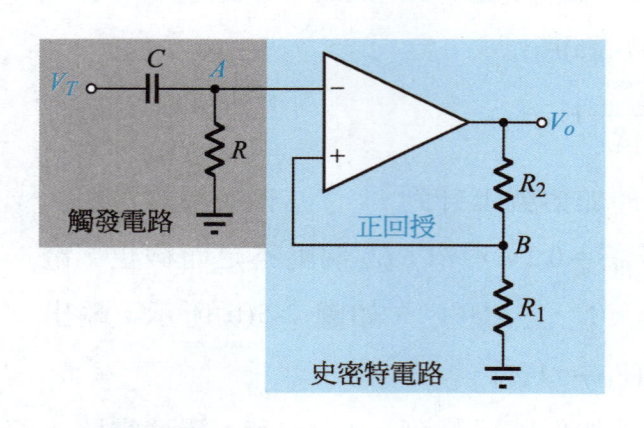

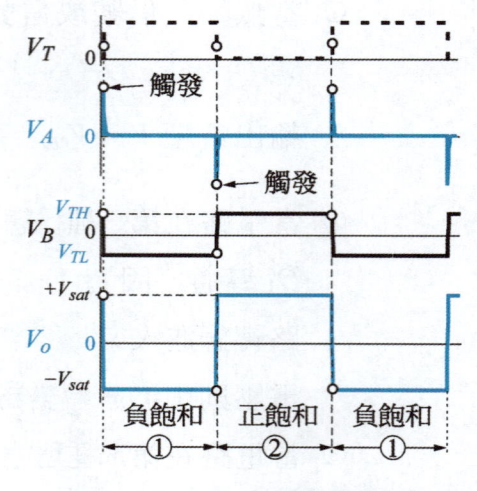

● 圖 7-6(a) 電路圖　　　　● 圖 7-6(b) 電腦模擬圖

1. 史密特電路，如圖 7-6(a)所示，由於正回授產生遲滯現象，所以外加信號只有在比上臨界電壓大或比下臨界電壓小時，才能觸發電路。

    (1) 輸出波形：正負飽和兩個穩定狀態的方波 $V_o = \pm V_{sat}$。

    (2) 正回授因數：$\beta = \dfrac{R_1}{R_1 + R_2}$。

    (3) 回授電壓：$V_+ = V_B = \beta \cdot V_o$。

    (4) 上臨界電壓：當 $V_o = +V_{sat}$ 時，由回授電壓得 $V_{TH} = \beta V_{sat}$。

    (5) 下臨界電壓：當 $V_o = -V_{sat}$ 時，由回授電壓得 $V_{TL} = -\beta V_{sat}$。

    (6) 遲滯電壓：$V_H = V_{TH} - V_{TL} = 2\beta V_{sat}$。

2. 工作原理，如圖 7-6(b)所示。

    ① 當正脈波信號上升到 $V_A > V_{TH}$ 時，觸發電路，輸出由 $+V_{sat}$ 轉變為 $-V_{sat}$(負飽和)，此狀態維持穩定。

    ② 當負脈波信號下降到 $V_A < V_{TL}$ 時，觸發電路，輸出由 $-V_{sat}$ 轉變為 $+V_{sat}$(正飽和)，此狀態維持穩定，直到輸入信號再度上升到比回授電壓大時，輸出才會轉態回正飽和。

四 實習步驟

工作項目一　電晶體式雙穩態多諧振盪器

狀況 1　*RS* 正反器

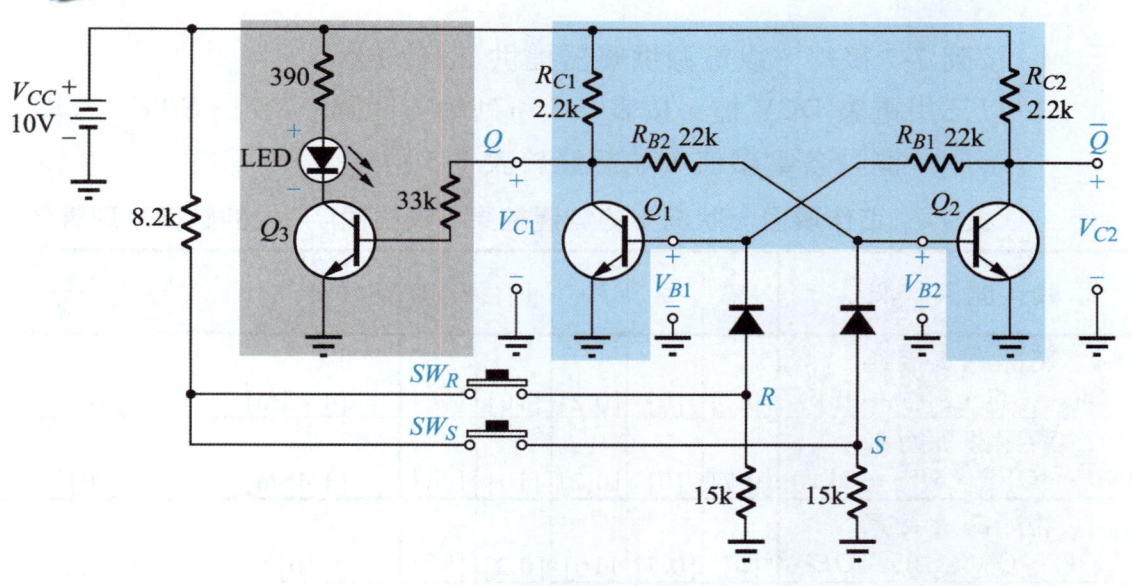

圖 7-7 電路圖

(一) 理論值

表 7-4　*RS* 正反器真值表及電路狀況

輸 入		輸出	基極(V)		集 極(V)		電晶體導通/截止	
S	*R*	*Q*	V_{B2}	V_{B1}	V_{C2}	V_{C1}(LED)	Q_2	Q_1
Hi	*Lo*	*Hi*	0.7	0	0.2	10(亮)	ON	OFF
Lo	*Hi*	*Lo*	0	0.7	10	0.2(暗)	OFF	ON
Lo	*Lo*	保持不變	不變	不變	不變	不變	保持穩態	保持穩態
Hi	*Hi*	不允許	x	x	x	x	x	x

1. 電晶體導通(ON)：$\beta R_C \gg R_B$，工作在飽和區。
   $V_{CE} = V_C = 0.2\text{V}$，$I_{C(sat)} = \dfrac{V_{CC} - V_{CE(sat)}}{R_C} = \dfrac{10 - 0.2}{2.2\text{k}} = 4.45 \text{ mA}$。

2. 電晶體截止(OFF)：$V_{CE} = V_C = 10\text{V}$，$I_C = 0$。

(二) 實測值

1. 按圖 7-7 接線，以電源供應器提供 $V_{CC} = 10\text{V}$。
2. 以三用電表 DCV 檔，按表 7-5 所列輸入開關〔SW_S、SW_R〕的狀況順序，測量各電壓值，並記錄於表 7-5 中。

■ 表 7-5 工作項目一狀況 1 的測量結果（表格裡[ ]內的數據為理論值）

輸入開關狀況	V_{B2}	V_{B1}	V_{C2}	V_{C1}	LED	$I_{C2} = \dfrac{V_{CC} - V_{C2}}{R_C}$	$I_{C1} = \dfrac{V_{CC} - V_{C1}}{R_C}$
1-1. 將開關 S 接通 ($SW_S \rightarrow$ ON、$SW_R \rightarrow$ OFF)	[0.7]	[0]	[0.2]	[10]	[亮]	[4.45m]	[0]
1-2. 將開關 S 斷路 ($SW_S \rightarrow$ OFF、$SW_R \rightarrow$ OFF)	[0.7]	[0]	[0.2]	[10]	[亮]	[4.45m]	[0]
2-1. 將開關 R 接通 ($SW_R \rightarrow$ ON、$SW_S \rightarrow$ OFF)	[0]	[0.7]	[10]	[0.2]	[暗]	[0]	[4.45m]
2-2. 將開關 R 斷路 ($SW_R \rightarrow$ OFF、$SW_S \rightarrow$ OFF)	[0]	[0.7]	[10]	[0.2]	[暗]	[0]	[4.45m]

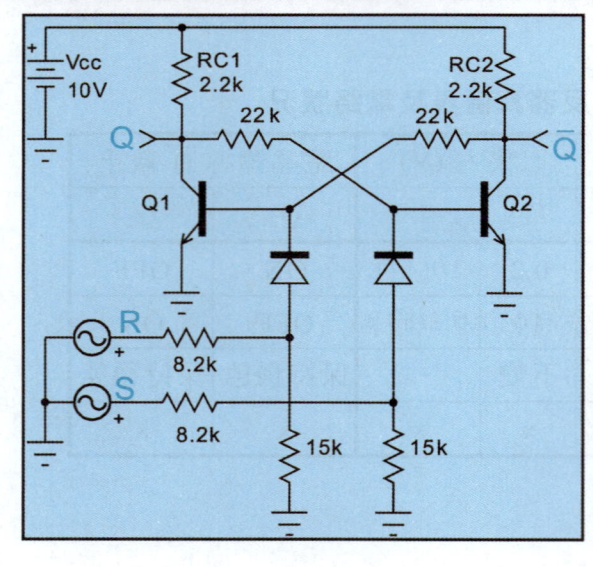

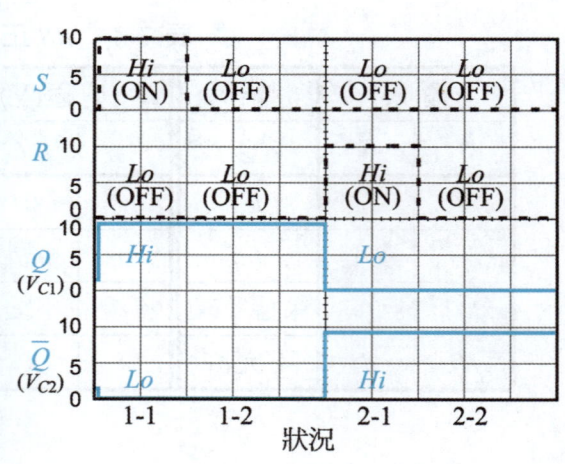

● 圖 7-8 電腦模擬圖

狀況 2 基極觸發式 T 型正反器(正緣觸發型)

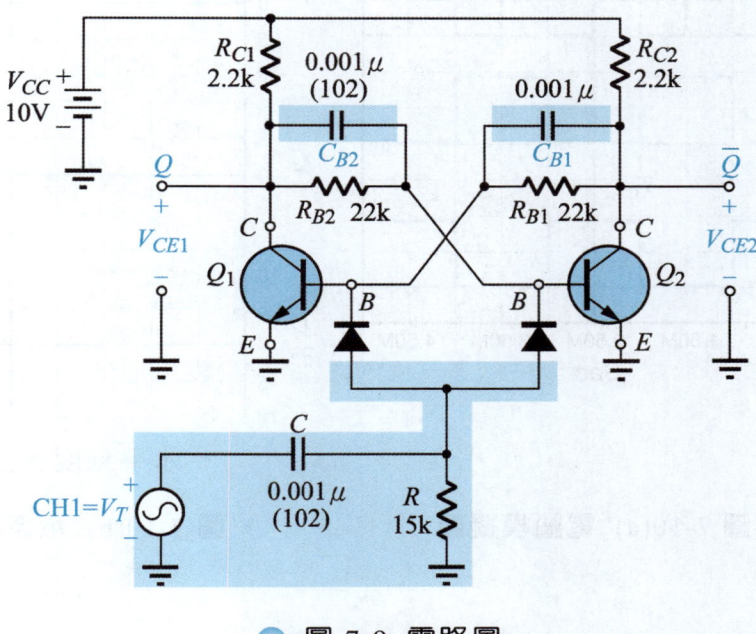

● 圖 7-9 電路圖

(一) 理論值

T 型正反器的輸出波形為方波，其頻率為輸入脈波的頻率除以 2，$f_C = f_T \div 2 = 1k \div 2 = 500$ (Hz)。

(二) 實測值

1. 按圖 7-9 接線，加入加速電容 C_{B1}、C_{B2} 及正緣觸發電路，並由函數波產生器提供輸入脈波信號 $V_{T(P-P)} = 5V$，$f_T = 1kHz$ 之方波。
2. 以示波器雙頻道[DC]耦合模式，CH1＝V_T 以及 CH2 分別觀測 V_{CE1}、V_{CE2}，並以 V_T 波形為基準對齊時間軸，繪製各波形於圖 7-10(b)，然後完成記錄於表 7-6 中。

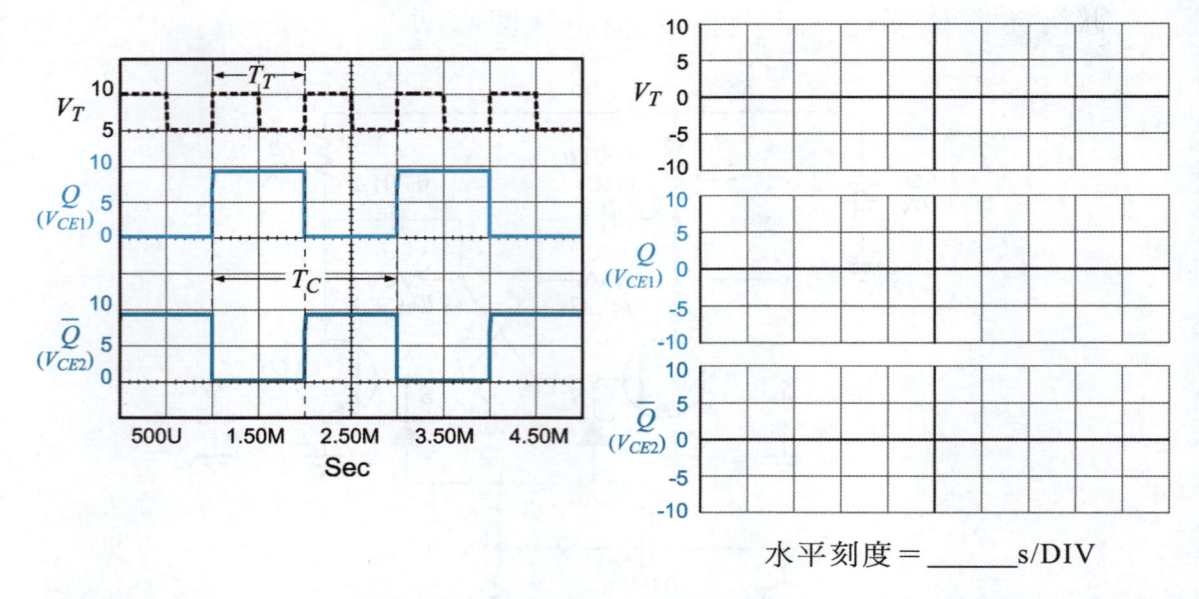

● 圖 7-10(a) 電腦模擬圖　　　　● 圖 7-10(b) 示波器顯示的波形

水平刻度＝_____ s/DIV

■ 表 7-6 工作項目一狀況 1 的測量結果

(表格裡[　]內的數據為理論值)

	f_T (Hz)	f_C (Hz)	V_{CE1} 波形
理論值	1k	500	方波
實測值	$1/T_T=$___	$1/T_C=$___	

狀況 3　開關應用

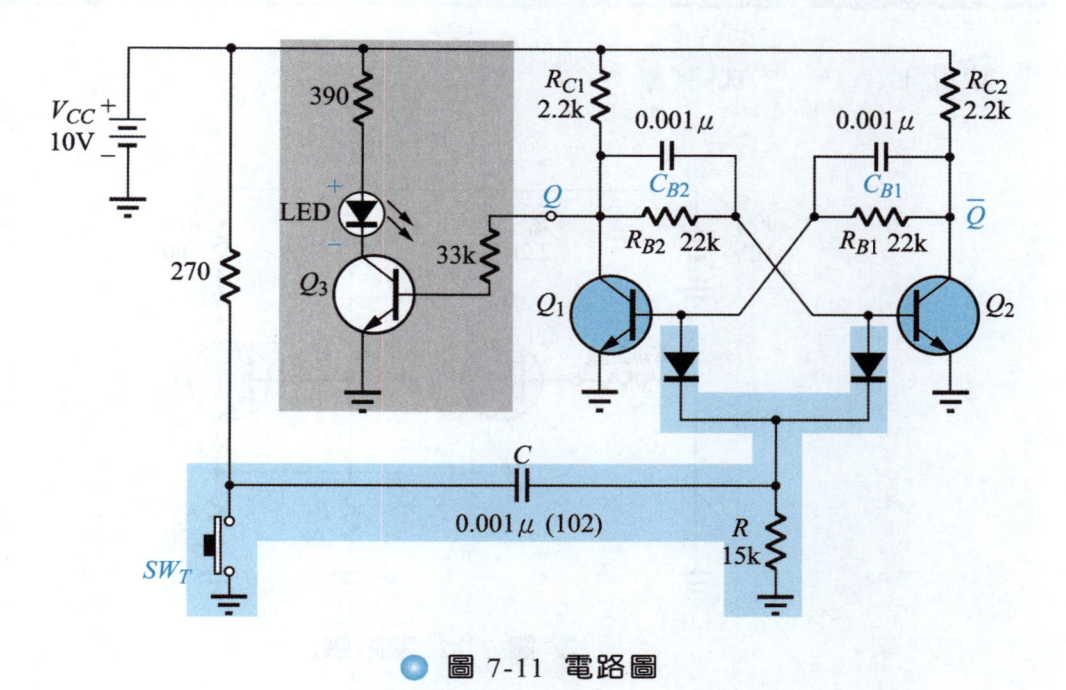

圖 7-11　電路圖

(一) 理論值

　　T 型正反器電路每觸發一次，輸出 Q 即在兩種狀態〔Hi-Lo〕之間作轉換，並保持穩定狀態直到下次觸發。

(二) 實測值

1. 按圖 7-11 接線(改變圖 7-9 的觸發電路，也就是對調二極體接線方向成為負緣觸發型，然後加入 LED 的負載電路)。
2. 重複將(按鈕)開關接通(SW_T→ON)約一秒後就斷開，觀察 LED 是否以「ON(亮)-OFF(暗)-ON(亮)-OFF(暗) -...」方式反覆變動？_____

工作項目二　電晶體式史密特振盪器

狀況 1　直流工作點測量

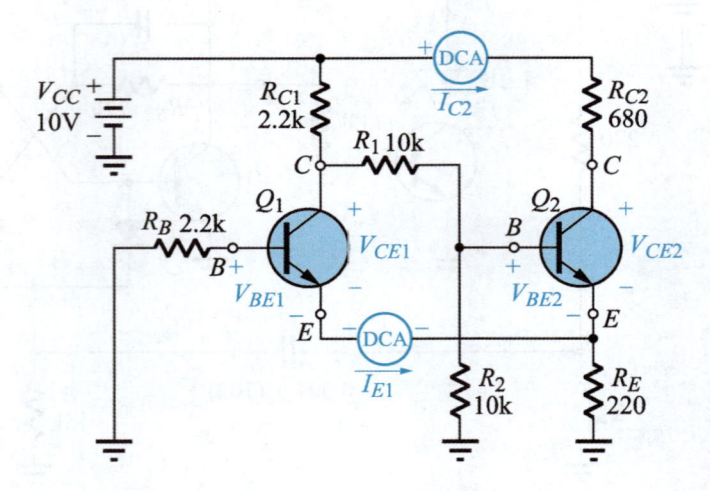

圖 7-12　電路圖

(一) 理論值

1. Q_2 工作於**飽和**狀態：$V_{BE2} = 0.7$ V (順偏導通)。

    (1) 工作點為 ($V_{CE2} = 0.2$ V，$I_E = I_{C2} = \dfrac{V_{CC} - V_{CE(sat)}}{R_{C2} + R_E} = \dfrac{9.8}{900} = 11$ mA)。

    (2) $V_E = I_E R_E = 11\text{m} \times 220 = 2.4$ V，

    $V_{B2} = V_E + V_{BE2} = 2.4 + 0.7 = 3.1$ V，

    $I_{R2} = V_{B2}/R_2 = 3.1/10\text{k} = 0.31$ mA。

2. Q_1 工作於**截止**狀態：$V_{B1} = 0$，$V_{BE1} = -V_E = -2.4$ V (逆偏截止)。

    (1) $I_{B1} = I_{C1} = I_{E1} = 0$，$I_{RC1} = I_{R1} = \dfrac{V_{CC} - V_{B2}}{R_{C1} + R_1} = \dfrac{6.9}{12.2\text{k}} = 0.56$ mA，

    $V_{C1} = V_{CC} - I_{RC1} R_{C1} = 8.7$ V，$V_{CE1} = V_{C1} - V_E = 6.3$ V，

    工作點為 (V_{CE1}，I_{C1}) = (6.3 V，0 mA)。

    (2) $I_{B2} = I_{R1} - I_{R2} = 0.56 - 0.31 = 0.25$ mA，$\beta I_{B2} > I_{C2}$ (Q_2 飽和)

(二) 實測值

1. 按圖 7-12 接線，以電源供應器提供 $V_{CC}=10V$。
2. 如圖 7-12 所示，以三用電表 DCV 檔(並接)測量各電壓值，並以 DCA 檔(串接)測量 I_{E1}、I_{C2} 電流值，記錄於表 7-7 中。

表 7-7 工作項目二狀況 1 的測量結果
(表格裡[ ]內的數據為理論值)

	V_{BE1}	V_{BE2}	V_{CE1}	V_{CE2}	$I_{C1}=I_{E1}$	I_{C2}
理論值	−2.4V	0.7V	6.3V	0.2V	0	11mA
實測值						

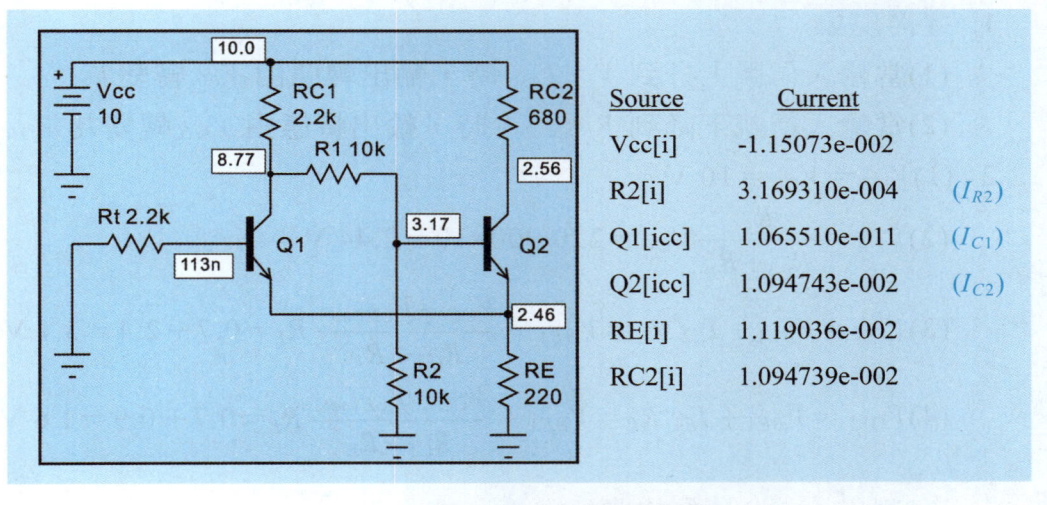

Source	Current	
Vcc[i]	-1.15073e-002	
R2[i]	3.169310e-004	(I_{R2})
Q1[icc]	1.065510e-011	(I_{C1})
Q2[icc]	1.094743e-002	(I_{C2})
RE[i]	1.119036e-002	
RC2[i]	1.094739e-002	

圖 7-13 電腦模擬圖

狀況 2 史密特振盪器

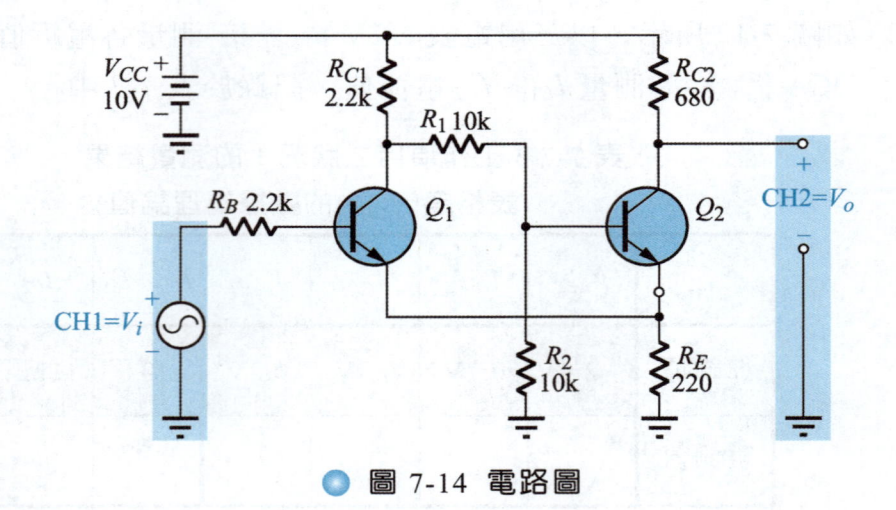

圖 7-14 電路圖

(一) 理論值

1. 遲滯現象

   (1) 當輸入信號上升到 $V_i > V_{ON}$ 時，輸出轉態由 V_{OL} 轉變為 V_{OH}。

   (2) 當輸入信號下降到 $V_i < V_{OFF}$ 時，輸出轉態由 V_{OH} 轉變為 V_{OL}。

2. (1) $V_{OH} = V_{CC} = 10$ V。

   (2) $V_{OL} = \dfrac{R_E}{R_{C2}+R_E} V_{CC} = 220/900 \times 10 = 2.44$ V。

   (3) $V_{ON} = V_{BE1} + I_{E2} R_E = V_{BE1} + \dfrac{V_{CC}-V_{CE(sat)}}{R_{C2}+R_E} R_E = 0.7 + 2.4 = 3.1$ V。

   (4) $V_{OFF} = V_{BE1} + I_{E1} R_E = V_{BE1} + \dfrac{V_{CC}-V_{CE(sat)}}{R_{C1}+R_E} R_E = 0.7 + 0.9 = 1.6$ V。

(二) 實測值

1. 按圖 7-14 接線，由函數波產生器提供 $V_{i(P-P)} = 10$V，$f = 100$Hz，弦波。

2. 以示波器雙頻道[DC]耦合模式，CH1 = V_i、CH2 = V_o，並以 V_i 波形為基準對齊時間軸，繪製波形於圖 7-15(b)，然後完成記錄於表 7-8 中。

3. 示波器改以[X-Y]模式顯示，繪製波形於圖 7-16(b)。

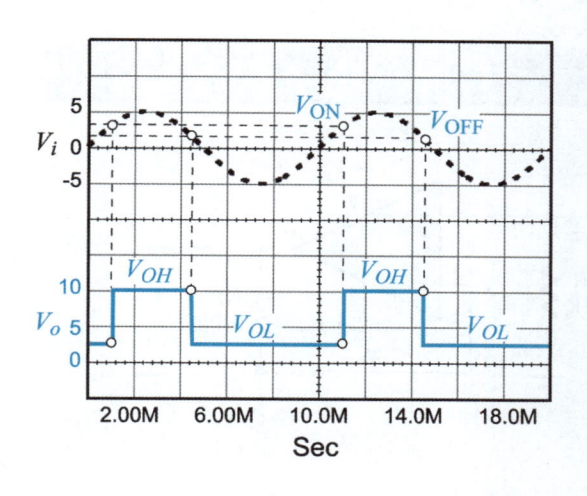

實習七 雙穩態多諧振盪器及史密特振盪器

● 圖 7-15(a) 電腦模擬圖　　● 圖 7-15(b) 示波器顯示的波形

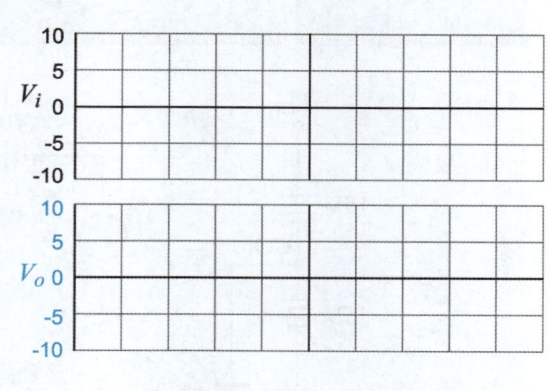

水平刻度＝_____s/DIV

■ 表 7-8　工作項目二狀況 2 的測量結果（表格裡 [ ] 內的數據為理論值）

輸出	V_{OH}	V_{OL}	波形
V_o	[10]	[2.44]	[方波]

V_o	由 V_{OL} 轉 V_{OH} 時	由 V_{OH} 轉 V_{OL} 時	$V_H = V_{ON} - V_{OFF}$
V_i	$V_{ON}=$ [3.1]	$V_{OFF}=$ [1.6]	[1.5]

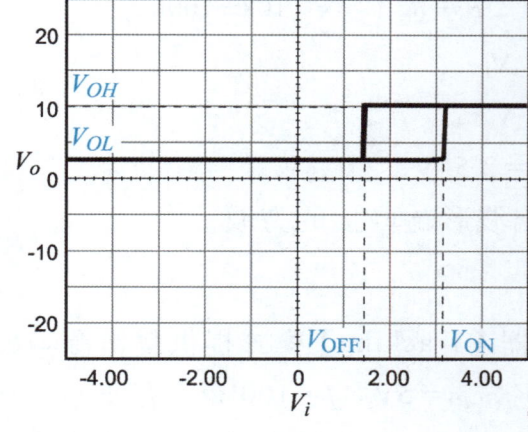

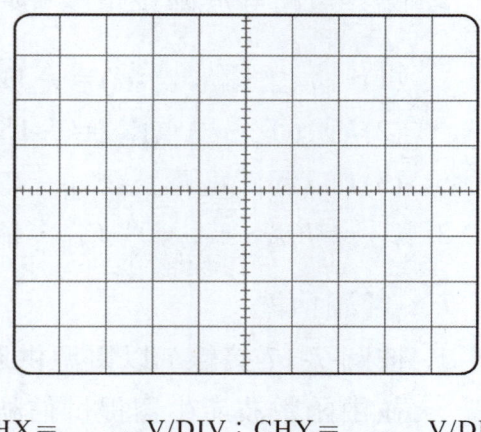

CHX＝_____V/DIV；CHY＝_____V/DIV

● 圖 7-16(a) 電腦模擬圖　　● 圖 7-16(b) 示波器[X-Y]模式顯示的波形

注意

觀測前，請先將 CH1、CH2 置於[GND]耦合模式，再把螢幕光點調整定位於中央，然後將 CH1、CH2 置回[DC]耦合模式。

工作項目三　運算放大器式史密特振盪器

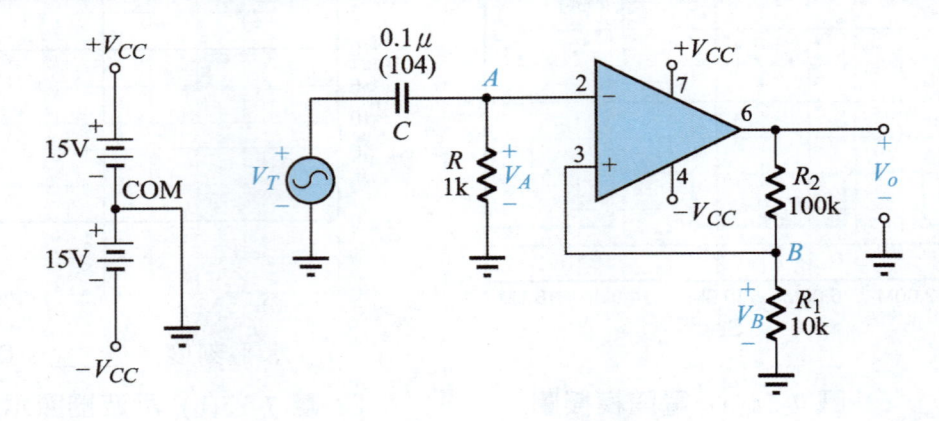

圖 7-17 電路圖

(一) 理論值

1. 遲滯現象

    (1) 當正脈衝信號上升到 $V_A > V_{TH}$ 時，輸出轉態由 V_{OH} 轉變為 V_{OL}。

    (2) 當負脈衝信號下降到 $V_A < V_{TL}$ 時，輸出轉態由 V_{OL} 轉變為 V_{OH}。

2. 臨界電壓等於回授電壓 $V_B = V_o \cdot \dfrac{R_1}{R_1 + R_2} = \pm 14 \dfrac{10k}{10k + 100k} = \pm 1.27 \text{ V}$。

    (1) V_{TH} (上臨界電壓) $= +1.27$ V。

    (2) V_{TL} (下臨界電壓) $= -1.27$ V。

    (3) V_H (遲滯電壓) $= V_{TH} - V_{TL} = 2.54$ V。

3. $V_{OH} = V_{sat}$、$V_{OL} = -V_{sat}$，輸出波形為 $\pm V_{sat}$ 的方波。

(二) 實測值

1. 按圖 7-17 接線，以電源供應器【Tracking】模式提供雙電源 ± 15V，並由函數波產生器提供信號 $V_{T(P-P)} = 5$V，$f = 100$Hz，方波。

2. 以示波器雙頻道[DC]耦合模式，CH1 $= V_T$ 以及 CH2 分別觀測 V_A、V_B、V_o，並以 V_T 波形為基準對齊時間軸，繪製各波形於圖 7-18(b)，然後完成記錄於表 7-9 中。

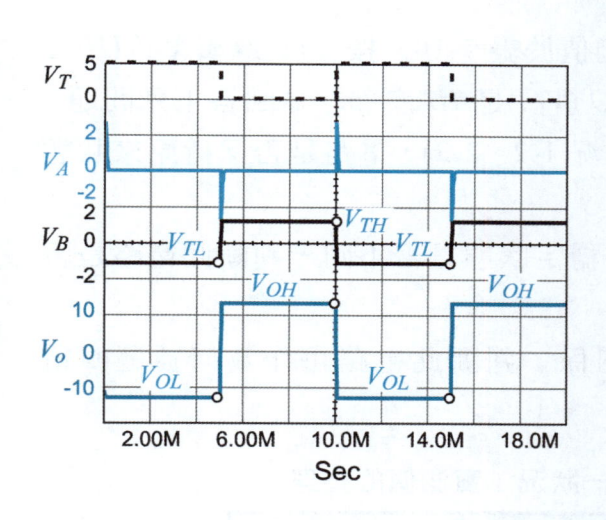

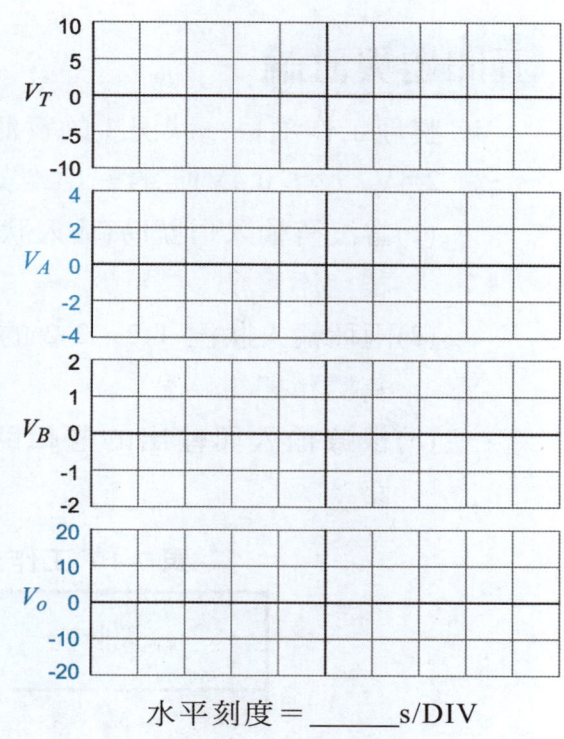

實習七 雙穩態多諧振盪器及史密特振盪器　**107**

● 圖 7-18(a)　電腦模擬圖　　　　● 圖 7-18(b)　示波器顯示的波形

水平刻度＝_____ s/DIV

■ 表 7-9　工作項目三的測量結果

	V_{OH}	V_{OL}	V_{TH}	V_{TL}	V_o波形	$V_H = V_{TH} - V_{TL}$
理論值	14V	−14V	＋1.27V	−1.27V	方波	2.54V
實測值	$V_{o(max)}=$ __	$V_{o(min)}=$ __	$V_{B(max)}=$ __	$V_{B(min)}=$ __		

五 問題與討論

1. 整理工作項目一狀況 1 的實測值於表 7-10。按 TTL 邏輯準位($Hi \geqq 2.4V$，$Lo \leqq 0.4V$)定義輸出端 Q (V_{C1})是 Hi 或 Lo，並回答下列問題：
   (1)當沒有輸入信號時(輸入狀況 1-2、2-2)，電路是否保持原來狀態穩定不變？
   (2)兩種輸入狀況 1-2、2-2 的穩定狀態是否不同，判斷此電路是否為雙穩態電路？
   (3)根據輸入與輸出的邏輯關係，判斷此電路可作為何種邏輯電路？

■ 表 7-10 工作一狀況 1 實測值的整理

輸入狀況	輸出狀況	
	V_{C1} (Q)	$Q=Hi/Lo?$
1-1. $S=Hi$、$R=Lo$		
1-2. $S=Lo$、$R=Lo$		
2-1. $S=Lo$、$R=Hi$		
2-2. $S=Lo$、$R=Lo$		

2. 根據工作項目一狀況 2 的實測值，判斷 T 型正反器是否有將輸入頻率(f_T)除以 2 的功能？($f_C=$ ____ f_T？)
3. 觀察圖 7-10(b)的輸出 V_{CE1}、V_{CE2} 波形，判斷雙穩態振盪器的輸出波形是甚麼波形？(弦波，三角波，方波)
4. 整理工作項目二狀況 1 的實測值於表 7-11。判斷電晶體式史密特振盪器電路中，兩顆電晶體的工作點各需設計在何區。

■ 表 7-11 工作二狀況 1 實測值的整理

電晶體 Q_1				電晶體 Q_2						
V_{BE1} (V)	順/逆偏?	I_{E1} (mA)	工作在	V_{BE2} (V)	順/逆偏?	V_{CE2} (V)	I_{C2} (mA)	標示工作點 Q	工作在
			＿＿＿區						＿＿＿區

5. 觀察圖 7-15(b)、7-18(b) 的輸出 V_o 波形，判斷史密特振盪器的輸出波形是甚麼波形？(弦波，三角波，方波)

單元測驗二

( ) 1. 正弦波振盪器的振盪條件為何？
(A)正回授 (B)足夠的增益 (C)迴路增益＝1 (D)以上皆正確。

( ) 2. 正弦波振盪器的振盪條件，下列何者錯誤？ (A)負回授 (B)回授電壓與輸入電壓同相 (C)迴路總相位移為360º (D)迴路總相位移為0º。

( ) 3. RC 相移振盪器須用幾級 RC 回授網路？
(A)1 (B)2 (C)3 (D)4 級。

( ) 4. RC 相移振盪器的 RC 回授網路須提供總相位移為
(A)0 或 360 (B)180 (C)90 (D)60 度。

( ) 5. 超前型 RC 相移振盪器的 $R=3.3k\Omega$，$C=0.1\mu F$，求振盪頻率為
(A)197 (B)1180 (C)482 (D)161 Hz。

( ) 6. 下列何種振盪器具有高穩定性及準確性？ (A)RC 相移振盪器 (B)石英晶體振盪器 (C)韋恩電橋振盪器 (D)考畢子振盪器。

( ) 7. 下列何者為弦波振盪器？ (A)雙穩態多諧振盪器 (B)單穩態多諧振盪器 (C)無穩態多諧振盪器 (D)RC 相移振盪器。

( ) 8. 下列何者為非弦波振盪器？ (A)韋恩電橋振盪器 (B)史密特振盪器 (C)石英晶體振盪器 (D)考畢子振盪器。

( ) 9. 在電晶體式多諧振盪器中，電晶體工作在何區？
(A)飽和區 (B)截止區 (C)飽和區及截止區 (D)作用區。

( ) 10. 在運算放大器式多諧振盪器中，OP Amp 工作在何區？ (A)正飽和區 (B)負飽和區 (C)正飽和及負飽和區 (D)線性工作區。

( ) 11. 在沒有外加觸發信號的情況下，可產生方波輸出的振盪器為
(A)史密特振盪器 (B)雙穩態多諧振盪器 (C)單穩態多諧振盪器 (D)無穩態多諧振盪器。

( ) 12. RS 正反器是屬於那一種振盪器？ (A)史密特振盪器 (B)雙穩態多諧振盪器 (C)單穩態多諧振盪器 (D)無穩態多諧振盪器。

3 數位電路

- 實習八　　邏輯閘的應用
- 實習九　　BCD加法器/減法器
- 實習十　　串/並加法器
- 實習十一　計數器電路設計與應用器
- 實習十二　ROM的認識與應用
- 單元測驗三

實習八 邏輯閘的應用

一 實習目的

1. 瞭解多諧振盪器電路的原理。
2. 學習用基本邏輯閘組成各種多諧振盪器電路。
3. 瞭解多諧振盪器電路的應用。

二 實習材料

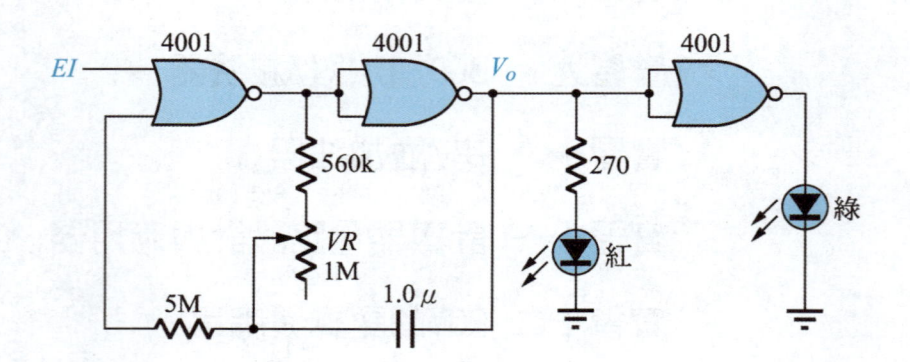

電阻	270Ω×1	1kΩ×2	10kΩ×1	220kΩ×1
	470kΩ×1	560kΩ×1	2.2MΩ×1	5MΩ×1
可變電阻	100kΩ×1	1MΩ×1		
電容	0.01μF×1	1.0μF×1	4.7μF×1	10μF×1
CMOS	4001×2	4011×2		
LED 燈	紅色×1	綠色×1		

三 相關知識

多諧振盪器一般可分為下列三種形態，均可使用數位基本邏輯閘元件來組合完成。

(1) 無穩態多諧振盪器(astable multivibrator)
(2) 單穩態多諧振盪器(monostable multivibrator)
(3) 雙穩態多諧振盪器(bistable multivibrator)

(一) 無穩態多諧振盪器

無穩態多諧振盪器是屬於自由振盪形式，不需要外來的訊號源，通電之後本身即可產生一系列的波形輸出。

1. TTL 型無穩態多諧振盪器

如圖 8-1 所示為 TTL 無穩態多諧振盪器的基本電路，由圖中可知無穩態多諧振盪電路是由 NOT 閘與 RC 交連而成的，且欲產生振盪，必須使 TTL 工作於線性區域(放大區)。

(1) TTL 輸出、輸入轉換特性曲線

如圖 8-2 所示為 TTL 輸出、輸入轉換特性曲線，由曲線可知，在 A 點左邊區域為穩定 Hi 輸出，B 點右邊區域為穩定 Lo 輸出，介於 A 與 B 之間即為線性區域。

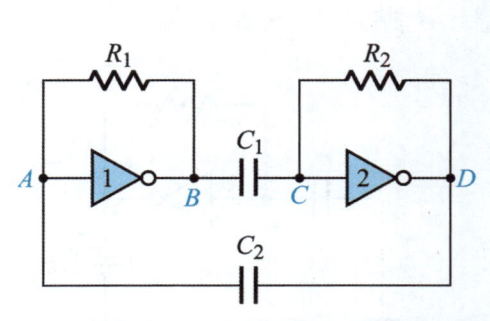

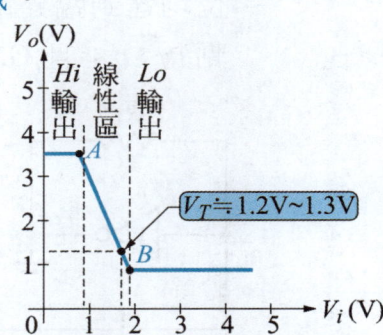

● 圖 8-1 TTL 無穩態多諧振盪器基本電路　● 圖 8-2 TTL 輸出、輸入轉換特性曲線

(2) 臨界電壓：V_T

當輸出與輸入電壓相等時的電壓，稱為 V_T，如圖 8-2，對 TTL 而言，$V_T ≒ 1.2 \sim 1.3V$。此點可視為平衡點，當電壓稍微變動一些，則可使電路往 Hi 區域或 Lo 區域動作；利用此特性，

使 TTL 電路的偏壓工作於臨界電壓點做線性放大,再利用電容 C 做正回授,即可產生振盪。

(3) TTL 無穩態多諧振盪電路工作原理說明

為避免振盪電路受到負載的影響,在實際的電路中多在輸出端串接一個 IC 閘做為緩衝級後才當成輸出,如圖 8-3 所示的 ─▷∘─ 。各點的波形及工作原理如下所示:

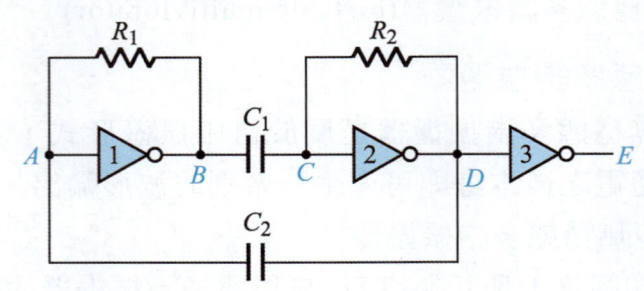

● 圖 8-3 TTL 無穩態多諧振盪器

假設 $t = t_0$ 時,此時 D 點為 Hi,則瞬間 A 點為 Hi,而 B、C、E 點均為 Lo,則:

a. 如圖 8-4(a)所示,D 點經由 R_1 向 C_2 充電,使 A 點電位逐漸降低;且 D 點亦經由 R_2 向 C_1 充電,如圖 8-4(b),當 A、C 點電位均達到臨界電壓(V_T)時,則 Gete2 轉態,使 C 點為 Hi、D 點為 Lo;且 Gate1 亦轉態,A 點為 Lo、B 點為 Hi。

(a)   (b)

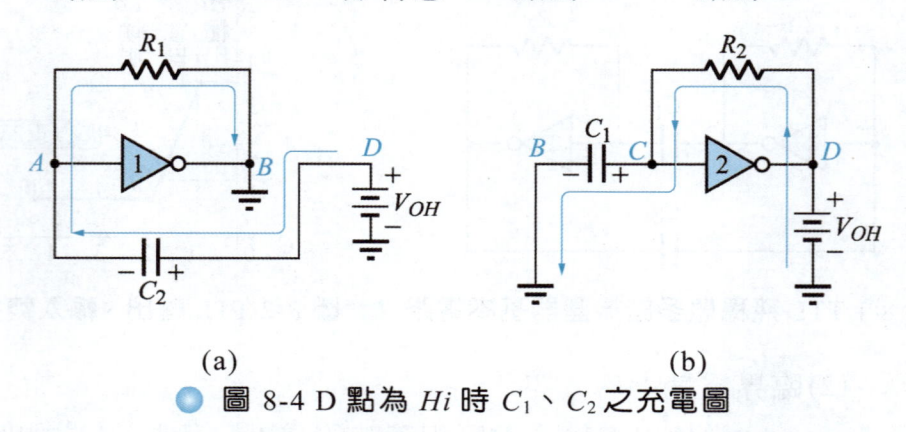

● 圖 8-4 D 點為 Hi 時 C_1、C_2 之充電圖

b. 當 Gate1 轉態後,則 C_1 經 B 點、R_1、D 點、R_2 放電,如圖 8-5(a),使 B 點電位降低;反之 C_2 是由 B 點經 R_1 而充電,當 B 點充電達到臨界電壓(V_T)時,Gate1 轉態,A 點為 Hi、B 點為 Lo,

同時 Gate2 亦轉態，使 D 點為 Hi、C 點為 Lo，以此循環。

c. 各點(A、B、C、D、E)波形變化如圖 8-6 所示。

(a) C_1 放電　　　　　　(b) C_2 充電

● 圖 8-5 B、D 點為 Hi 時 C_1、C_2 之充放電圖

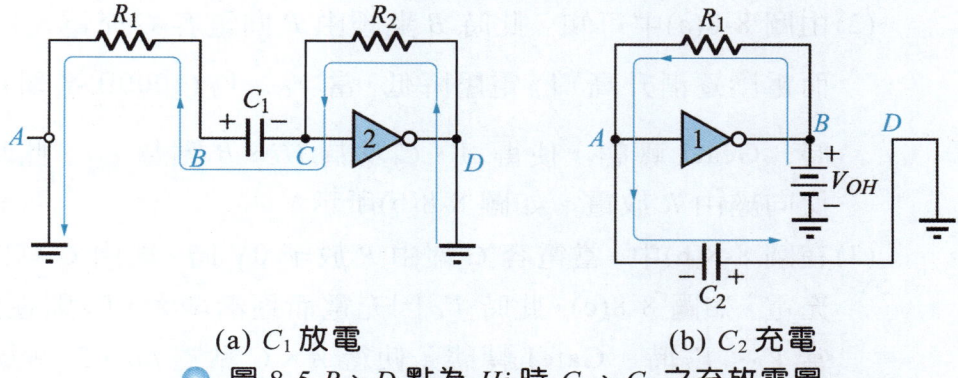

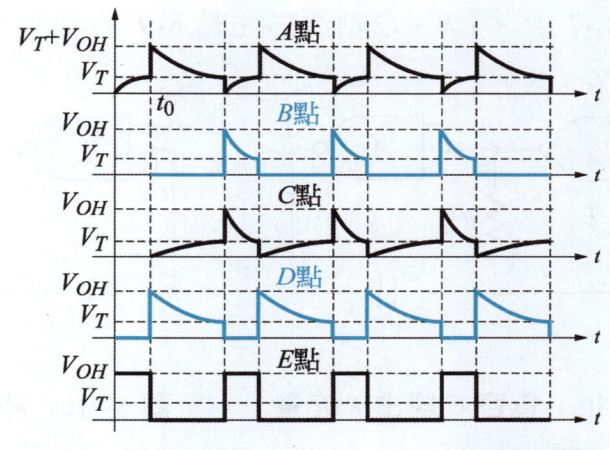

● 圖 8-6 圖 8-3 A、B、C、D、E 點波形

2. CMOS 型無穩態多諧振盪器

如圖 8-7 所示為用 NAND Gate 所組成的 COMS 無穩態多諧振盪器基本電路，各點的波形及工作原理如下所示：

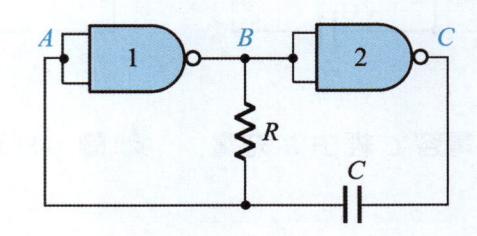

● 圖 8-7 CMOS 無穩態多諧振盪器

(1) 若電源 V_{DD} ON 瞬間，假設 A 點為 Lo、C 點亦為 Lo、而 B 點為 Hi，如圖 8-8(a)所示。

(2) 由圖 8-8(a)中可知，此時 B 點經由 R 向電容 C 充電，V_C 因充電而電壓逐漸升高，V_R 電壓降低，當 $V_C > V_T$ (4000B 系列 $V_T \approx \dfrac{V_{DD}}{2}$) 時，Geat1 轉態，使得 A、C 點為 Hi、B 點為 Lo，此時電容 C 反向經由 R 放電。如圖 8-8(b)所示。

(3) 在圖 8-8(b)中，當電容 C 經由 R 放至 0V 時，則由 C 點向電容 C 充電，如圖 8-8(c)，此時 V_C 因充電而逐漸增大，V_R 則逐漸變小，當 $V_R < V_T$ 時，Gate1 轉態，使得 A、C 點為 Lo、B 點為 Hi，如圖 8-8(d)所示，則 B 點經由 R 向電容 C 再度充電，重覆步驟(2)。

(4) 圖 8-7 中 A、B、C 點波形如圖 8-9 所示。

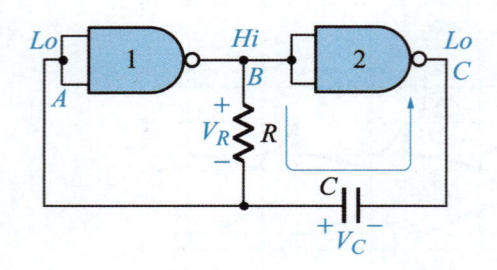

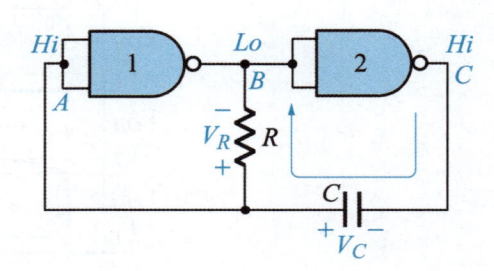

● 圖 8-8(a) 電容 C 經由 R 充電　● 圖 8-8(b) 電容 C 經由 R 放電

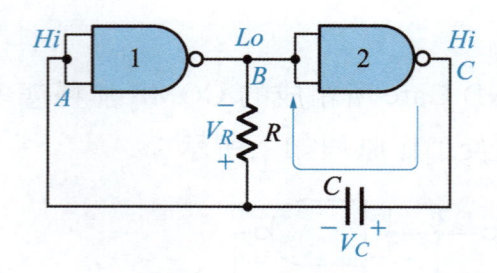

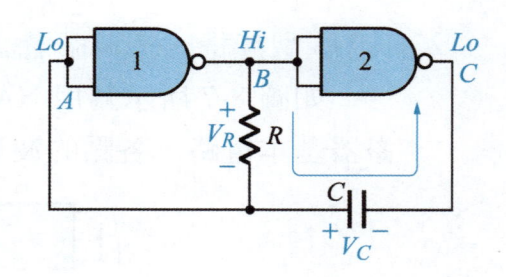

● 圖 8-8(c) 電容 C 經由 R 充電　● 圖 8-8(d) 電容 C 經由 R 充電

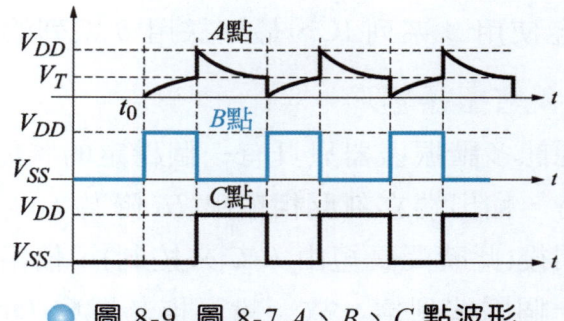

● 圖 8-9　圖 8-7 A、B、C 點波形

(5) 目前市售的 CMOS IC 在閘的輸入端都加有保護電路,以避免輸入閘損壞,如圖 8-10 所示,也因此振盪頻率會隨電源電壓的變化而變動。通常為減少電源電壓對振盪頻率的影響,實用上常加入另一個電阻(R_S),做為隔離之用,如圖 8-11 所示,此電阻 R_S 值通常為 R 電阻值的 2 至 10 倍。

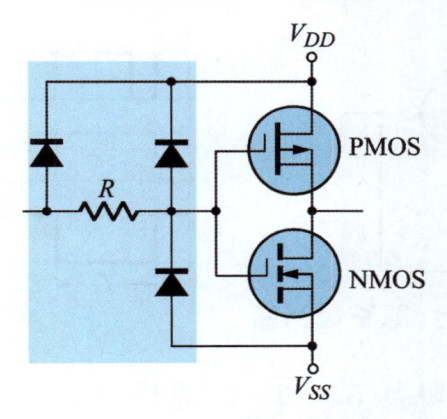

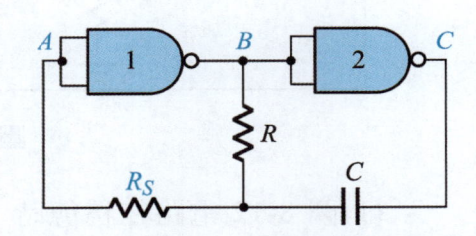

● 圖 8-10 CMOS 內部輸入保護電路

● 圖 8-11 CMOS 無穩態多諧振盪器實用電路

(6) 欲使 CMOS 無穩態多諧振盪器電路具有優良的特性,則必須遵守下列幾個原則:

a. 電源電壓 V_{DD} 為 5V～15V。

b. 電阻 R 取 5k～1MΩ。

c. 電容 $C > 100$pF。

d. 電阻 $R_S = (10～20) \times R$。

e. 振盪頻率 $f \approx \dfrac{0.455}{RC}$。

f. 避免使用 A 系列 IC，最好採用 B 系列的 IC。

(二) 單穩態多諧振盪器

單穩態多諧振盪器只具有一個穩定的狀態，當輸入端被脈波信號觸發時，輸出端立刻反相輸出(Hi 降為 Lo，Lo 升為 Hi)，而經過一段時間後(此時間長短由 R-C 來控制)，輸出又恢復原來的狀態，直到下一個脈波到達。故一般又稱為單擊(One-shot)電路，常用於計時器電路上。

1. 由 4011 所組成單擊電路說明

圖 8-12 所示為使用 2 輸入 NAND 閘所組成的單擊電路，此電路是在輸入脈波的負緣被觸發的，且無論輸入的脈波寬度為何，輸出的低態時間均為 $T = 0.693RC$ 秒，各點的波形及工作原理如下所示：

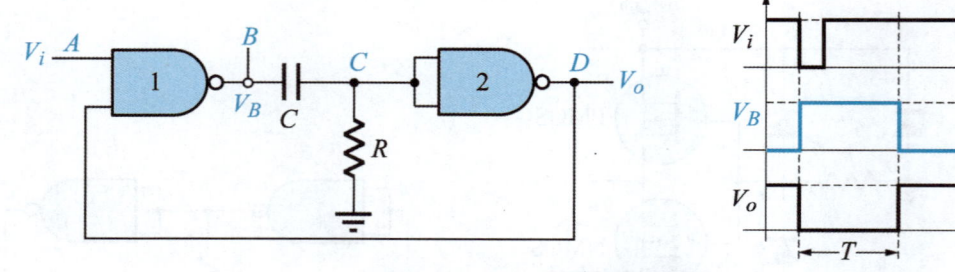

● 圖 8-12 單擊電路圖

(1) 圖 8-12 電路在穩態時：D 點為 Hi，B、C 點均為 Lo。

(2) 當從 V_i 輸入一個負脈波時(當 A 點由 Hi 降為 Lo)：Gate 1 發生轉態，使得 B 點升為 Hi，瞬間 C 點亦為 Hi，D 點降為 Lo，計時開始。

(3) 因 B 點為 Hi，故電容 C 經由 B 點、電阻 R 開始充電如圖 8-13，當此時 V_C 電位上升、而 V_R 電位下降，當 $V_R < V_T$ 時，Geat 2 發生轉態，使得 C 點變為 Lo、D 點升為 Hi，則計時結束，電路恢復穩定狀態。

(4) 此電路是屬於不可連續觸發之單擊電路：即當電路未恢復穩定之前(B 點為 Lo、D 點為 Hi)，從輸入端 V_i 再觸發都為無效的，如圖 8-14 所示。

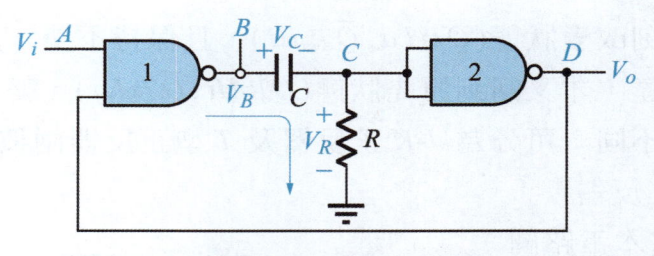

● 圖 8-13 電容 C 充電

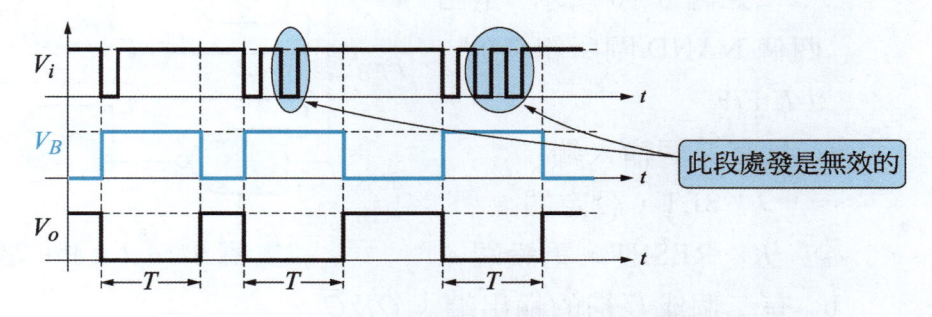

此段處發是無效的

● 圖 8-14 不可連續觸發之時序圖

2. 可連續觸發之單擊電路

所謂可連續觸發單擊電路，即輸入端輸入觸發信號，在輸出端發生轉態後，且尚未恢復穩態之前，再次將觸發信號施加於輸入端，而輸出脈波的寬度能繼續延長，其長度為後一個觸發信號緣算起，再增加一個週期(T)，如圖 8-15 所示。

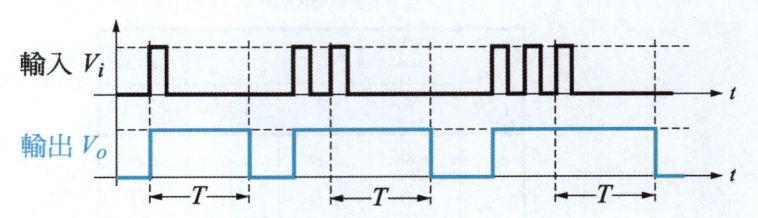

● 圖 8-15 可連續觸發之時序圖

(三) 雙穩態多諧振盪器

雙穩態多諧振盪器又稱為正反器(Flip-Flop，簡稱 F/F)，具有二個成互補的輸出端(Q 或 $\overline{Q}$)且穩定的狀態(Hi 或 Lo)，可做為數位電路中的記憶元件。假設原先輸出狀態 Q 為 Hi，$\overline{Q}$ 為 Lo，若無外來觸發信號時，此狀態一直保持不變；當輸入端被脈波信號觸發時，輸出端立刻改變狀態(Q為Lo,$\overline{Q}$為Hi)，且保持不變，直到下一個觸發信號到達，才又回到原先狀態(Q為Hi,$\overline{Q}$為Lo)。雙穩態多諧振盪器依特性不同，可分為 J-K 正反器及 T 型正反器兩種。

1. *J-K* 正反器

    (1) 基本電路圖

    　　如圖 8-16 所示，是由四個 NAND 閘所組合的 J-K F/F。

    a. 具有二個輸入端

    　　J：SET，設定端。

    　　K：RESET，重設端。

    b. 有二個成互補的輸出端：Q及$\overline{Q}$。

    c. 時序脈波(Clock-Pluse)輸入端：CP。

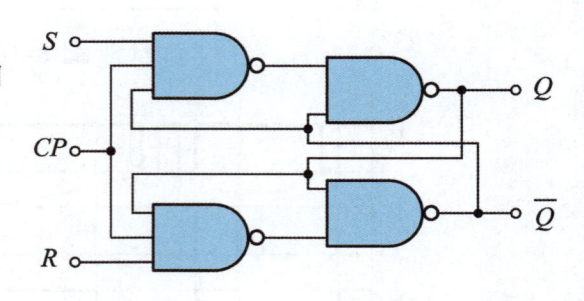

    ● 圖 8-16 *J-K* F/F 基本電路

    (2) 輸入/輸出 動作真值表

    　　分析圖 8-16 電路，可得到表 8-1 *J-K* F/F 的輸入/輸出真值表，其中 $CP = \uparrow$，表示當時序觸發脈波正緣到達時，會觸發電路動作。

■ 表 8-1

CP	輸入			輸出
	J	K	Q_n	Q_{n+1}
$\uparrow$	Lo	Lo	Lo	Lo
	Lo	Lo	Hi	Hi
	Lo	Hi	Lo	Lo
	Lo	Hi	Hi	Lo
	Hi	Lo	Lo	Hi
	Hi	Lo	Hi	Hi
	Hi	Hi	Lo	Hi
	Hi	Hi	Hi	Lo

X：未定義(不允許)，↑：正緣觸發

Q_n：現態(目前的輸出狀態)

Q_{n+1}：次態(下一個時間或下一之被觸發時的狀態)

從表 8-1 中可得知 J-K F/F 的動作特性：
a. 當 J、K 輸入端均為 Lo 時，輸出端保持原狀態不變。
b. 當 J＝Lo、K＝Hi 時，輸出 Q 端狀態被清除為 Lo。
c. 當 J＝Hi、K＝Lo 時，輸出 Q 端狀態被設定為 Hi。
d. 當 J、K 輸入端均為 Hi 時，輸出 Q 及 $\overline{Q}$ 兩端均被設定為 Hi，是一種不允許的狀態。

2. T 型正反器
   (1) 基本電路圖
   如圖 8-17 將一個 J-K F/F 的兩輸入端短成單一輸入端，即成形 T 型 F/F。
   (2) 輸入/輸出 動作真值表
   分析圖 8-17 電路，可得到表 8-2 T 型 F/F 的輸入/輸出真值表，其中 CP＝↑，表示當時序觸發脈波正緣到達時，會觸發電路動作。

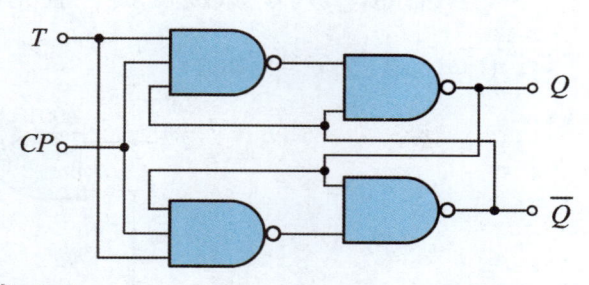

● 圖 8-17 T 型 F/F 基本電路

■ 表 8-2

CP	T	Q_n	Q_{n+1}
↑	Lo	Lo	Lo
	Lo	Hi	Hi
	Hi	Lo	Hi
	Hi	Hi	Lo

X：未定義(不允許)　↑：正緣觸發
Q_n：現態(目前的輸出狀態)
Q_{n+1}：次態(下一個時間或下一之被觸發時的狀態)

從表 8-2 中可得知 T 型 F/F 的動作特性：
a. 當 T 輸入端為 Lo 時，輸出端保持原狀態不變。
b. 當 T 輸入端為 Hi 時，輸出 Q 端被改變狀態(Hi 變為 Lo，Lo 變為 Hi)。

四 實習項目

工作項目一　無穩態多諧振盪器的應用

　　本工作項目主要的目的，是用基本邏輯閘組合成一個無穩態多諧振盪器電路來控制 LED 燈的閃爍，並利用調整可變電阻器大小來改變 LED 燈閃爍的頻率。其相關知識已如上述說明所述，現在請依下列步驟做實驗，並完成問題討論第 1 題的問題。

(一) 電路接線圖

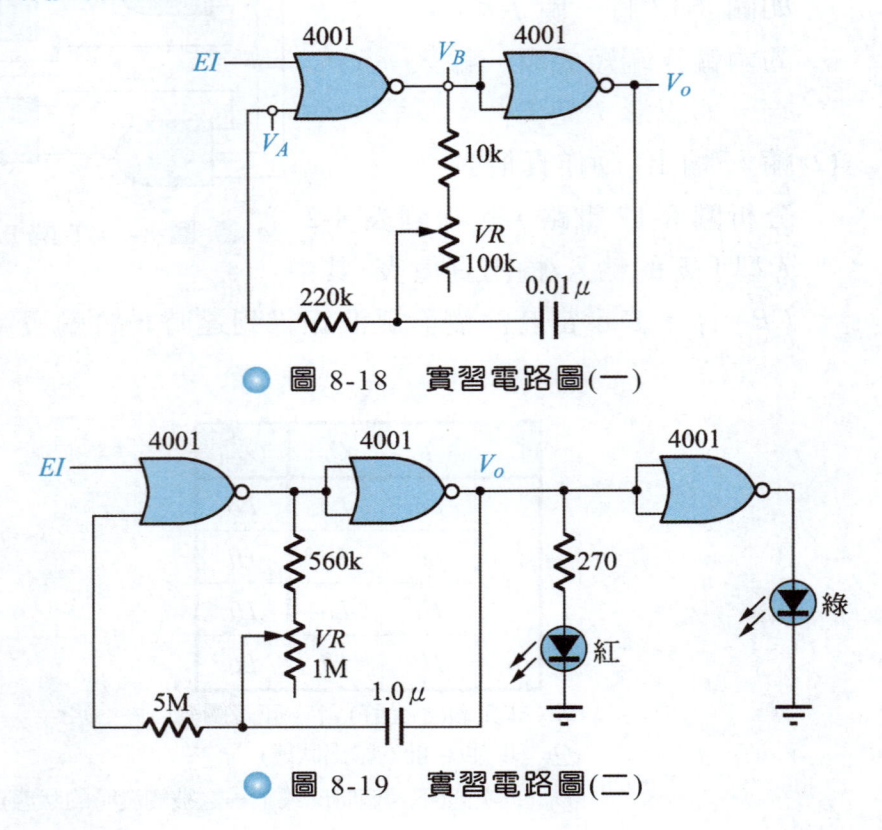

● 圖 8-18　實習電路圖(一)

● 圖 8-19　實習電路圖(二)

(二) 實習步驟

1. 按圖 8-18 接線，電源用 5~12V。依下列順序做實驗，並將結果記錄於表 8-3 中。

    (1) 將控制輸入端(EI)接 Lo，先將可變電阻(VR)調整為 50kΩ。

a. 用示波器觀測並繪製 V_A、V_B、V_o 三點的波形？且從 V_o 波形中求 V_o 端的輸出頻率？

b. 改變 VR 電阻的大小，觀測輸出 V_o 端的波形變化情況？

(2) 將控制輸入端(EI)接 Hi，先將可變電阻(VR)調整為 50kΩ，重覆上述(1)之(a)、(b)步驟。

■ 表 8-3 圖 8-18 的實習結果

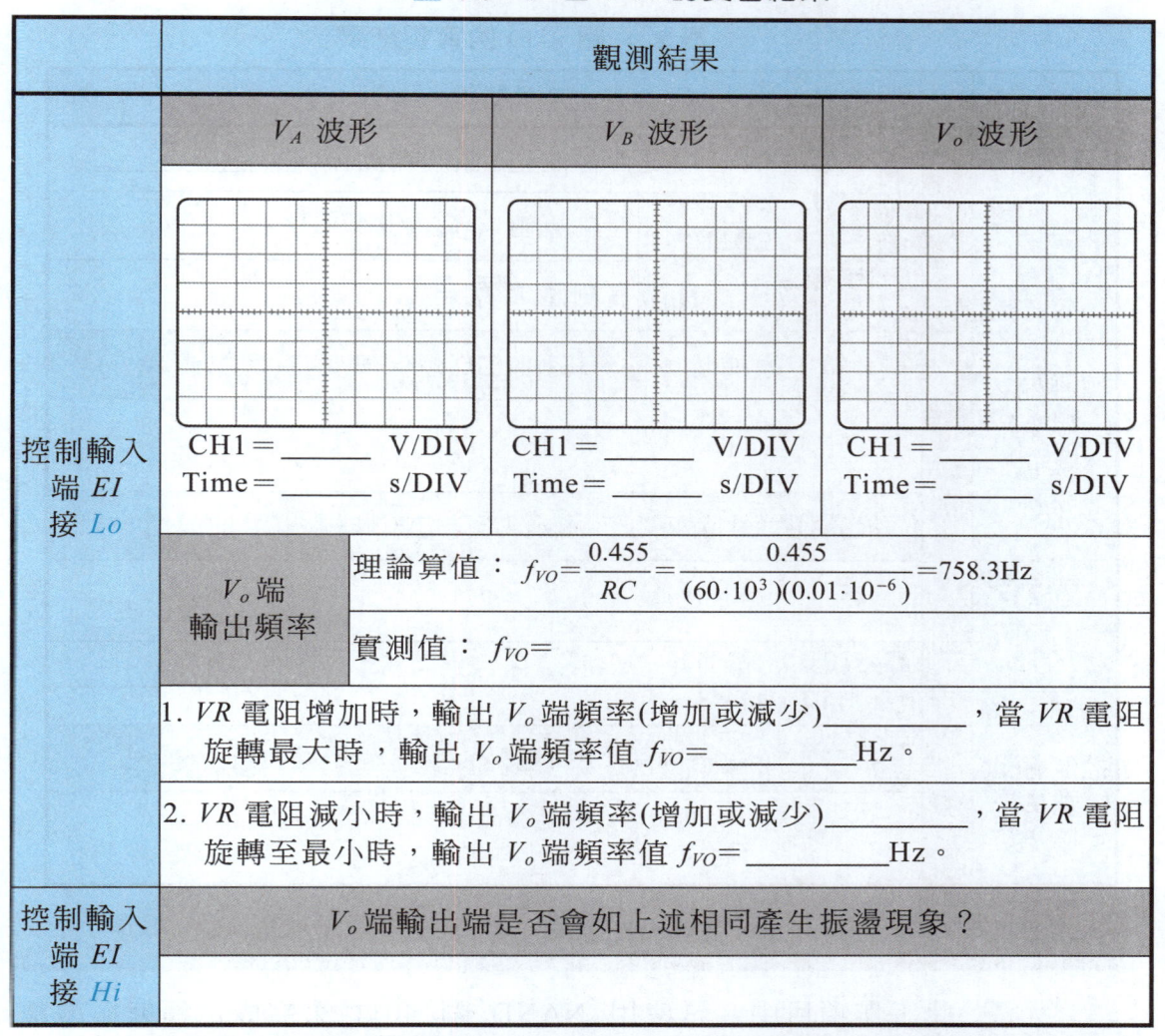

	觀測結果			
控制輸入端 EI 接 Lo	V_A 波形		V_B 波形	V_o 波形
^^	CH1＝＿＿V/DIV Time＝＿＿s/DIV		CH1＝＿＿V/DIV Time＝＿＿s/DIV	CH1＝＿＿V/DIV Time＝＿＿s/DIV
^^	V_o 端輸出頻率	理論算值：$f_{VO}=\dfrac{0.455}{RC}=\dfrac{0.455}{(60 \cdot 10^3)(0.01 \cdot 10^{-6})}=758.3$Hz		
^^	^^	實測值：$f_{VO}=$		
^^	1. VR 電阻增加時，輸出 V_o 端頻率(增加或減少)＿＿＿＿，當 VR 電阻旋轉最大時，輸出 V_o 端頻率值 $f_{VO}=$＿＿＿＿Hz。			
^^	2. VR 電阻減小時，輸出 V_o 端頻率(增加或減少)＿＿＿＿，當 VR 電阻旋轉至最小時，輸出 V_o 端頻率值 $f_{VO}=$＿＿＿＿Hz。			
控制輸入端 EI 接 Hi	V_o 端輸出端是否會如上述相同產生振盪現象？			
^^				

2. 改按圖 8-19 接線，電源用 5~12V。先將可變電阻(VR)調整為 400kΩ，依下列順序做實驗，並將結果記錄於表 8-4 中。

(1) 將控制輸入端(EI)接 Lo，則紅、綠兩 LED 燈是否會做亮、滅閃爍動作？閃爍頻率值為何？

(2) 改變 VR 電阻的大小時，紅、綠兩 LED 燈亮、滅閃爍頻率有何變化？

(3) 改變電容 C 值為 10μF、0.01μF 時，紅、綠兩 LED 燈亮、滅閃爍頻率有何變化？

(4) 將控制輸入端(EI)接 Hi，則紅、綠兩 LED 燈是否會做亮、滅閃爍動作？

■ 表 8-4 圖 8-19 的實習結果

		觀測結果	
控制輸入端 EI 接 Lo	1.	紅、綠兩 LED 燈是否會做亮、滅閃爍動作？_____。	
		紅、綠 LED 燈閃爍頻率	理論算值：$f_{V_o} = 0.474$Hz
			實測值：$f_{V_o} =$
	2	VR 電阻增加時，紅、綠兩 LED 燈閃爍頻率(增加或減少)？	
		VR 電阻減小時，紅、綠兩 LED 燈閃爍頻率(增加或減少)？	
	3	$C = 10\mu$F 時	
		$C = 0.01\mu$F 時	
控制輸入端 EI 接 Hi	4	紅、綠兩 LED 燈是否會產生閃爍動作？	

工作項目二　單穩態多諧振盪器的應用

此工作項目中，是使用 NAND 閘 4011 來完成單穩態振盪電路，如圖 8-20 所示，其中：

1. 此電路是在輸入脈波的負緣被觸發，如圖 8-21 所示。
2. 不論輸入的觸發脈波寬度為何，輸出低態的時間均為 $T = 0.693RC$。

(一) 電路接線圖

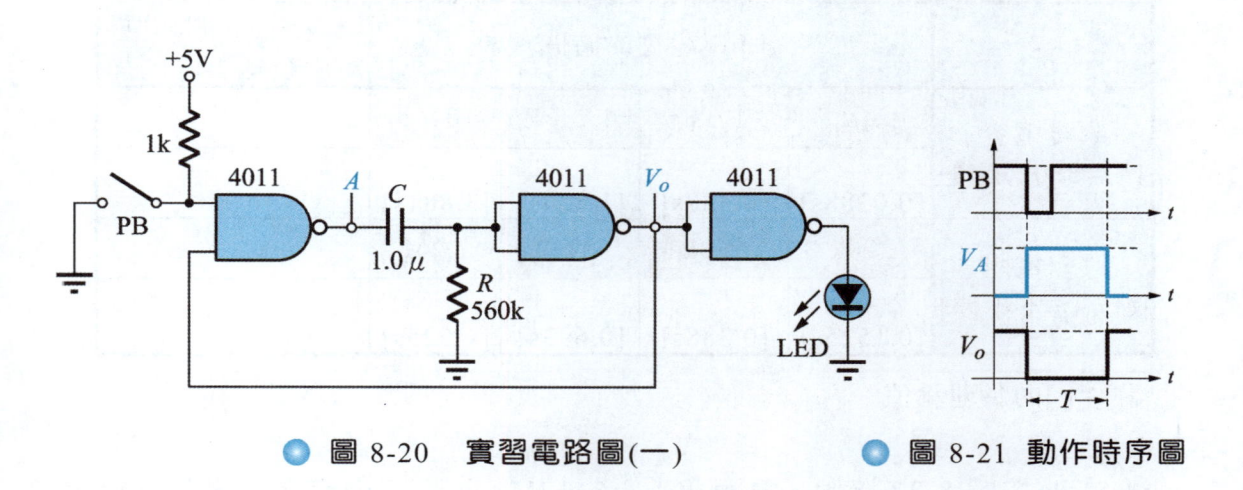

● 圖 8-20　實習電路圖(一)　　　● 圖 8-21　動作時序圖

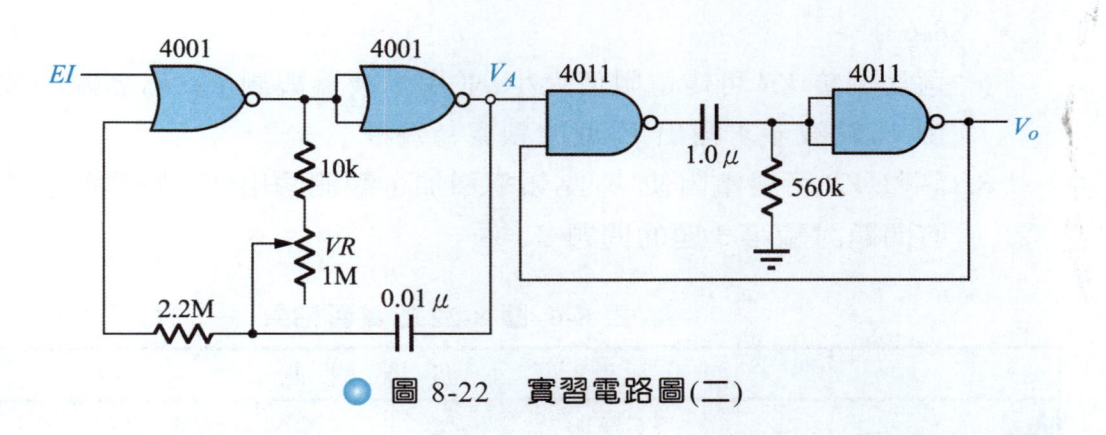

● 圖 8-22　實習電路圖(二)

(二) 實習步驟

1. 按圖 8-20 接線，並將實習結果記錄於表 8-5 中。
2. PB 按鈕開關，每當被 ON/OFF 一次，則 LED 燈亮多久(請用示波器觀測)？
3. 將圖中的電容 C 改用 $0.1\mu F$、$4.7\mu F$、$10\mu F$，(電阻 $R=560k$ 保持不變)重覆步驟 2，觀測 LED 燈亮的時間與電容的關係？
4. 將圖中的電阻 R 改用 $220k$、$1M$、$2.2M$，(電容 $C=1\mu F$ 保持不變)重覆步驟 2，觀測 LED 燈亮的時間與電阻的關係？

■ 表 8-5 圖 8-20 的實習結果

	LED 燈亮的時間				LED 燈亮的時間與電阻或電容的關係
改變電容 [R＝560k 不變]	0.1μF	1μF	4.7μF	10μF	
	[0.0388s]	[0.388s]	[1.824s]	[3.881s]	
改變電阻 [C＝1μF不變]	220k	560k	1M	2.2M	
	[0.1525s]	[0.388s]	[0.693s]	[1.525s]	

註：[ ]內為理論值

5. 改按圖 8-22 接線，電源 V_{DD}＝5~12V，並將下列實習結果記錄於表 8-6 中。
6. 適當調整 VR 可變電阻值大小，並用示波器觀測 V_A、V_o 各點的波形。
7. 由 V_o 點波形求輸出 V_o 低態頻寬為幾秒？
8. 調整 VR 可變電阻使 V_A 點頻率增加，觀測輸出 V_o 波形變化，並回答問題討論第 3 題的問題？

■ 表 8-6 圖 8-22 的實習結果

	示 波 器 觀 測	
適當調整 VR 可變電阻大小	V_A 波形	V_o 波形
	當 VR＝_____Ω，可觀測到正常波形	
	CH1＝_____ V/DIV Time＝_____ s/DIV	CH2＝_____ V/DIV Time＝_____ s/DIV
	輸出 V_o 低態頻寬為_____秒	

工作項目三　雙穩態多諧振盪器的應用

此工作項目中，是使用二個 NOR 閘 4001 來完成雙穩態振盪電路，如圖 8-23 所示，在數位電路中可做為記憶元件的電路(亦如 R-S 正反器基本電路)。

(一) 電路接線圖

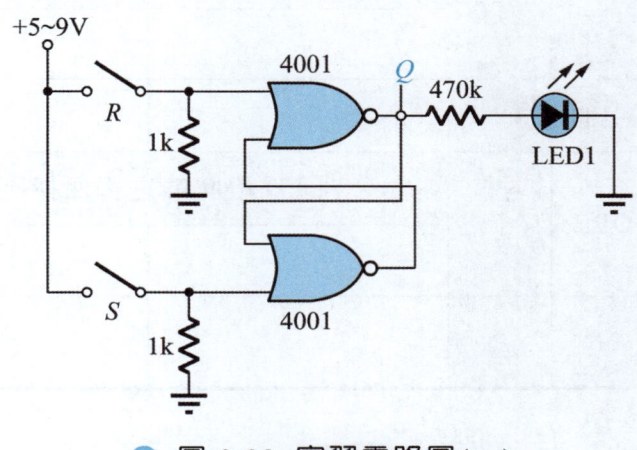

● 圖 8-23　實習電路圖(一)

(二) 實習步驟

1. 按圖 8-23 接線，依下列步驟做實驗，並將實習結果記錄於表 8-7 中。並回答問題討論第 4 題的問題？
2. 當電源 ON，S、R 開關均 OFF 時，LED 燈亮或滅？
3. 當 S 開關 ON 時，LED1 燈亮或滅？再將 S 開關 OFF 時，LED1 狀態是否保持此狀態不變？
4. 當 R 開關 ON 時，LED1 燈亮或滅？再將 R 開關 OFF 時，LED1 狀態是否保持此狀態不變？
5. 當 S、R 開關均 ON 時，LED1 燈亮或滅？
6. 改按圖 8-24 接線，重覆上述 2-5 步驟，且將結果記錄於表 8-7 中。

■ 表 8-7　圖 8-23 及 8-24 的實習結果

	開關 S	開關 R	圖 8-23 LED1 燈亮或滅	圖 8-24 LED2 燈亮或滅
步驟 2	OFF	OFF		
步驟 3	ON	OFF		
	OFF	OFF	LED 燈狀態是否保持不變？	
步驟 4	OFF	ON		
	OFF	OFF	LED 燈狀態是否保持不變？	
步驟 5	ON	ON		

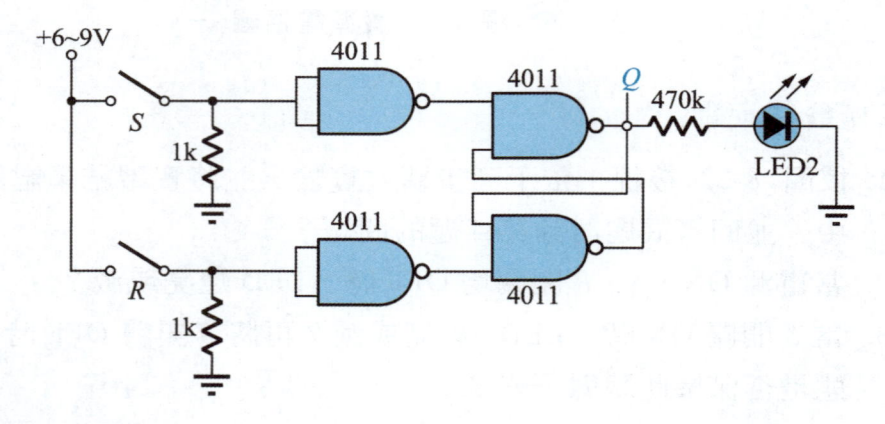

● 圖 8-24　實習電路圖(二)

五 問題與討論

1. 重新整理表 8-3 及表 8-4 於表 8-8，從表 8-8 中，您認為若將圖 8-18 電路的 V_o 輸出端，接上一個 LED 燈，如圖 8-25 所示，則 LED 燈是否會做亮滅閃爍動作？原因為何？

■ 表 8-8　表 8-3 及表 8-4 的整理(控制輸入端 EI 接 Lo)

制輸入端 EI 接 Lo	表 8-3	表 8-4
V_o 輸出頻率 實測值	$f_{VO}=$ _____	$f_{VO}=$ _____
VR 電阻 增加時	V_o 輸出頻率 (增加或減少)？	紅、綠兩 LED 燈閃爍頻率 (增加或減少)？
VR 電阻 減小時	V_o 輸出頻率 (增加或減少)？	紅、綠兩 LED 燈閃爍頻率 (增加或減少)？
圖 8-25	LED 燈是否會會做亮滅閃爍動作？原因為何？	

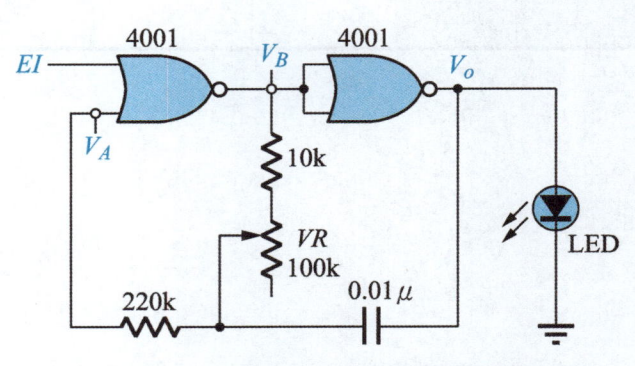

● 圖 8-25　將圖 8-18 輸出接 LED 燈

2. 在圖 8-20 電路實習中，當 PB 按鈕開關 ON/OFF 一次時，用示波器去觀測 LED 燈亮的時間，請問此時示波器的水平軸(Time)旋鈕，應轉到每格多少秒(s/DIV)，才能觀測到 LED 燈亮的時間？
   答：_____。

3. 在圖 8-22 電路實習中，調整 VR 可變電阻的大小，使 V_A 點頻頻增加，則輸出 V_o 波形低態頻寬是否不變？電路是否為可連續觸發單擊電路？
   答：_____
   _____。

4. 先將圖 8-23 及圖 8-24 中的 S、R 開關的動作：ON 設為邏輯"1"，OFF 設為邏輯"0"。輸出 LED 燈的動作：亮設為邏輯"1"滅設為邏輯"0"，再將表 8-7 重新整理於表 8-9 中，並與 S-R 正反器的特性表互相比較，兩者是否相同？

■ 表 8-9 表 8-7 的整理

開關 S	開關 R	圖 8-23 LED1 燈	圖 8-24 LED2 燈	S-R F/F 特性表 F/F 輸出次態
0	0			次態與現態相同
0	1			1
1	0			0
1	1			未定義

實習九 BCD 加法器/減法器

一 實習目的

1. 瞭解 BCD 加法器電路的設計。
2. 9 的補數產生器電路的設計。
3. 瞭解 BCD 加法器/減法器電路的設計。

二 實習材料

```
電阻        200Ω ×14    1.0kΩ  ×2
TTL    74LS02 ×1   74LS04 ×2   74LS08 ×2   74LS11 ×1
       74LS32 ×1   74LS47 ×2   74LS83 ×2   74LS86 ×2
CMOS        4075 ×1
七段顯示器：7447 ×2
```

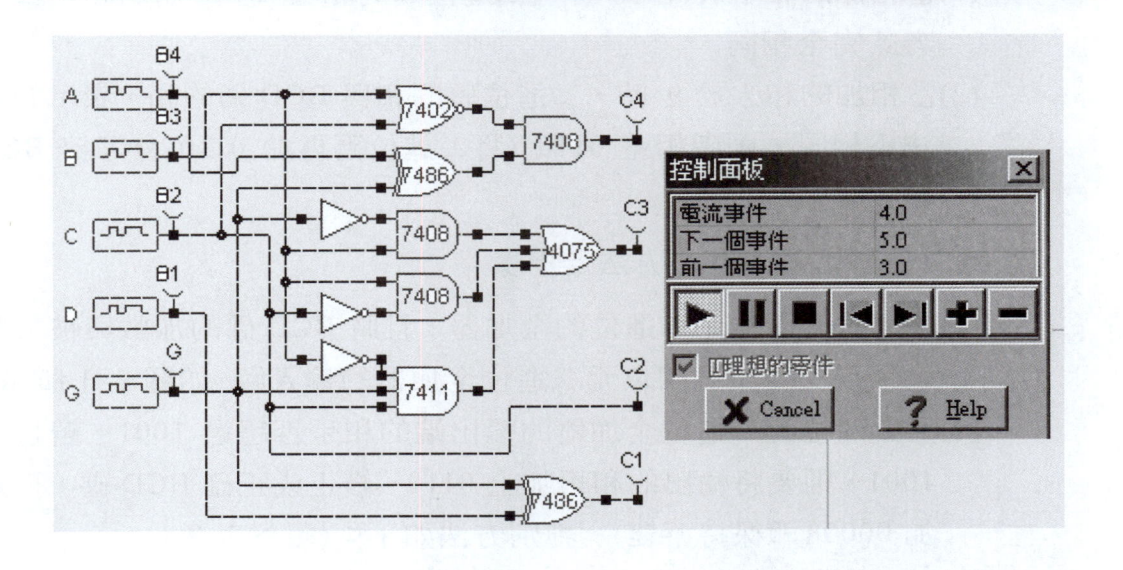

三 相關知識

在數位電路系統中，為增加使用者的方便，我們常會直接用十進位方式來實現加法/減法的運算；要想達成此目的，則可用 BCD 碼加法器/減法器來完成。但數位電路系統是以二進位碼方式來處理資料，與 BCD 碼並不完全相同，所以我們必須找出二進位碼與 BCD 碼處理資料的不同點，將二進位碼修正為 BCD 碼，才可完成十進制的加法。

(一) BCD 加法器電路設計

1. 二進位碼與 BCD 碼顯示的異同點：

　　因為四位元 BCD 碼加法器的輸入(加數與被加數)，均為 BCD 碼形式，兩者最大值都不會超過 9，故兩者之和再加上進位輸入，其最大值不會超過 19。表 9-1 則為在處理加法運算時，四位元二進位碼與四位元 BCD 碼結果的比較表。從表 9-1 中可看出兩者之異同點：

(1) 當相加的和小於(含)9 時，二進位碼的和與 BCD 碼的和，表示方式完全相同。

(2) 當相加的和大於 9 時，二進位碼的和與 BCD 碼的和，表示的方法不相同，兩者相差 0110 (將二進位碼再加 0110 會等於 BCD 碼)。

2. BCD 碼加法器設計的方法及步驟：

(1) 選用兩個四位元二進位的全加器，且將 BCD 碼的加數與被加數輸入至其中一個四位元二進位全加器的輸入端，如圖 9-1 所示。

(2) 判斷四位元二進位全加器的輸出端的和是否超過 1001。若超過 1001，則要將輸出的和再加上 0110，修正成正確 BCD 碼，否則加 0000 (即保持不變)。判別方法如下：(觀察表 9-1)

　　a. 當二進位和輸出：若進位輸出 $C_Z=1$，或是 Z_4、Z_3 兩位元同時為 1，或是 Z_4、Z_2 兩位元同時為 1 時，輸出的和會超過 1001，此時要加上 0110 來修正，才會等於 BCD 碼。

b. 在情況 a.同時，BCD 碼的進位輸出 C_d 亦為 1，則 C_d 布林函數式經卡諾圖化簡，可表示為：$C_d=C_Z+Z_4Z_3+Z_4Z_2$。

(3) 用 AND、OR 閘組合出 C_d 輸出布林函數式，並且將 OR 閘的輸出的連接到另一個四位元全加器輸入端的適當位置(A_3 及 A_2)，即可完成如圖 9-1 的電路圖。

表 9-1 二進制碼與 BCD 碼比較表

碼之和	二進位碼之和					BCD 碼之和				
	C_Z	Z_4	Z_3	Z_2	Z_1	C_d	D_4	D_3	D_2	D_1
0	0	0	0	0	0	0	0	0	0	0
1	0	0	0	0	1	0	0	0	0	1
2	0	0	0	1	0	0	0	0	1	0
3	0	0	0	1	1	0	0	0	1	1
4	0	0	1	0	0	0	0	1	0	0
5	0	0	1	0	1	0	0	1	0	1
6	0	0	1	1	0	0	0	1	1	0
7	0	0	1	1	1	0	0	1	1	1
8	0	1	0	0	0	0	1	0	0	0
9	0	1	0	0	1	0	1	0	0	1
10	0	1	0	1	0	1	0	0	0	0
11	0	1	0	1	1	1	0	0	0	1
12	0	1	1	0	0	1	0	0	1	0
13	0	1	1	0	1	1	0	0	1	1
14	0	1	1	1	0	1	0	1	0	0
15	0	1	1	1	1	1	0	1	0	1
16	1	0	0	0	0	1	0	1	1	0
17	1	0	0	0	1	1	0	1	1	1
18	1	0	0	1	0	1	1	0	0	0
19	1	0	0	1	1	1	1	0	0	1

以上兩者相同

以下兩者相差 0110

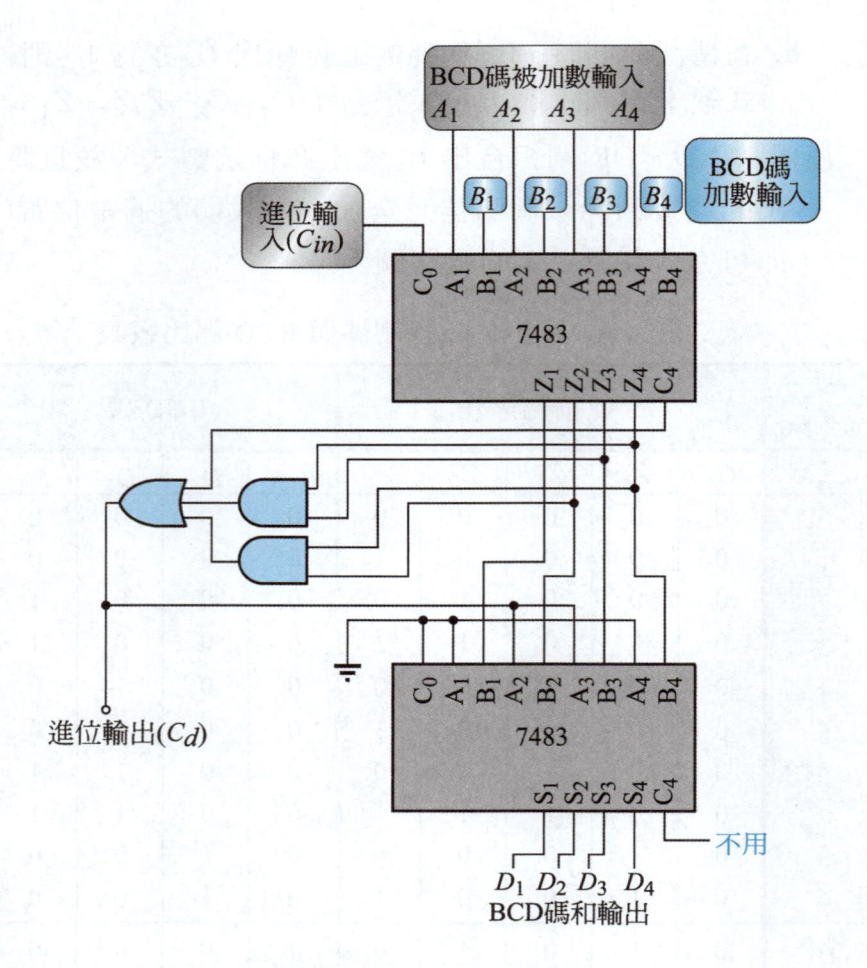

◎ 圖 9-1 BCD 碼加法器

(二) BCD 減法器電路設計

1. 9 的補數產生器電路設計

　　BCD 減法器可利用二進位加法器配合 10 的補數(Complement)來達成減法的運算。因 10 的補數產生器電路較為複雜，且 10 的補數等於 9 的補數再加 1，故我們可以先設計一個 9 的補數產生器電路，再從二進位加法器的進位輸入端輸入 1，來達成 10 的補數電路。

(1)十進制碼、BCD 碼、9 的補數關係表

如表 9-2 所示為十進制、BCD 碼、9 的補數對應表；為配合下章節 BCD 加法器/減法器電路的設計，因此多加了一個致能控制輸入(G)。

表 9-2 十進制、BCD 碼、9 的補數對應關係

十進制	輸入(BCD碼)					輸出(9的補數)			
	G	B_4	B_3	B_2	B_1	C_4	C_3	C_2	C_1
0	0	0	0	0	0	0	0	0	0
1	0	0	0	0	1	0	0	0	1
2	0	0	0	1	0	0	0	1	0
3	0	0	0	1	1	0	0	1	1
4	0	0	1	0	0	0	1	0	0
5	0	0	1	0	1	0	1	0	1
6	0	0	1	1	0	0	1	1	0
7	0	0	1	1	1	0	1	1	1
8	0	1	0	0	0	1	0	0	0
9	0	1	0	0	1	1	0	0	1
0	1	0	0	0	0	1	0	0	1
1	1	0	0	0	1	1	0	0	0
2	1	0	0	1	0	0	1	1	1
3	1	0	0	1	1	0	1	1	0
4	1	0	1	0	0	0	1	0	1
5	1	0	1	0	1	0	1	0	0
6	1	0	1	1	0	0	0	1	1
7	1	0	1	1	1	0	0	1	0
8	1	1	0	0	0	0	0	0	1
9	1	1	0	0	1	0	0	0	0

(2) 輸出布林函數式

利用卡諾圖化表 9-2 輸出端(C_4、C_3、C_2、C_1)的布林函數式，可得最簡的布林函數式，如下所示：

$C_4 = (\overline{B_3 + B_2}) \cdot (G \oplus B_4)$

$C_3 = \overline{G} B_3 + B_3 \overline{B_2} + G \overline{B_3} B_2$

$C_2 = B_2$

$C_1 = G \oplus B_1$

(3) 9 的補數產生器電路圖

由上式(2)所得的輸出布林函數式，則可繪出如圖 9-2 所示的 BCD 碼 9 的補數產生器電路。

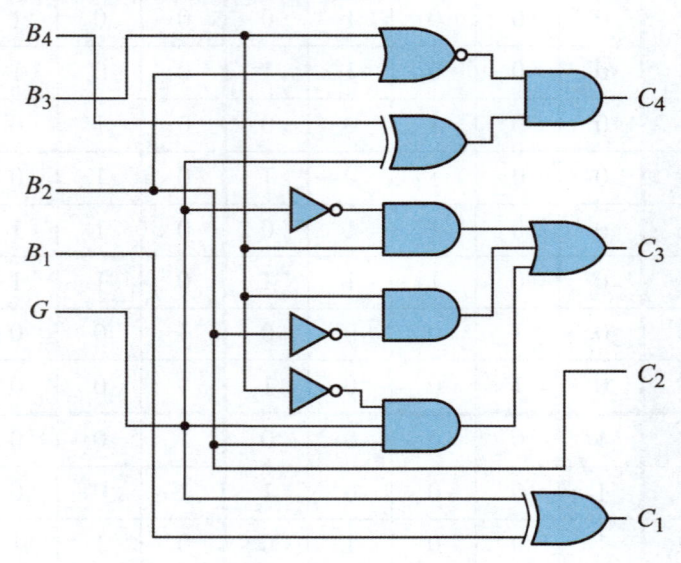

● 圖 9-2 9 的補數產生器電路

2. BCD 碼減法器電路設計

利用二進位加法器來設計一個 BCD 碼減法器的過程與步驟如下：

(1) 選用兩個四位元二進位加法器(如 7483)，配合 10 的補數。

(2) 四位元二進位加法器的一端當成被減數的輸入，而另一端接到 9 的補數產生器電路的輸出端，將 9 的補數產生器電路的輸入端當成減數的輸入端，且將二進位加法器的進位輸入端固定接

"1"，以達成 10 的補數，如圖 9-3 所示。

(3) 利用二進位加法器的進位輸出位元來當成正負符號位元：

  a. 若進位輸出 C_{out} ＝ "1" 則表示差值為正數，此時再將輸出的差值再加 0110，修正成 BCD 碼。

  b. 若進位輸出 C_{out} ＝ "0" 則表示差值為負數，此時的差值處理方式如表 9-3 中所示。

(4) BCD 碼減法的運算過程如表 9-3 所示。

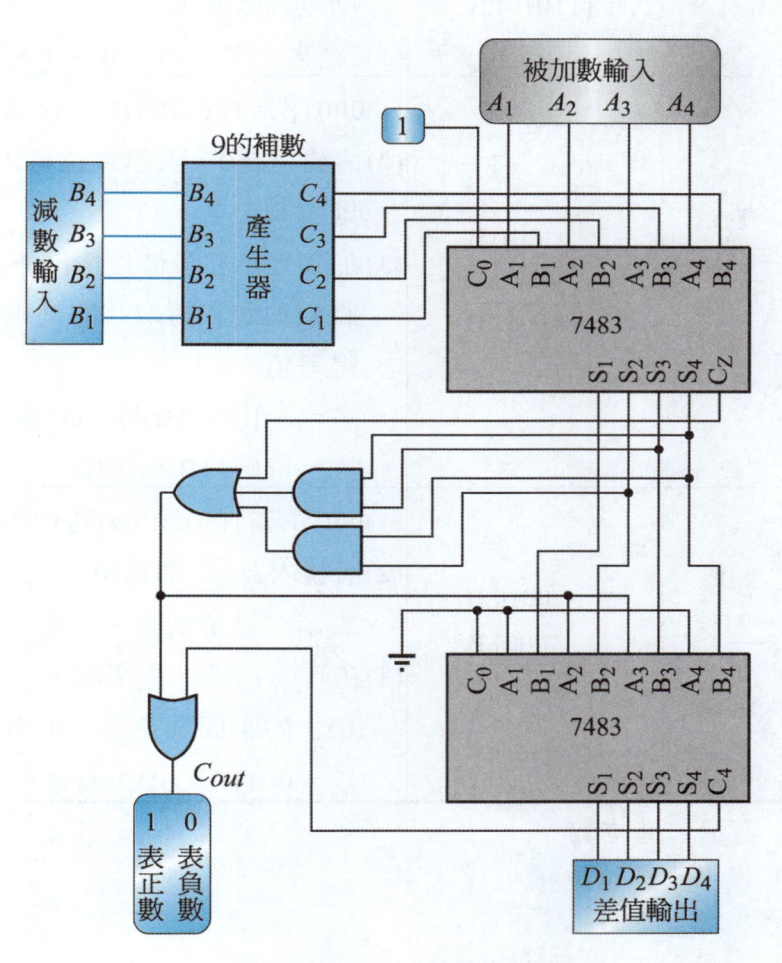

● 圖 9-3 BCD 碼減法器

表 9-3 BCD 碼 10 的補數減法

十進位減法	BCD碼 10的補數減法	處理方法
差值為正 　8 D －3 D ───── 　5 D	1000 B ＋ 0111 B ───── 　1111 B ＋ 0110 B ───── (1) 0101 B	(1) 0111B 為 0011B(3D) 的 10 的補數。 (2) 1111B 不是 BCD 碼。 (3) 加 0110B 修正為 BCD 碼。 (4) 括號內為 1，表示進位輸出 $C_{out}=1$，則差為正數。 (5) 結果：差＝0101B＝＋5D
差值為負 　2 D －9 D ───── │7 D 沒有借位	0010 B ＋ 0001 B ───── (0) 0011 B	(1) 0001B 為 1001B(9D) 的 10 的補數。 (2) 括號內為 0，表示進位輸出 $C_{out}=0$，則差為負數。 (3) 在沒有向它級借位情況下： 　　將相加的和再取 10 的補數並加負號即可得差值： 　　差＝－[(0011B)取10的補數] 　　　＝－0111B＝－7D
差值為負 　2 D －9 D ───── 　3 D 有借位	0010 B ＋ 0001 B ───── (0) 0011 B	(1) 0001B 為 1001B(9D) 的 10 的補數。 (2) 括號內為 0，即進位輸出 $C_{out}=0$，表示有借位情形。 (3) 在有向它級借位情況下： 　　相加的和即為差值，但有向後級借位。 　　差＝0011B＝3D，有借位。

註：1. B 表示二進位數
　　2. D 表示十進位數

四 實習項目

本實習主要的目的，是使用 74LS83 四位元全加器來設計一個四位元 BCD 加法器/減法器電路，並利用七段顯示器來顯示 BCD 碼相加減的結果。其設計過程及說明，已如上述相關知識說明所述，現在請依下列步驟做實驗：

工作項目一　BCD 碼加法器電路

（一）電路接線圖

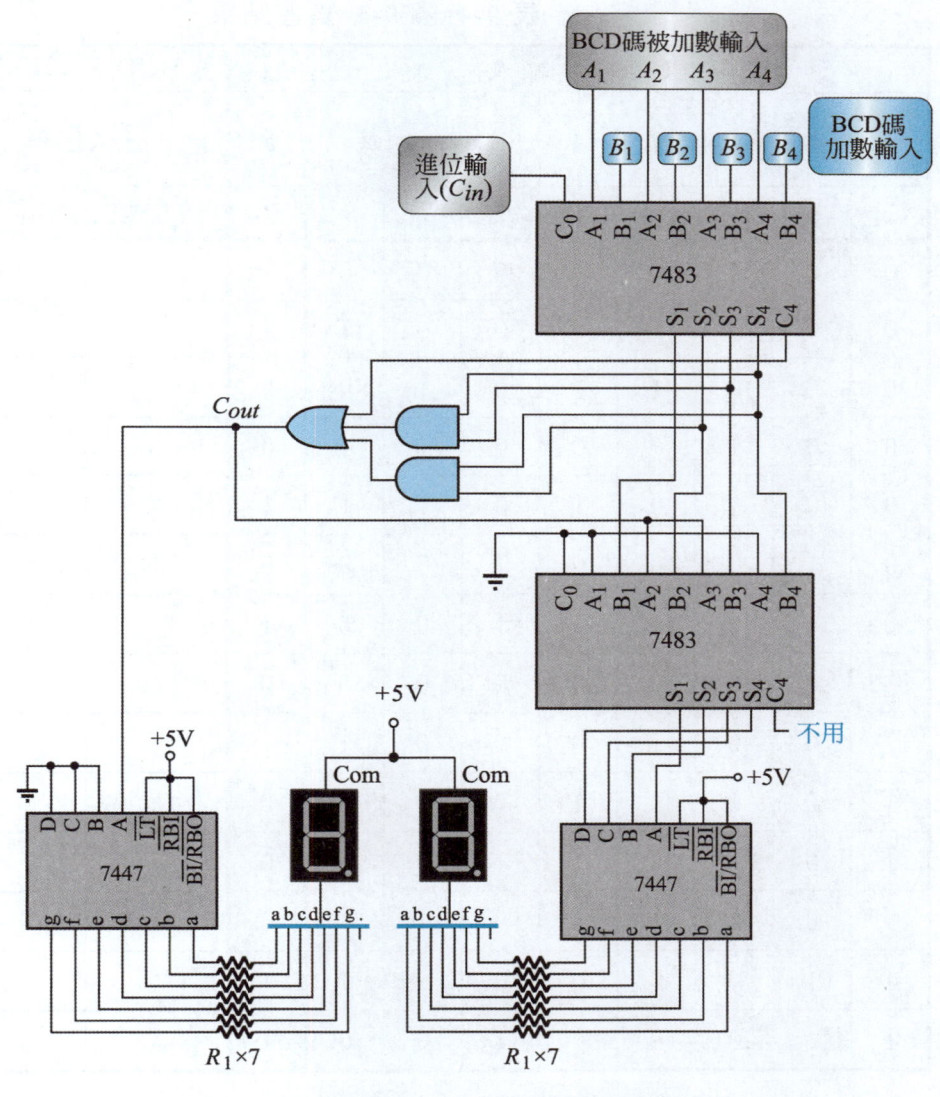

● 圖 9-4 BCD 加法器電路

(二) 實習步驟

1. 按圖 9-4 接線,其中:四位元全加器用 74LS83、七段顯示器用共陽極、BCD 對七段顯示器解碼器用 7447、AND 閘用 74LS08、OR 閘用 74LS32,$R_1 = 200\,\Omega$。
2. 依照表 9-4 所示,改變 BCD 碼輸入端被加數與加數的值,觀察七段顯示器顯示的輸出值,完成表 9-4 中的各項記錄值,並回答問題討論第 1 題至第 3 題中的各項問題。

■ 表 9-4 圖 9-4 實習結果

| 進位輸入 | BCD 碼 輸入 |||||||| BCD 碼 輸出 ||
| | 被加數 |||| 加數 |||| 七段顯示器顯示值 ||
C_{in}	A_4	A_3	A_2	A_1	B_4	B_3	B_2	B_1	拾位數	個位數
0	0	0	0	1	0	0	0	1		
0	0	0	1	0	0	0	1	1		
0	0	0	1	1	0	1	0	0		
0	0	1	0	0	0	1	1	0		
0	0	1	0	1	0	1	1	1		
0	1	0	0	0	1	0	0	0		
0	1	0	0	1	1	0	0	1		
1	0	0	0	0	0	0	0	0		
1	0	0	1	0	0	0	1	1		
1	0	0	1	1	0	1	0	0		
1	0	1	0	1	1	0	0	0		
1	0	1	1	1	0	1	1	0		
1	1	0	0	0	0	1	1	1		
1	1	0	0	1	1	0	0	1		

工作項目二　9 的補數電路

(一) 電路接線圖

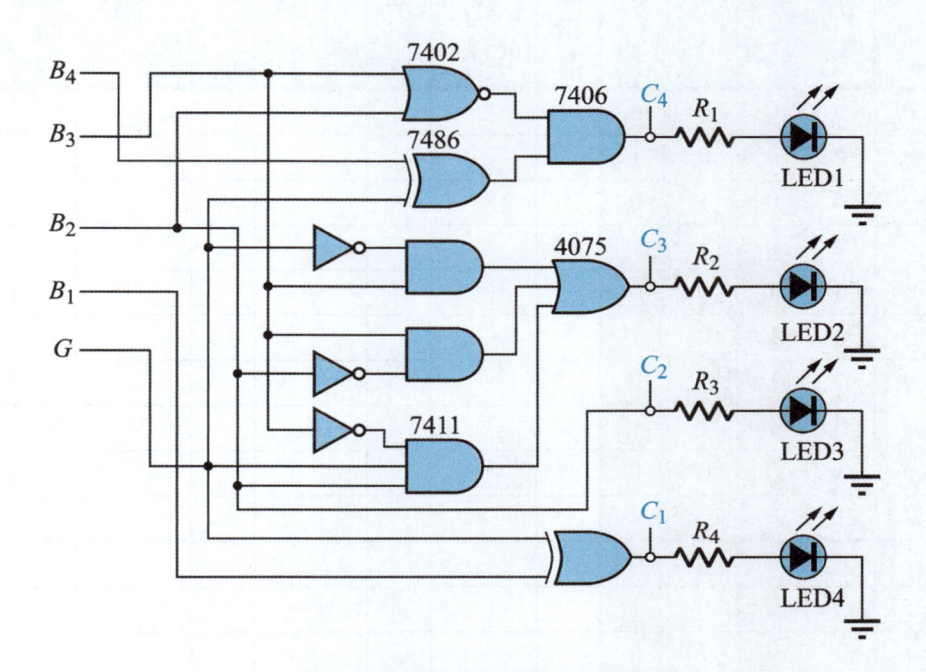

● 圖 9-5　9 的補數產生器電路

(二) 實習步驟

1. 按圖 9-5 接線，其中：$R_1 = R_2 = R_3 = R_4 = 100\Omega$。
2. 再依照表 9-5 所示，改變 B_4、B_3、B_2、B_1、G 輸入端的信號，觀察 C_4、C_3、C_2、C_1 輸出端變化情形(LED 燈〝亮〞，表示邏輯〝1〞；LED 燈〝滅〞，表示邏輯〝0〞)，完成表 9-5 中的各項記錄值，並回答問題討論第 4 題的各項問題。

■ 表 9-5　圖 9-5 實習結果

輸入					輸出							
					C_4		C_3		C_2		C_1	
G	B_4	B_3	B_2	B_1	邏輯值	LED4 (亮/滅)	邏輯值	LED3 (亮/滅)	邏輯值	LED2 (亮/滅)	邏輯值	LED1 (亮/滅)
0	0	0	0	0								
0	0	0	0	1								
0	0	0	1	0								
0	0	0	1	1								
0	0	1	0	0								
0	0	1	0	1								
0	0	1	1	0								
0	0	1	1	1								
0	1	0	0	0								
0	1	0	0	1								
1	0	0	0	0								
1	0	0	0	1								
1	0	0	1	0								
1	0	0	1	1								
1	0	1	0	0								
1	0	1	0	1								
1	0	1	1	0								
1	0	1	1	1								
1	1	0	0	0								
1	1	0	0	1								

實習九　BCD 加法器/減法器　143

工作項目三　BCD 加法/減法器電路

(一) 電路接線圖

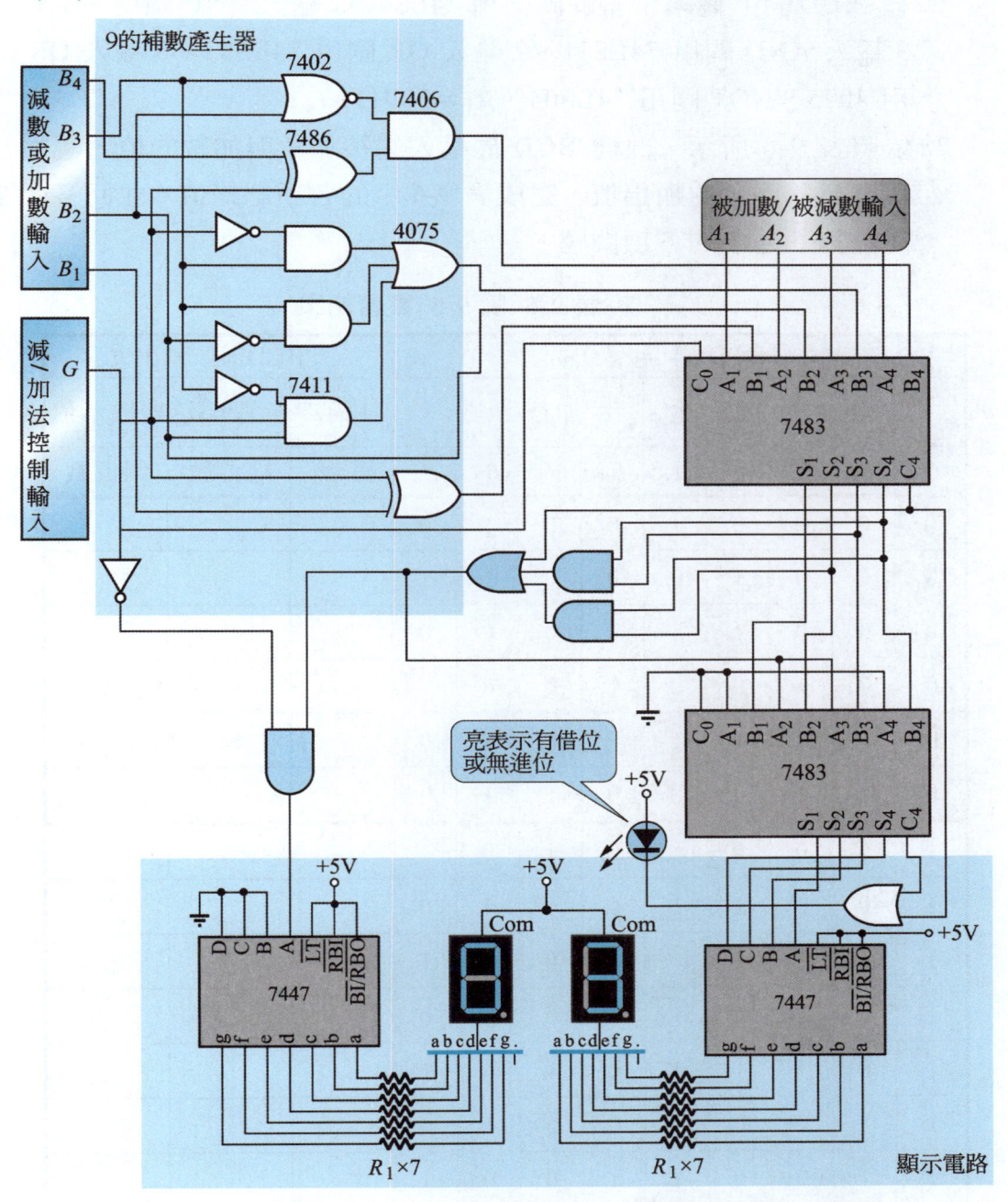

圖 9-6 BCD 加法/減法器電路

(二) 實習步驟

1. 按圖 9-6 接線，其中：四位元全加器用 74LS83、七段顯示器用共陽極、BCD 對七段顯示器解碼器用 74LS47、2 輸入 AND 閘用 74LS08、3 輸入 AND 閘用 74LS11、2 輸入 OR 閘用 74LS32、3 輸入 OR 閘用 4075、NOT 閘用 74LS04，$R_1 = 200\,\Omega$。
2. 依照表 9-6 所示，改變 BCD 碼輸入端被加數與加數的值，觀察七段顯示器顯示的輸出值，完成表 9-6 中的各項記錄值，並回答問題討論第 5 題中的各項問題。

表 9-6 圖 9-6 **實習結果**

控制輸入	BCD 碼 輸入								BCD 碼 輸出		
	被加數/被減數				加數/減數				LED	七段顯示器顯示值	
G	A_4	A_3	A_2	A_1	B_4	B_3	B_2	B_1	亮/滅	拾位數	個位數
0	0	0	0	1	0	0	1	0			
0	0	0	1	0	0	0	1	1			
0	0	0	1	1	1	0	0	0			
0	0	1	0	0	1	0	0	1			
0	0	1	1	1	0	0	1	0			
0	1	0	0	0	0	1	1	0			
1	0	0	0	1	0	1	0	1			
1	0	0	1	1	0	1	1	0			
1	0	1	1	1	1	0	0	1			
1	0	1	0	1	0	0	1	0			
1	0	1	1	1	0	1	0	1			
1	1	0	0	1	0	0	1	0			
1	1	0	0	1	1	0	0	1			

五 問題與討論

1. 觀察表 9-4 輸出實測值,試問:與表 9-1 的真值表是否相同?
   _____。

2. 請查閱 IC 手冊,是否有市售的 BCD 碼加法器套裝 IC?若有時,其 IC 編號為何?
   _____。

3. 若從 BCD 加法器輸入:$C_{in}=1$,$A_4A_3A_2A_1=0101$,$B_4B_3B_2B_1=1000$,則:$C_{out}=$_____,且兩個七段顯示器顯示:_____ 及_____。

4. 整理觀察表 9-5 後,將結果填入下表 9-7 中,並且試問:
   (1) G 輸入端在此電路中有何功用?
   _____。
   (2) 若輸入 $GB_4B_3B_2B_1=00101$ 時,則輸出 $C_4C_3C_2C_1=$_____。
   $GB_4B_3B_2B_1=10111$ 時,則輸出 $C_4C_3C_2C_1=$_____。

■ 表 9-7 理表 9-5 的結果

輸入					輸出			
G	B_4	B_3	B_2	B_1	C_4	C_3	C_2	C_1
0	X	X	X	X	(說明會得到何種結果)			
1	X	X	X	X	(說明會得到何種結果)			

註:X 表示 don't-care

5 整理觀察表 9-6 後，將結果填入下表 9-8，並且試問：

(1) 控制輸入 G，在此電路中有何功用？
　_____。

(2) 若輸入 $GA_4A_3A_2A_1 = 01001$，$B_4B_3B_2B_1 = 0110$ 時，
則輸出 = _____，LED 燈是否會亮？_____。
電路做加法或減法動作？_____。

(3) 若輸入 $GA_4A_3A_2A_1 = 10110$，$B_4B_3B_2B_1 = 1001$ 時，
則輸出 = _____，LED 燈是否會亮？_____。
電路做加法或減法動作？_____。

■ 表 9-8 整理表 9-6 的結果

控制輸入	BCD 碼 輸入								BCD 碼 輸出	
	被加數/被減數				加數/減數				LED	電路功能
G	A_4	A_3	A_2	A_1	B_4	B_3	B_2	B_1	亮/滅	1.加法器或減法器？ 2.結果為正或負？ 3.有無借位發生？
0	值比 加數/減數 大				值比 被加數/被減數 小					
0	值比 加數/減數 小				值比 被加數/被減數 大					
1	值比 加數/減數 大				值比 被加數/被減數 小					
1	值比 加數/減數 小				值比 被加數/被減數 大					

實習十　串/並 加法器

一　實習目的

1. 瞭解並加法器在電路上的應用。
2. 瞭解移位暫存器的移位動作。
3. 瞭解串加法器電路的設計。

二　實習材料

電阻	1.0kΩ ×8	200Ω ×7		
TTL	74LS02×1	74LS08 ×1	74LS47 ×1	74LS76 ×1
	74LS83×1	74LS86 ×1	74LS194 ×2	
LED 燈	紅色 ×5			
七段顯示器	7447 ×1			

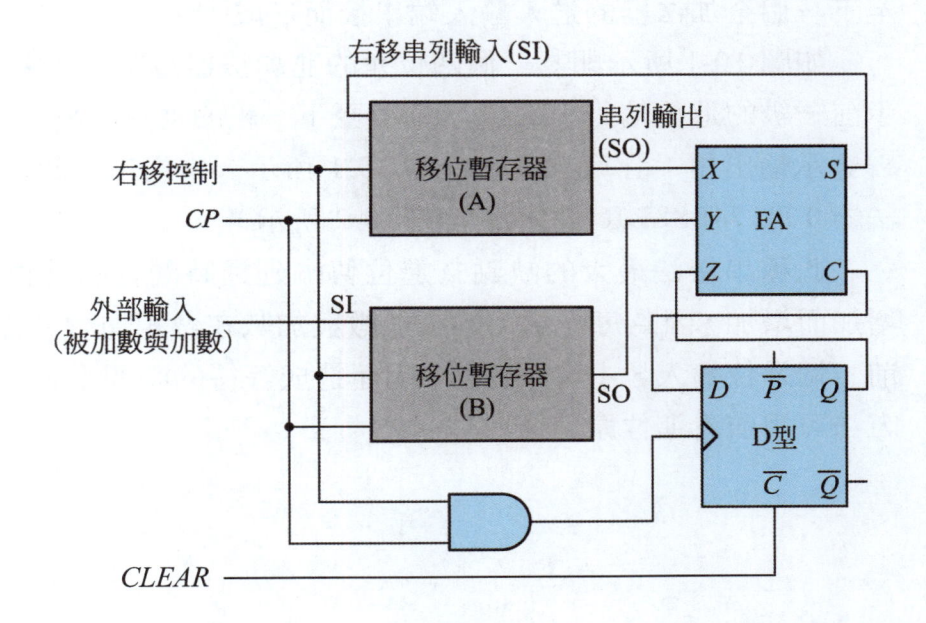

三 相關知識

　　數位電子計算機在執行算術運算時，都是以加、減法電路為基礎，來處理複雜的加、減、乘、除算數運算的動作，而信號則是以二進位(0、1 符號)方式來加以處理的，故二進位加法器即成為數位電路的基本運算電路。一般處理二個 n 位元的二進位數相加時，則有下列二種電路可以使用：

1. 並加法器(Parallel adder)：用 n 個單一位元全加器來組合。
2. 串加法器(Serial adder)：用一個全加器配合儲存裝置來組合。

(一) n 位元並加法器電路

　　n 位元二進制並加法器電路結構是由 n 個單一位元的全加法器所組合而成，而組合方法可有下列二種方式：

A. 進位串接法：電路傳輸延遲時間較長。

B. 用前看(look-ahead)進位原理來組成：可縮短電路傳輸延遲時間。

1. 進位串接法

　　進位串接法將 n 個單一位元全加法器的每一個進位輸出連接至下一個全加法器的進入輸入端串接而形成的。

　　如圖 10-1 所示即為一個四位元的並加法器電路，其中，C_0 表示前一級的進位輸入，C_4 表示輸出至下一級的進位，S_1、S_2、S_3、S_4 表示輸出和；計算方法如算式 10-1 所示，常用市售四位元全加法器 TTL 74LS83 IC 的接腳如圖 10-2 所示。

　　此種串接法最大的缺點為進位傳輸延遲時間會隨著位元數的增加而增加，因為每一位元的被加數與加數在做相加時，必須等待前一個進位輸入，才可得到和，因而造成等待的時間太長。改善的方法可用前看進位原理來處理。

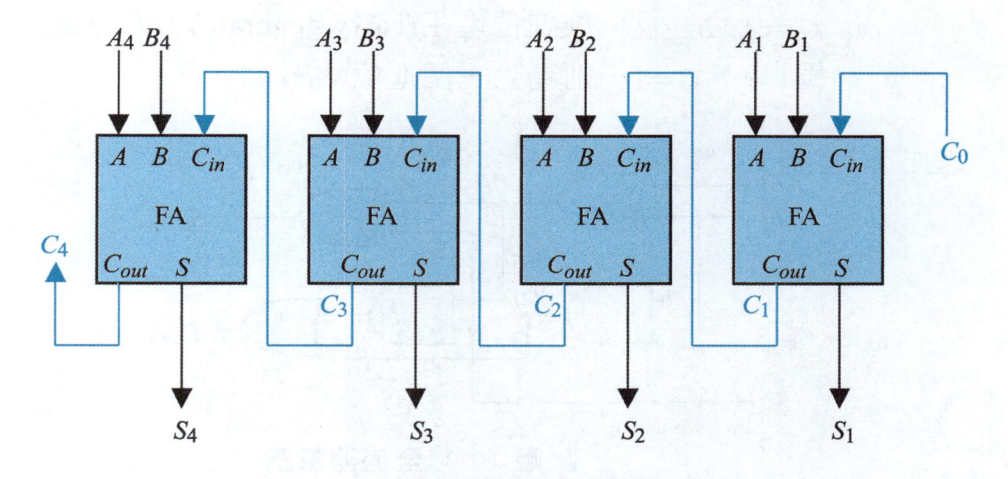

● 圖 10-1 並加法器電路

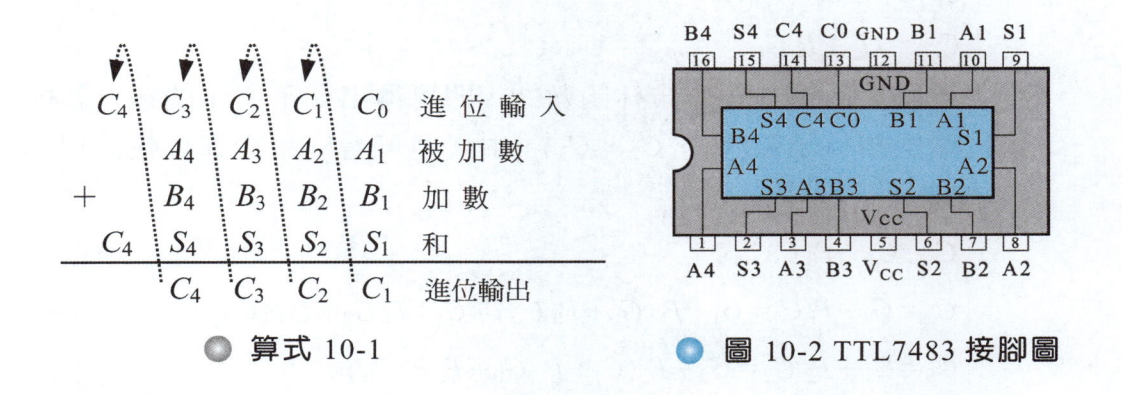

● 算式 10-1

● 圖 10-2 TTL7483 接腳圖

2. 用前看進位原理

　　所謂前看進位原理，即使每一個位元在做相加時，不等待前一個進位輸入，而直接與最低級的進位有關(如算式 10-1 中的 C_0)，即可求出相加的和，因而可縮短傳輸延時間。

(1)前看進位產生器

　　如圖 10-3 所示為一個單一位元的全加器電路，我們在此電路中，定義二個新變數 P_i 及 G_i，且說明如下所述：

a. $P_i = A_i \oplus B_i$：P_i 稱進位傳輸(carry propagte)，因為它與 $C_i \to C_{i+1}$ 間的進位傳輸有關。

b. $G_i = A_i \cdot B_i$：G_i 稱進位產生(carry generate)，因為當 A_i 與 B_i 均為1時，$G_i = 1$，則產生一個進位輸出。

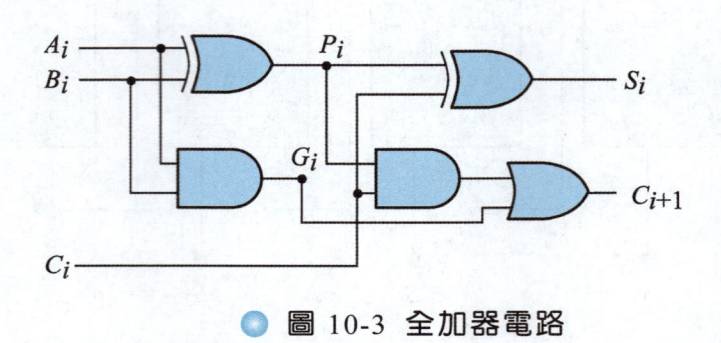

● 圖 10-3 全加器電路

由圖 10-3 可看出，相加輸出的和及進位可表示為：

$S_i = P_i \oplus C_i$

$C_{i+1} = G_i + P_i C_i$

且用 $C_{i+1} = G_i + P_i C_i$ 布林函數式，即可得出如下所示的每一級的進位輸出布林函數(C_1、C_2、C_3)，由式中可看出每級進位輸出只與 C_0 有關。

$C_1 = G_0 + P_0 C_0$

$C_2 = G_1 + P_1 C_1 = G_1 + P_1(G_0 + P_0 C_0) = G_1 + P_1 G_0 + P_1 P_0 C_0$

$C_3 = G_2 + P_2 C_2 = G_2 + P_2(G_1 + P_1 G_0 + P_1 P_0 C_0)$

$\quad = G_2 + P_2 G_1 + P_2 P_1 G_0 + P_2 P_1 P_0 C_0$

因為每個進位輸出傳輸布林函數(C_1、C_2、C_3)均為積項和(SOP)的形式，故可用二層 NAND 閘(或用 AND 及 OR)來組成電路，且 C_1、C_2、C_3 是同時被傳輸的。故可縮短進位傳輸時間，圖 10-4 所示為一個 3bit 的前看進位產生器電路，圖 10-5 為其方塊圖。

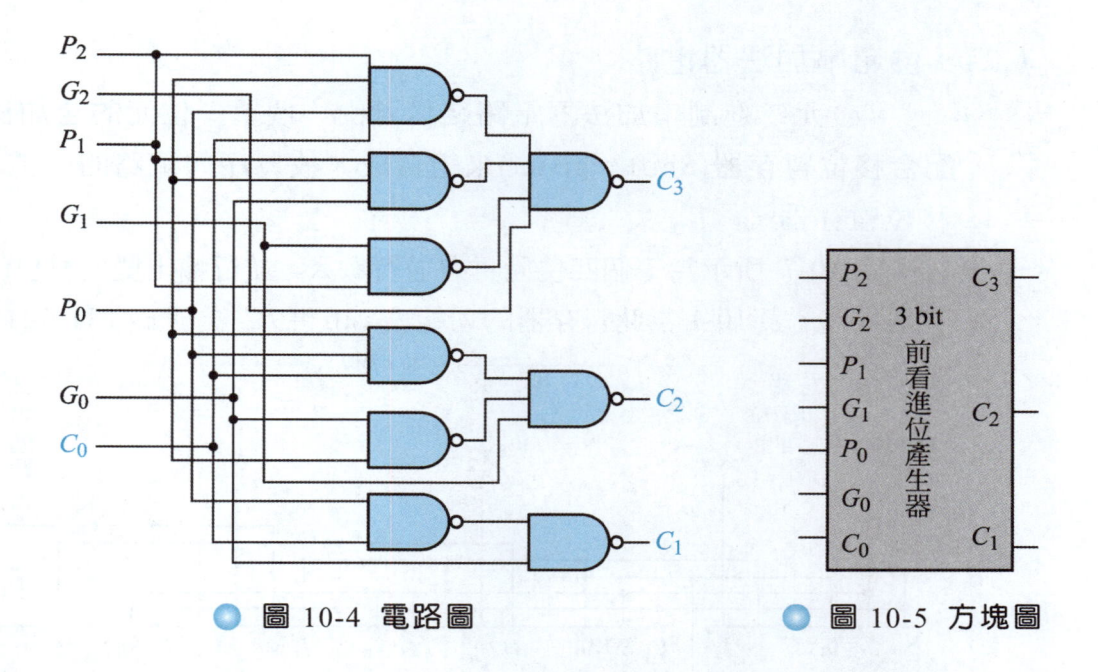

● 圖 10-4 電路圖　　　　　　　　　　　● 圖 10-5 方塊圖

(2)用前看進位產生器設計的並加法器

　　利用下列 a.、b.、c.所得的布林函數式，即可組合出如圖 10-6 的三位元並加法器電路。

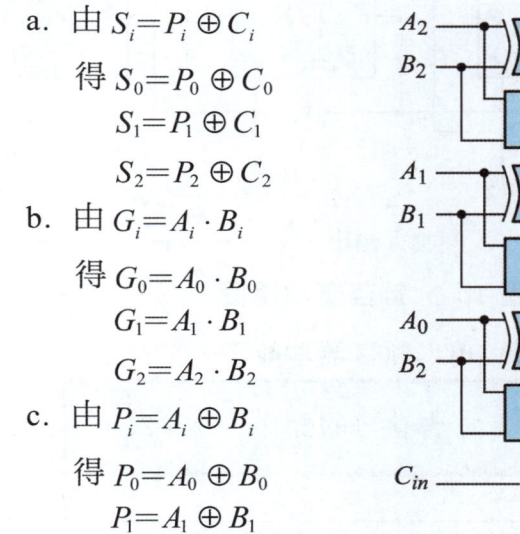

a. 由 $S_i = P_i \oplus C_i$

　得 $S_0 = P_0 \oplus C_0$
　　　$S_1 = P_1 \oplus C_1$
　　　$S_2 = P_2 \oplus C_2$

b. 由 $G_i = A_i \cdot B_i$

　得 $G_0 = A_0 \cdot B_0$
　　　$G_1 = A_1 \cdot B_1$
　　　$G_2 = A_2 \cdot B_2$

c. 由 $P_i = A_i \oplus B_i$

　得 $P_0 = A_0 \oplus B_0$
　　　$P_1 = A_1 \oplus B_1$
　　　$P_2 = A_2 \oplus B_2$

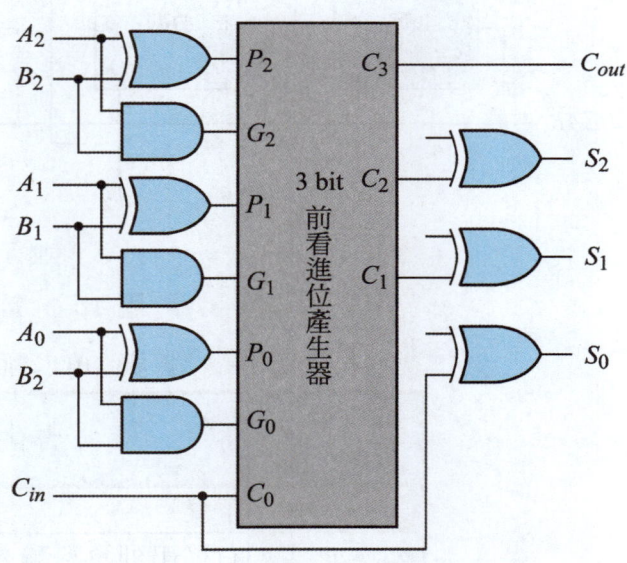

● 圖 10-6 三位元並加法器

(二) n 位元串加法器電路

n 位元二進制串加法器電路結構可由一個單一位元的全加法器配合移位暫存器(Shift register)來組合成，故為序向電路的一種。

1. 移位暫存器

圖 10-7 所示為一個四位元具有並行載入、並行輸出雙向移位的暫存器電路，表 10-1 為此暫存器的功能表，市售 IC 編號為 TTL 74194。

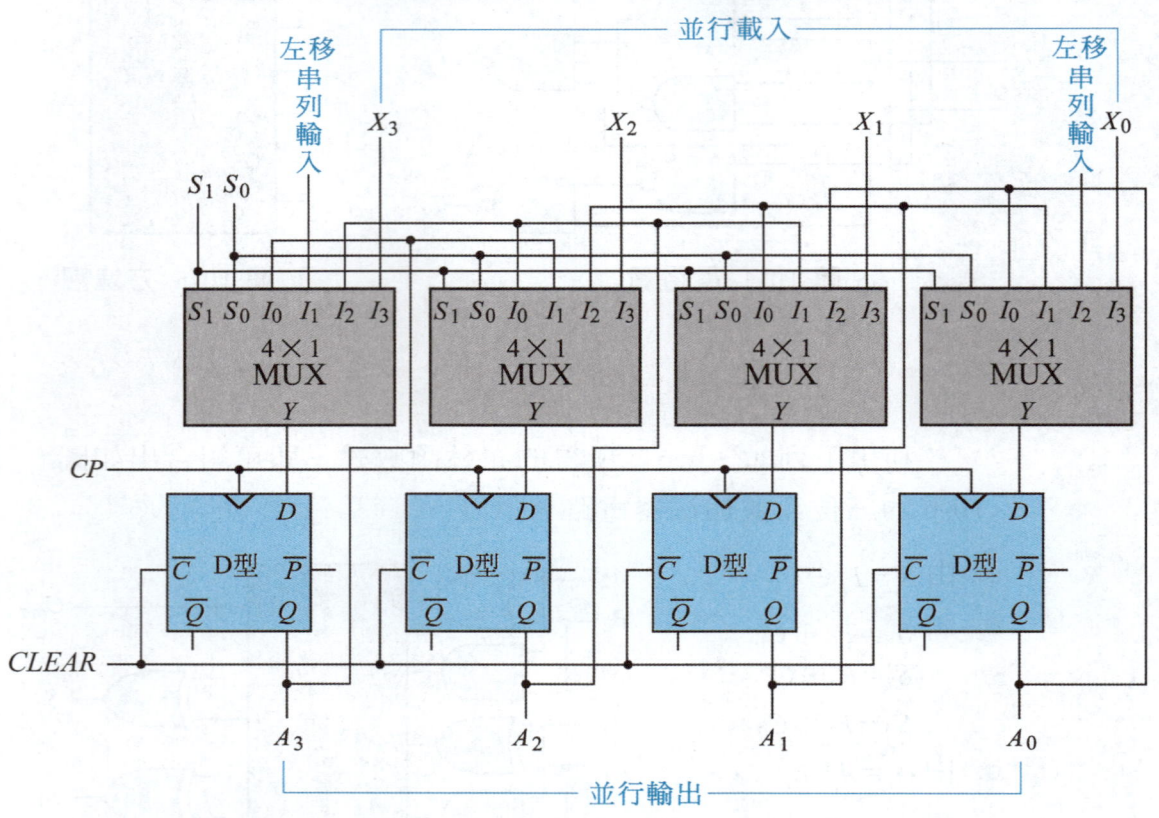

● 圖 10-7 暫存器電路圖

■ 表 10-1 暫存器功能表

控制輸入		暫存器的操作
S_1	S_0	
0	0	不變
0	1	右移串列資料輸入，且資料做右移
1	0	左移串列資料輸入，且資料做左移
1	1	並行載入

從分析圖 10-7 及表 10-1 可知此電路的動作：

(1) 當控制輸入 $S_1S_0 = 00$、$CLEAR = 1$ 時：

不論計時脈波(clock pluse；CP)有無來到，暫存器輸出端信號(A_3、A_2、A_1、A_0)都保持不變。

(2) 當控制輸入 $S_1S_0 = 01$、$CLEAR = 1$ 時：

當計時脈波到達(即 $CP = 1$)時，在右移串列輸入端的信號會移入最左邊 D 型正反器中，並顯示在 A_3 輸出端，而原先 A_3 端的信號會右移一位元至 A_2 端，原先 A_2 端的信號會移右移一位元至 A_1 端，原先 A_1 端的信號會右移一位元至 A_0 端，而原先 A_0 端的信號則消失。

(3) 當控制輸入 $S_1S_0 = 01$ 時、$CLEAR = 1$ 時：

當計時脈波到達(即 $CP = 1$)時，在左移串列輸入端的信號會移入最右邊 D 型正反器中，並顯示在 A_0 輸出端，而原先 A_0 端的信號會右移一位元至 A_1 端，原先 A_1 端的信號會移右移一位元至 A_2 端，原先 A_2 端的信號會右移一位元至 A_3 端，而原先 A_3 端的信號則消失。

(4) 當控制輸入 $S_1S_0 = 11$ 時、$CLEAR = 1$ 時：

當計時脈波到達(即 $CP = 1$)時，在並行輸入端的信號(X_3、X_2、X_1、X_0)，會同時載入各個正反器中，而顯示在 A_3、A_2、A_1、A_0 輸出端上。

(5) 當 $CLEAR = 0$ 時：

不論 CP 有無來到，輸出端(A_3、A_2、A_1、A_0)信號會完全被清除為 0。

2. **串加法器電路**

因串加法器電路含有一個全加器及儲存進位資料的暫存路，故是屬於一種序向電路。如圖 10-8 為一個串加法器電路的方塊圖，其中：移位暫存器 A 做為存放被加數與相加和之用，而移位暫存器 B 則存放加數之用；全加器(FA)用來完成被加數與加數每一位元加的和，進位輸出則利用 D 型正反器來儲存且回授到全加器的進位輸入端。

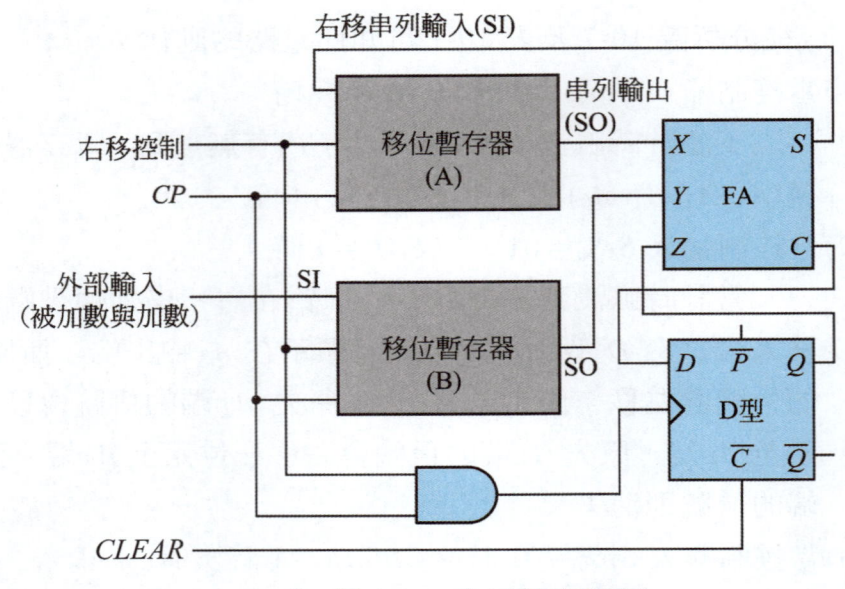

● 圖 10-8 串加器方塊圖

以操作二位元的被加數(01)與加數(11)為例來說明串加器操作方式，如表 10-2 所示：(設 A、B 均為二位元的移位暫存器)

■ 表 10-2 串加器操作方式

步驟		動作	結果
1		目的	將儲存進位輸出的D型正反器之輸出端清除為0。
		$CLEAR = 0$	$Q = 0$
啟動控制右移	2	目的	將被加數移到移位暫存器A中
		將被加數(01)依低位元(1)至高位元(0)順序依序輸入至外部輸入端		
		當第一個 $CP = 1$ 時	移位暫存器(B) 內容 1 0 ／ 移位暫存器(A) 內容 0 0 ／ 進位輸出(C) 內容 0
		當第二個 $CP = 1$ 時	移位暫存器(B) 內容 0 1 ／ 移位暫存器(A) 內容 0 0 ／ 進位輸出(C) 內容 0
	3	目的	將加數移到移位暫存器A中、將被加數移到移位暫存器B中
		將加數(11)依低位元(1)至高位元(1)順序依序輸入至外部輸入端		

		當第三個 $CP=1$ 時	移位暫存器 （B） 內容 1 0	移位暫存器 （A） 內容 1 0	進位輸出 （C） 內容 0
		當第四個 $CP=1$ 時	移位暫存器 （B） 內容 1 1	移位暫存器 （A） 內容 0 1	進位輸出 （C） 內容 0
4	目的	執行被加數與加數的相加			
	外部輸入端固定輸入0				
		當第五個 $CP=1$ 時	移位暫存器 （B） 內容 0 1	移位暫存器 （A） 內容 0 0	進位輸出 （C） 內容 1
		當第六個 $CP=1$ 時	移位暫存器 （B） 內容 0 0	移位暫存器 （A） 內容 0 0	進位輸出 （C） 內容 1

3. 並加法器與串加法器的比較

從上述並加法器與串加法器的描述中，可得出兩者加法器之間的差異，如下表 10-3 所示。

■ 表 10-3 並加法器與串加法器的差異

	並加法器	串加法器
1	屬於純組合電器。	屬於序向電路。
2	使用可並行加載的暫存器。	使用移位暫存器。
3	所使用的全加器的數目，等於位元的個數。	僅使用一個全加器及一個進位正反器。
4	優點：動作時間較快 缺點：所需設備較多	優點：所需設備較少 缺點：動作時間較慢

四 實習項目

工作項目一　並加法器的應用

本工作項目主要的目的，是使用四位元全加器(74LS83)，並配 1 的補數觀念來設計一個四位元超三碼對 BCD 碼的轉換電路，並利用七段顯示器來顯示轉換後的 BCD 碼。其設計過程及說明，已如上述相關知識說明所述，現在請依下列步驟做實驗：

(一) 電路接線圖

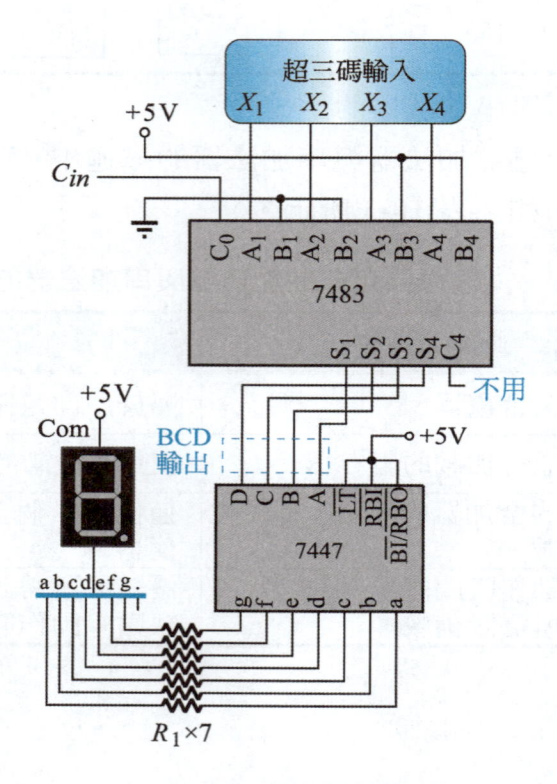

● 圖 10-9　實習電路圖

(二) 實習步驟

1. 按圖 10-9 接線，其中：四位元全加器用 74LS83、七段顯示器用共陽極、BCD 對七段顯示器解碼器用 7447，$R_1=200\,\Omega$。
2. 依照表 10-4 所示，改變輸入端超三碼的值，觀察七段顯示器顯示的 BCD 碼輸出值，完成表 10-4 中的各項記錄值，並回答問題討論第 1 題中的各項問題。

■ 表 10-4 圖 10-9 實習結果

輸入					BCD 碼 輸出
進位輸入	超三碼				七段顯示器顯示值
C_{in}	X_4	X_3	X_2	X_1	
1	0	0	1	1	
	0	1	0	0	
	0	1	0	1	
	0	1	1	0	
	0	1	1	1	
	1	0	0	0	
	1	0	0	1	
	1	0	1	0	
	1	0	1	1	
	1	1	0	0	
0	0	0	1	1	是否為 BCD 碼？___
	1	0	1	1	是否為 BCD 碼？___

工作項目二　串加法器電路

　　此工作項目中，將學習製作並測試二進位數串加法器的電路。由相關知識說明，可知二進位數串加法器電路可由移位暫存器及全加器來完成，故以下實習電路是利用 74LS194(兩個)、74LS76、74LS02、74LS08、74LS86 所組成的四位元串加列法器。請依下列步驟做實驗[IC 輸入接腳切勿發生浮接(float)現象]。

(一) 電路接線圖

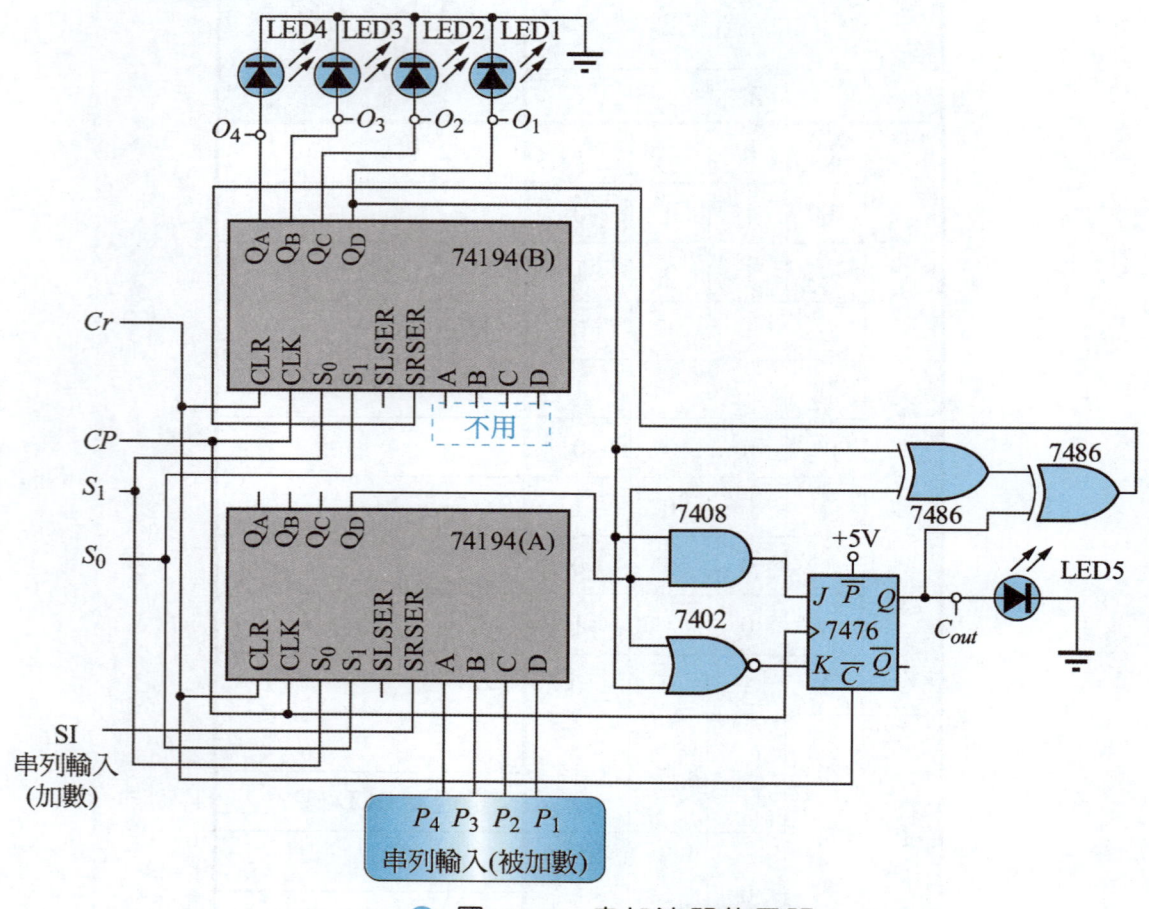

● 圖 10-10　串加法器的電路

(二) 實習步驟

1. 按圖 10-10 接線。
2. 實習前先將暫存器及正反器的內容清除為〝0〞，(即將電路中 C_r 端先接〝0〞(低電位)。後再固定接〝1〞(高電位)端不變。
3. 從被加數端(即並列輸入端)先輸入一個四位元二進位數值(被加數)，如表 10-5 所示。
4. 將 S_1S_0 輸入端先接〝11〞，並加給一個脈波(CP，⎍)，即將被加數並行載入 74LS194(A)中，再將 S_1S_0 輸入端固定接〝01〞準備做串列右移動作。
5. 從 S_i(串列右移輸入)端輸入一個四位元的二進位數(加數)[注意：從低位元至高位元依序輸入]。且 S_i 端每輸入一個位元時，並立即加給一個脈波(CP，⎍)，則可將被加數移至 74LS194(B)中，而將加數移至 74LS194(A)。
6. 完成上述動作之後，再從 CP 端輸入 4 個脈波(CP，⎍)，即可將在 74LS194(A)中的被加數加入 74LS194(B)中，且從 74LS194(B)的 O4、O3、O2、O1 端可得到相加和的結果。
7. 再依照表 10-7 所示，改變 P_4、P_3、P_2、P_1 輸入端的信號，觀察 O_4、O_3、O_2、O_1 輸出端變化情形(LED 燈〝亮〞，表示邏輯〝1〞；LED 燈〝滅〞，表示邏輯〝0〞)，完成表 10-5 中的各項記錄值，並回答問題討論第 2 題的各項問題。

表 10-5　圖 10-10 實習結果

實習步驟	輸入 操作內容			輸出 C_{out} 邏輯值	LED5 亮或滅	O_4 邏輯值	LED4 亮或滅	O_3 邏輯值	LED3 亮或滅	O_2 邏輯值	LED2 亮或滅	O_1 邏輯值	LED1 亮或滅
2		$C_r=0$											
3	$C_r=1$	$P_4P_3P_2P_1=$ "0011"											
4		$S_1S_0=$ "11"											
		$S_1S_0=$ "01"											
5	$C_r=1$ $S_1=0$ $S_0=1$	$S_i=1$	一個脈波，$CP=\downarrow$										
		$S_i=0$	一個脈波，$CP=\downarrow$										
		$S_i=1$	一個脈波，$CP=\downarrow$										
		$S_i=0$	一個脈波，$CP=\downarrow$										
6	$C_r=1$ $S_1=0$ $S_0=1$	$S_i=0$	加入四個脈波，$CP=\downarrow$	轉換成十進位值為：＿＿＿＿，是否為8？＿									
7		$C_r=0$											
		$P_4P_3P_2P_1=$ "1011"											
	$C_r=1$	$S_1S_0=$ "11"											
		$S_1S_0=$ "01"											
	$C_r=1$ $S_1=0$ $S_0=1$	$S_i=0$	一個脈波，$CP=\downarrow$										
		$S_i=1$	一個脈波，$CP=\downarrow$										
		$S_i=1$	一個脈波，$CP=\downarrow$										
		$S_i=1$	一個脈波，$CP=\downarrow$										
	$C_r=1$ $S_1=0$ $S_0=1$	$S_i=0$	加入四個脈波，$CP=\downarrow$	轉換成十進位值為：＿＿＿＿，是否為18？＿									

註：$CP=\downarrow$ 表示負緣觸發

五 問題與討論

1. 重新整理表 10-4 於表 10-6 中，由表 10-6 回答下列問題：
   (1) 若輸入 $C_{in}=1$，$X_4X_3X_2X_1=1001$，則輸出為？_____，是否為 BCD 碼值？_____。
   (2) 若輸入 $C_{in}=0$，$X_4X_3X_2X_1=1010$，則輸出為？_____，是否為 BCD 碼值？_____。若不是，則與正確的 BCD 碼值相差多少？_____。

   ■ 表 10-6 整理表 10-4 的結果

輸入					輸出
C_{in}	X_4	X_3	X_2	X_1	七段顯示器
0	X	X	X	X	(說明會得到何種結果)
1	X	X	X	X	(說明會得到何種結果)

   註：X 表示 don't-care

2. 觀察表 10-5 回答下列問題：
   (1) 若固定 $C_r=0$ 不變，重覆上述步驟 3 至步驟 6，則輸出 O_4、O_3、O_2、O_1 有何變化？_____。
   (2) 在步驟 6 中，原先加入的 4 個 CP，若改加入 10 個 CP，則對輸出 O_4、O_3、O_2、O_1 有何影響？_____。
   (3) 在此電路實習中，74LS194 IC 輸出端 Q_A、Q_B、Q_C、Q_D，何者當成高位元(MSB)？_____，何者當成低位元(LSB)？_____。若將原先接串列右移端(SRSER)，都改接到串列左移(SLSER)端，則 74LS194 IC 輸出端 Q_A、Q_B、Q_C、Q_D，何者當成高位元(MSB)？何者當成低位元(LSB)？_____。

實習十一　計數器電路設計與應用

一　實習目的

1. 瞭解序向邏輯電路設計的方法。
2. 學習同步二進位計數器的設計方法。
3. 學習漣波二進位計數器的設計方法。
4. 瞭解常用的 10 進位計數器及顯示方法。

二　實習材料

電阻	$100\Omega \times 7$	$1k\Omega \times 1$	$10k\Omega \times 2$
TTL	$74LS00 \times 1$	$74LS08 \times 2$	$74LS32 \times 1$
	$74LS47 \times 1$	$74LS76 \times 2$	$74LS90 \times 1$
七段顯示器	共陽極 $\times 1$		

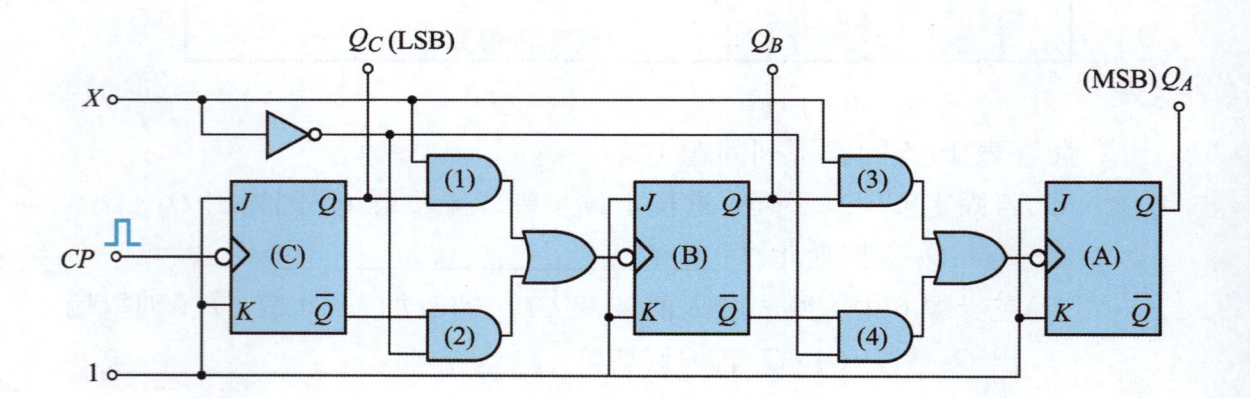

三 相關知識

若一個序向邏輯電路在每一個時序脈波(Clock Pluse，CP)到達時，依規定的順序改變狀態者，此種電路稱為計數器(Counter)。其分類如表 11-1 所示：

■ 表 11-1 計數器分類表

	種　　類
依狀態改變的方式	二進位計數器(Binary Counter)
	非二進位排列計數器
依是否與 CP 同步	同步計數器(Synchronous Counter)
	漣波計數器(Ripple Counter)

(一) 同步二進位計數器

將外加時序脈波(CP)同時加在每一個正反器的 CP 輸入端者，此種電路稱為同步計數器，且電路的動作與時序脈波是同步，可在同一時間觸發所有的正反器，所以電路傳輸延遲時間較短。而且因計數方式(即狀態改變方式)與二進位數排列順序相同，故電路設計較為簡單。今以設計一個可計數 0、1、2、3、4、5、6、7、8、9、0、1、2…之同步二進位上數計數器(即同步 BCD 上數計數器)為例來說明序向電路設計的步驟及方法：

(1)瞭解電路功能要求的文字敘述。
(2)繪出狀態圖(包含決定正反器的個數及狀態的指定)。
(3)建立狀態表：熟練設計方法之後，此步驟可跳過。
(4)建立序向電路的激發表：主要待求的部分。
(5) 求出狀態方程式：包含有 F/F 輸入端布林函數式及電路輸出端布林函數式兩種。
(6)繪出序向邏輯電路圖。

1. 電路功能要求的文字敘述

設計一個可計數 0、1、2、3、4、5、6、7、8、9、0、1、2…

之同步二進位上數計數器。

2. 繪出狀態圖

狀態圖是由許多圓圈及數值所組成，用來表示正反器輸出的現態、次態及電路輸出的關係圖。依上述電路功能要求，則狀態圖如圖 11-1 所示。

(1) 決定正反器個數

因為一個正反器可決定 2 個不同的狀態，故若有 2^n 個狀態時，則須要用 n 個正反器來表示。從圖 11-1 中可看出，共有 10 個狀態，故至少要使用 4 個正反器(以 A、B、C、D 表示)。

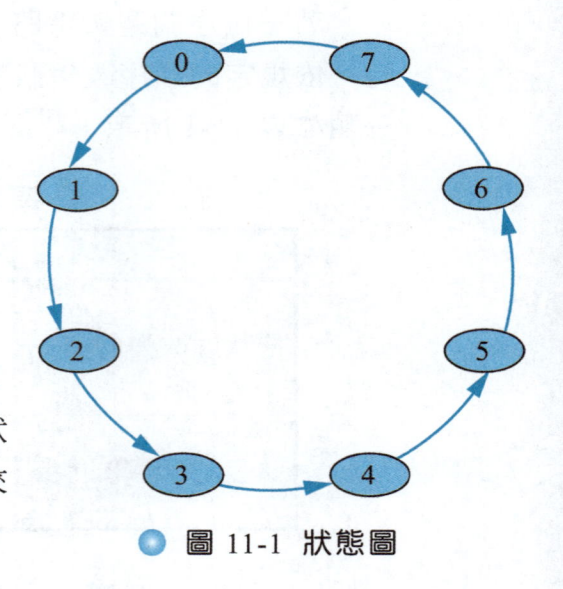

● 圖 11-1 狀態圖

(2) 狀態指定(State assignment)

將不同二進位數值指定給每個**狀態**，稱為狀態指定。如表 11-2 所示，其中 $ABCD$ 代表四個正反器(A、B、C、D)的 Q 輸出端，不同的指定方式會得到不同的電路，但對於輸入與輸出的功能並不會發生變化(以二進位排列順序來指定狀態時，設計過程較簡易且不易出差錯)。

■ 表 11-2 狀態指定

狀態	指定 $ABCD$	狀態	指定 $ABCD$	狀態	指定 $ABCD$	狀態	指定 $ABCD$
0	0000	3	0011	6	0110	9	1001
1	0001	4	0100	7	0111		
2	0010	5	0101	8	1000		

3. 建立狀態表(State table)

■ 表 11-3 狀態表

(F/F 輸出) 現態				(F/F 輸出) 次態			
A	B	C	D	A	B	C	D
0	0	0	0	0	0	0	1
0	0	0	1	0	0	1	0
0	0	1	0	0	0	1	1
0	0	1	1	0	1	0	0
0	1	0	0	0	1	0	1
0	1	0	1	0	1	1	0
0	1	1	0	0	1	1	1
0	1	1	1	1	0	0	0
1	0	0	0	1	0	0	1
1	0	0	1	0	0	0	0

4. 建立序向電路的激發表(Excitation table)

若選用 T 型正反器，則必須配合 T 正反器的激發表(如表 11-4)來設計，即可建立如表 11-5 所示的序向電路激發表。

5. 求出狀態方程式

狀態方程式分成 F/F 輸入端的布林函數式及序向電路輸出端的布林函數式兩部份，兩者均可從序向電路的激發表(如表 11-5)，配合卡諾圖化簡求得。因為此實例(計數器)的電路輸出可直接從每個正反器的輸出端得到，故不必再另求。每個正反器(A、B、C、D 四個)輸入端的布林函數式經卡諾圖化簡後，如下所示：

(1) $T_A = \sum(7, 9) + \sum_d(10, 11, 12, 13, 14, 15) = AD + BCD$

(2) $T_B = \sum(3, 7) + \sum_d(10, 11, 12, 13, 14, 15) = CD$

(3) $T_C = \sum(1, 3, 5, 7) + \sum_d(10, 11, 12, 13, 14, 15) = \overline{A}D$

(4) $T_D = \sum(0, 1, 2, 3, 4, 5, 6, 7, 8, 9) + \sum_d(10, 11, 12, 13, 14, 15) = 1$

■ 表 11-4 T 型 F/F 激發表

Q_n	Q_n+1	T
0	0	0
0	1	1
1	0	1
1	1	0

■ 表 11-5 序向電路激發表

| 組合電路的輸入 |||||||| 正反器的輸入 (組合電路的輸出) ||||
| F/F 現態 |||| F/F 次態 |||| ||||
A	B	C	D	A	B	C	D	T_A	T_B	T_C	T_D
0	0	0	0	0	0	0	1	0	0	0	1
0	0	0	1	0	0	1	0	0	0	1	1
0	0	1	0	0	0	1	1	0	0	0	1
0	0	1	1	0	1	0	0	0	1	1	1
0	1	0	0	0	1	0	1	0	0	0	1
0	1	0	1	0	1	1	0	0	0	1	1
0	1	1	0	0	1	1	1	0	0	0	1
0	1	1	1	1	0	0	0	1	1	1	1
1	0	0	0	1	0	0	1	0	0	0	1
1	0	0	1	0	0	0	0	1	0	0	1

6. 繪出序向電路圖

　　用四個 T 型 F/F 及 T_A、T_B、T_C、T_D 四個輸出布林函數式，即可繪出如圖 11-2 的電路圖，且計數器的輸出(Q_A、Q_B、Q_C、Q_D)，可從每一個正反器的 Q 輸出端直接取得，而 Q_A、Q_B、Q_C、Q_D 的時序圖如圖 11-3 所示。

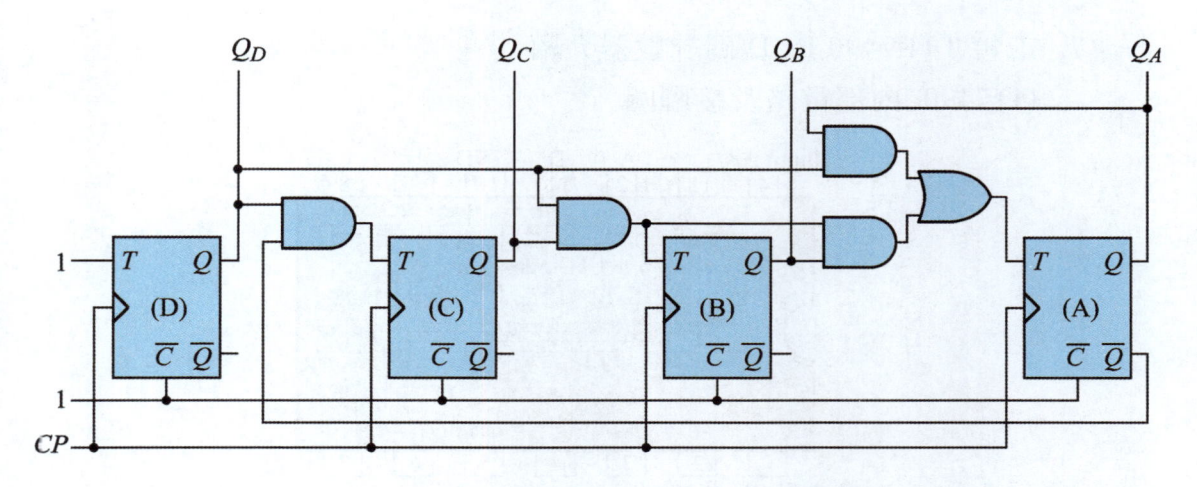

● 圖 11-2 同步 BCD 上數計數器

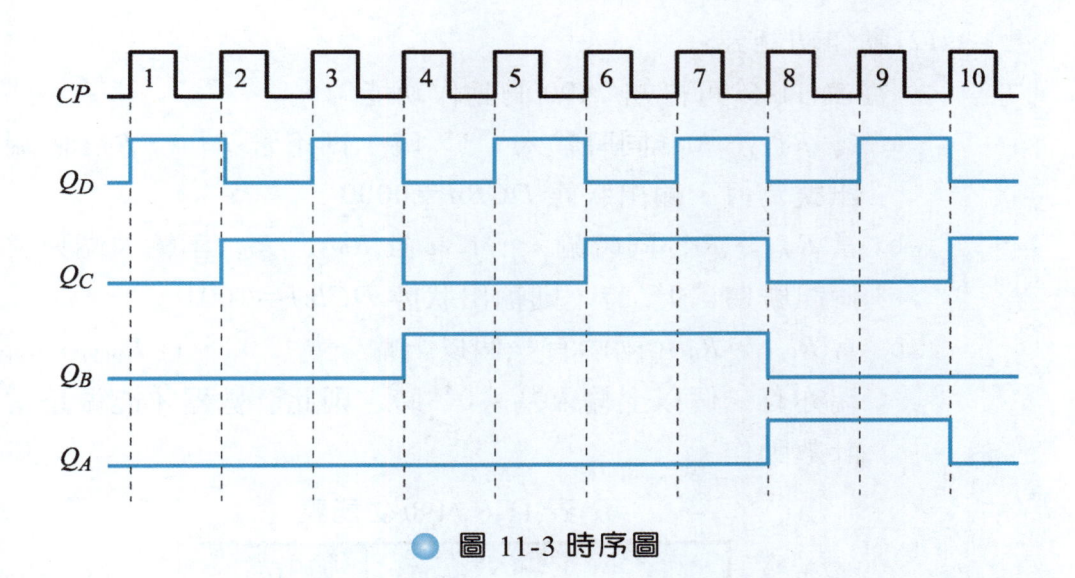

● 圖 11-3 時序圖

7. 市售 TTL7490 BCD 碼計數器介紹

(1) 7490 內部電路及接腳圖

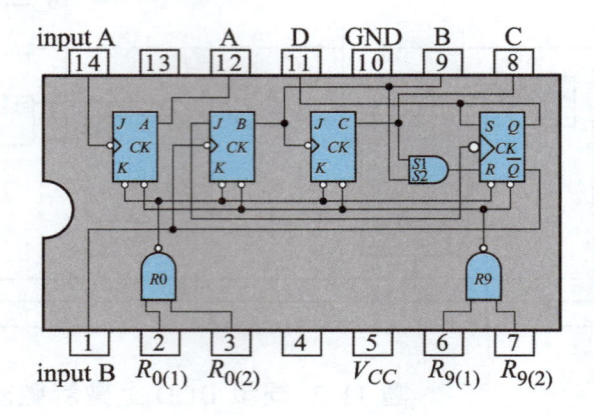

● 圖 11-4 7490 接腳圖

(2) 動作功能表

從表 11-6 可得知 7490 的動作功能：

a. 當 $R_{0(1)}$、$R_{0(2)}$ 同時輸入〝1〞時，則不管 $R_{9(1)}$、$R_{9(2)}$ 兩端輸入訊號為何，輸出狀態 $DCBA = 0000$。

b. 當 $R_{9(1)}$、$R_{9(2)}$ 同時輸入〝1〞，且 $R_{0(1)}$、$R_{0(2)}$ 兩輸入端只要有一個訊號為〝0〞時，則輸出狀態 $DCBA = 1001$。

c. 當 $R_{0(1)}$、$R_{0(2)}$ 兩端有一個以上輸入為〝0〞，且 $R_{9(1)}$、$R_{9(2)}$ 兩端亦有一個以上輸入為〝0〞時，則此計數器才能做正常上數計數動作。

■ 表 11-6 7490 功能表

設定輸入				輸出狀態
$R_{0(1)}$	$R_{0(2)}$	$R_{9(1)}$	$R_{9(2)}$	DCBA
1	1	×	×	0000
0	×	1	1	1001
×	0			
0	×	0	×	上數計數
0	×	×	0	
×	0	0	×	
×	0	×	0	

(二) 漣波二進位計數器

漣波計數器可由一連串的 T 型正反器,將外加的時序脈波(CP)接在某一個(最低位元)正反器的 CP 輸入端,而將此正反器的輸出當作下一個正反器 CP 的輸入,以此類推所組合而成的。

因外加的時序脈波只加在其中一個正反器的 CP 端,則電路中所有的正反器並不會隨外加的 CP 產生同步動作,而是由前一級驅動下一級而產生動作,故稱為漣波計數器,是為一種非同步的計數器。

二進位漣波計數器的缺點為傳輸延遲時間較長,但電路結構簡單是它最大的優點,且電路設計有規則可遵循。今舉 3 個實例來說明二進位漣波計數器的設計方式。

1. 三位元漣波二進位上數計數器

所謂三位元上數二進位數計數器,即是可計數 000、001、010、011、100、101、110、111 等八種依二進位排列狀態的計數器。依據漣波計數器電路組合方法,配合 J-K F/F,則其電路結構如圖 11-5 所示。

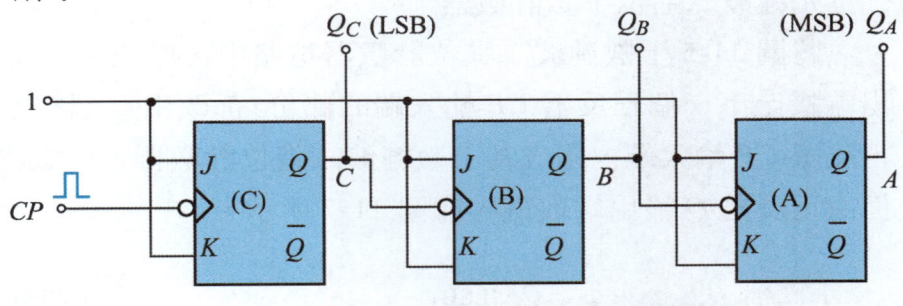

● 圖 11-5 上數漣波二進位計數器

從圖 11-5 可看出,所有正反器的 J、K 兩輸入端短接形成 T 型正反器,且固定接 1,而外加時序脈波(CP)只接到 C 正反器(形成最低位元,LSB)的 CP 輸入端,而將 C 正反器的 Q 輸出端接至 B 正反器的 CP 輸入端,且 B 正反器的 Q 輸出端接至 A 正反器的 CP 輸入端。此電路的動作時序圖如圖 11-6 所示,而原理如下所述:

(1) 當外加 CP(⇃)後緣出現時,只先觸發 C 正反器動作,而 B、A 正反器的輸出端保持不變。

(2) 當 C 正反器 Q 輸出端訊號由 1 降為 0 的瞬間，B 正反器被觸發而產生動作，而 A 正反器的輸出端仍保持不變。

(3) 當 B 正反器 Q 輸出端訊號由 1 降為 0 之瞬間，A 正反器才被觸發而產生動作。

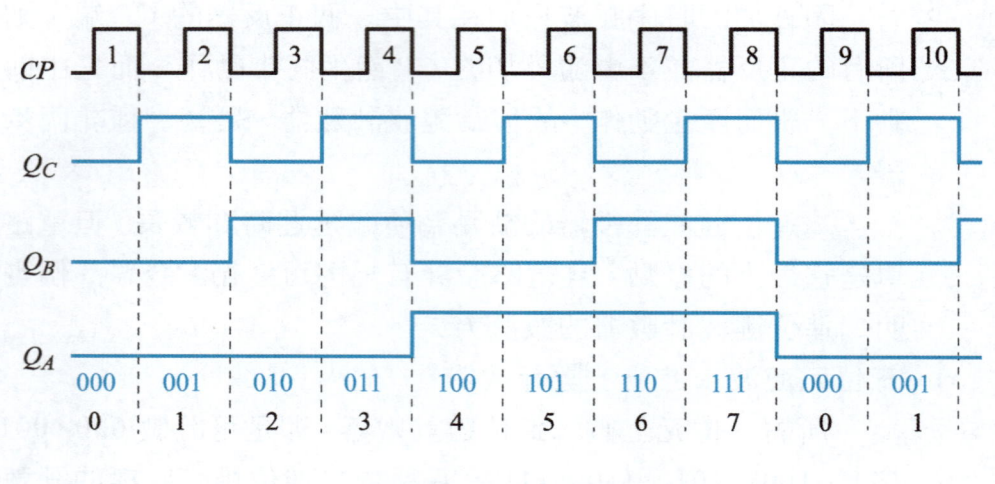

● 圖 11-6 時序圖

2. 三位元漣波二進位下數計數器

　　將圖 11-5 上數漣波二進位計數器電路中，原先由正反器 $\boxed{Q \text{ 輸出端}}$ 接至下一個正反器 CP 輸入端的部份，都改由 $\boxed{\overline{Q} \text{ 端}}$ 接至下一個正反器 CP 輸入端，即成為下數漣波二進位計數器，但電路的輸出仍由正反器 Q 輸出端取得，如圖 11-7 所示。

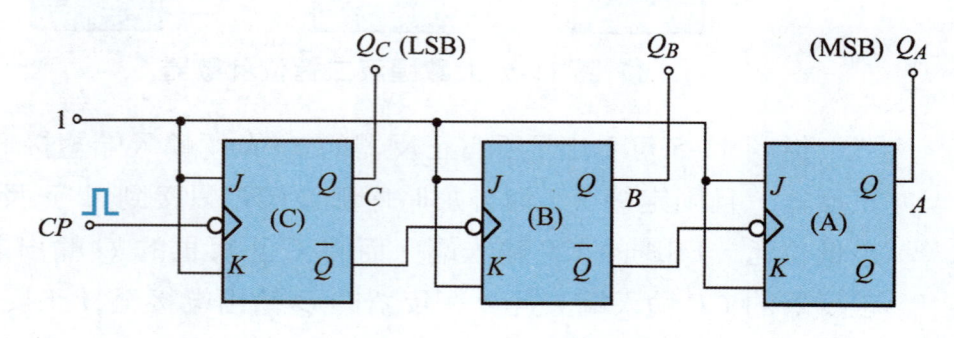

● 圖 11-7 下數漣波二進位計數器

3. 三位元數漣波二進位上/下計數器

因為已知上數計數器電路結構，是由 Q 輸出端接至下一個正反器的 CP 輸入端，而下數計數器，是要由 $\overline{Q}$ 輸出端連接至下一個正反器的 CP 輸入端，故只要合併圖 11-5 及圖 11-7 再配合一個控制輸入訊號(X)，即可得到如圖 11-8 可上/下數計數器。

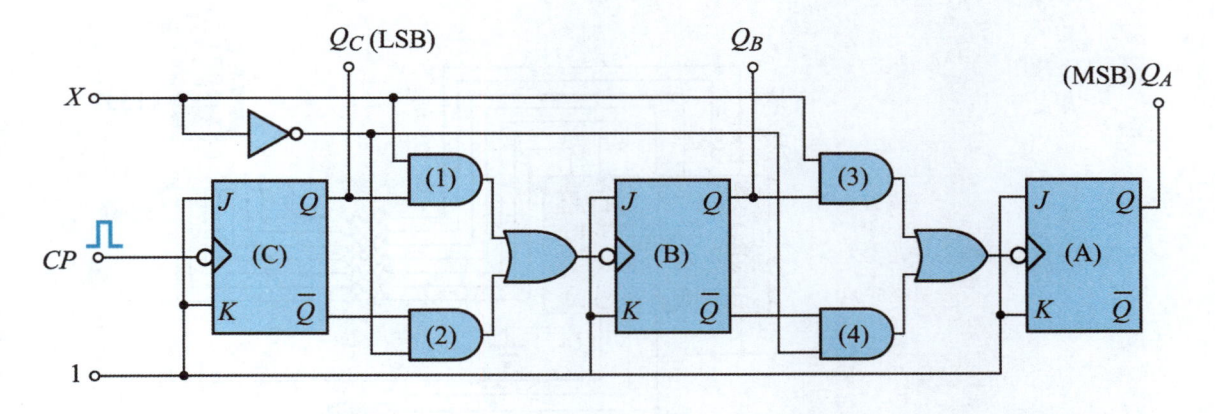

圖 11-8 上/下數漣波二進位計數器

(1) 當 $X=$ "Hi" 時：因 gate 2、gate 4 輸入端有 "0" 訊號輸入，則 AND(gate 2、gate 4)輸出被固定 "0"，使得正反器的 $\overline{Q}$ 輸出端無效；且 gate 1、gate 3 的輸出由正反器的 Q 輸出端來決定，故有 Q 端有效，電路做上數計數的動作。

(2) 當 $X=$ "Lo" 時：因 gate 1、gate 3 輸入端有 "0" 訊號輸入，則 AND(gate 1、gate 3)輸出被固定 "0"，使得正反器的 Q 輸出端無效；且 gate 2、gate 4 的輸出由正反器的 $\overline{Q}$ 輸出端來決定，故有 $\overline{Q}$ 端有效，電路做下數計數的動作。

(3) 此電路為負緣觸發型電路。

四 實習項目

工作項目一　同步二進位計數器實驗

(一) 實習電路圖

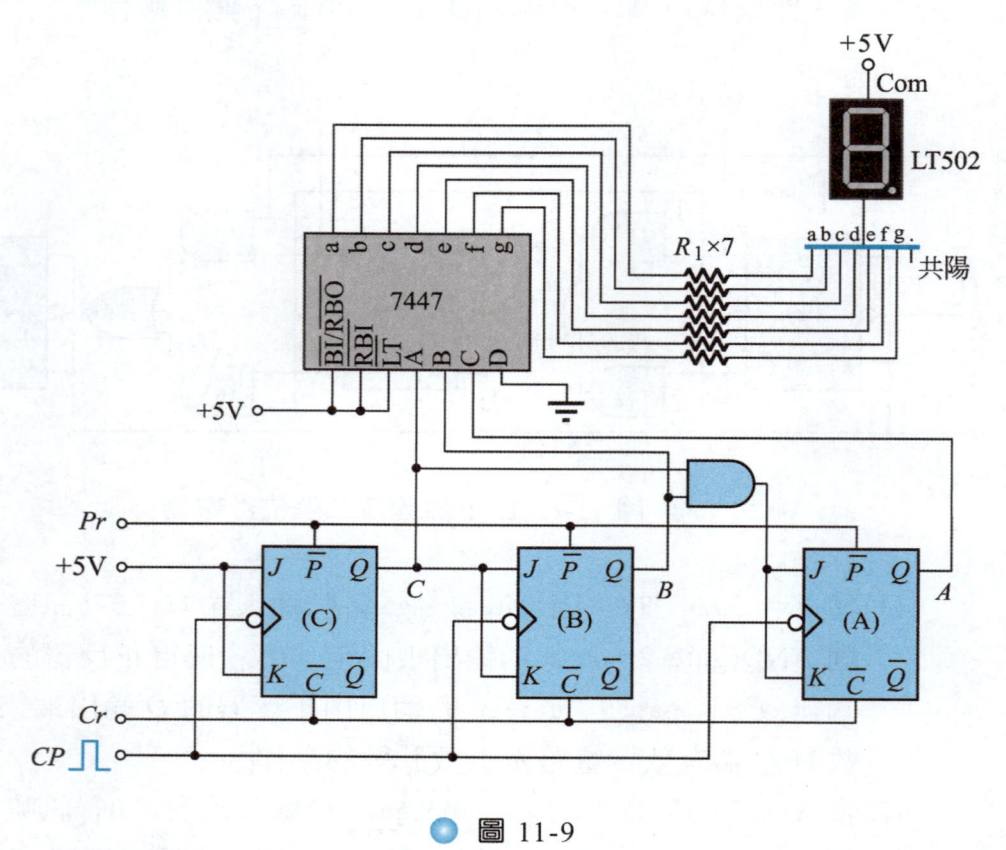

圖 11-9

(二) 實習步驟

1. 按圖 11-9 接線，其中：J-K 正反器用 74LS76、AND 閘用 74LS08、七段顯示器解碼器用 7447(共陽極)、$R_1 = 100\Omega$。
2. 當電路接線完成後，正反器輸出 Q 端的現態無法預知，請依下列順序做實驗，並將結果記錄於表 11-7。
   (1) 將 P_r 輸入端接 "0"，且 C_r 端接 "1"。
   (2) 將 P_r 輸入端固定接 "1"，且 C_r 輸入端接 "0"。

(3) 再將 C_r 端接 "1"。並將外加的時序脈波(CP)調整適當的頻率(1Hz 左右)，連接至電路的 CP 輸入端，觀察七段顯示器顯示的情形。

3. 從表 11-7 實測值可得知，此計數器可計數的狀態為何？為上數或是下數計數器？

4. 做完此實驗後請立即回答問題討論第一題。

表 11-7 圖 11-9 的實習結果

輸入			輸出
C_r	P_r	時序脈波 CP	七段顯示器顯示值
1	0	未加	
0	1	未加	
1	1	第 1 個 ↓	
		第 2 個 ↓	
		第 3 個 ↓	
		第 4 個 ↓	
		第 5 個 ↓	
		第 6 個 ↓	
		第 7 個 ↓	
		第 8 個 ↓	
		第 9 個 ↓	
		第 10 個 ↓	

注意

1. 外加的時序脈波(CP)的頻率不可太高，否則無法正常顯示。
2. 計數器要正常計數，所有正反器的 C_r 及 P_r 輸入端一定要保持高電位，否則無法計數。

工作項目二　BCD 計數器顯示實驗

(一) 實習電路圖

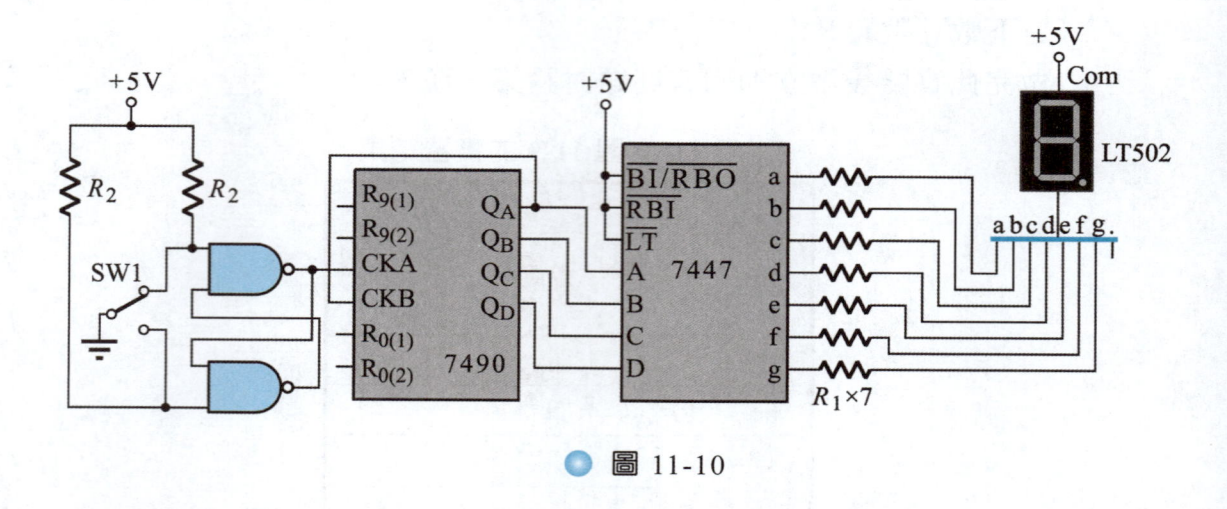

圖 11-10

(二) 實習步驟

1. 按圖 11-10 接線，其中七段顯示器解碼器用 7447(共陽極)、$R_1 = 100\Omega$、$R_2 = 10k\Omega$。

2. 當電路接線完成後，請依下列步驟及表 11-8 順序做實驗，並將結果記錄於表 11-8 中。

    (1) 將 7490 的 $R_{9(1)}$、$R_{9(2)}$ 兩輸入端都接〝1〞，而 $R_{0(1)}$、$R_{0(2)}$ 兩輸入端接〝1〞或〝0〞均可，觀測七段顯示器的顯示值。

    (2) 將 7490 的 $R_{0(1)}$、$R_{0(2)}$ 兩輸入端都接〝1〞，而 $R_{9(1)}$、$R_{9(2)}$ 兩輸入端一個固定接〝0〞，另一個接〝1〞或〝0〞均可，觀測七段顯示器的顯示值。

    (3) 將 7490 的 $R_{0(1)}$、$R_{0(2)}$、$R_{9(1)}$、$R_{9(2)}$ 輸入端都固定接〝0〞，並將 SW1 開關依序 ON/OFF 一次，觀測七段顯示器的顯示值。

3. 做完此實驗後請立即回答問題討論第二題。

表 11-8　圖 11-10 的實習結果

步驟	輸入					輸出
	$R_{0(1)}$	$R_{0(2)}$	$R_{9(1)}$	$R_{9(2)}$	時序脈波 CP	七段顯示器顯示值
(1)	×	×	1	1	SW_1 ON/OFF	
(2)	1	1	0	×	SW_1 ON/OFF	
			×	0		
(3)	0	0	0	0	SW_1 ON/OFF 一次	
					SW_1 ON/OFF 一次	
					SW_1 ON/OFF 一次	
					SW_1 ON/OFF 一次	
					SW_1 ON/OFF 一次	
					SW_1 ON/OFF 一次	
					SW_1 ON/OFF 一次	
					SW_1 ON/OFF 一次	
					SW_1 ON/OFF 一次	
					SW_1 ON/OFF 一次	

工作項目三　漣波二進位計數器實驗

(一) 實習電路圖

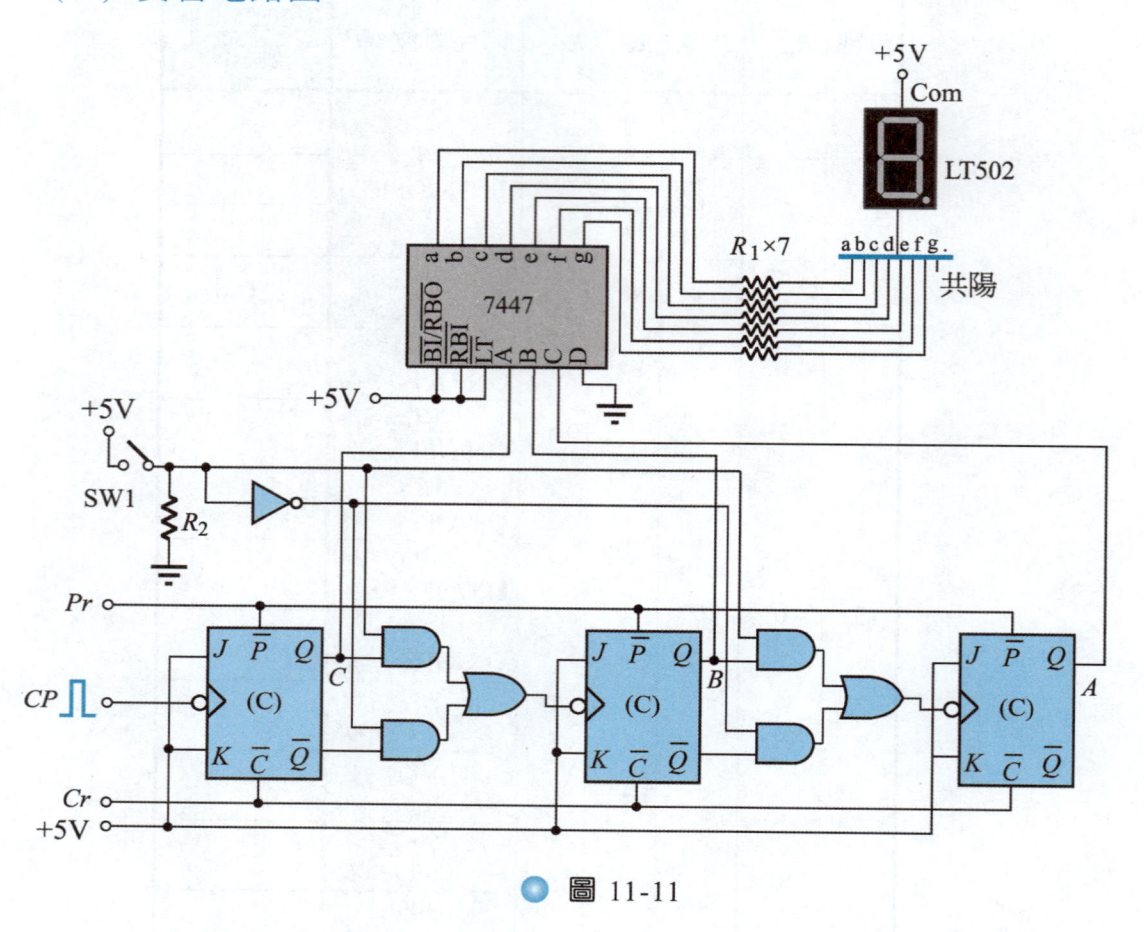

圖 11-11

(二) 實習步驟

1. 依照圖 11-11 接線，其中：J-K 正反器用 74LS76、AND 閘用 74LS08、OR 閘用 74LS32、七段顯示器解碼器用 7447(共陽極)、$R_1 = 100\Omega$、$R_2 = 1k\Omega$。

2. 當電路接線完成後，正反器輸出端的現態無法預知，請依表 11-9 與表 11-10 的順序做實驗。

3. 將外加的時序脈波(CP)調整適當的頻率(1Hz 左右)，連接至電路的 CP 輸入端。

4. 先將開關 X ON(X 閉合)，由七段顯示器顯示的情形，來觀察計數器計數的狀況，並將結果記錄於表 11-9 中。

5. 再改將開關 X OFF(X 開路)，由七段顯示器顯示的情形，來觀察計數器計數的狀況，並將結果記錄於表 11-10 中。

6. 做完此實驗後請立即回答問題討論第三題。

■ 表 11-9 當 X ON 時

輸入 X ON 時			輸出
C_r	P_r	時序脈波 CP	七段顯示器顯示值
1	0	未加	
0	1	未加	
1	1	1	
1	1	2	
1	1	3	
1	1	4	
1	1	5	
1	1	6	
1	1	7	
1	1	8	
1	1	9	
1	1	10	

■ 表 11-10 當 X OFF 時

輸入 X OFF 時			輸出
C_r	P_r	時序脈波 CP	七段顯示器顯示值
1	0	未加	
0	1	未加	
1	1	1	
1	1	2	
1	1	3	
1	1	4	
1	1	5	
1	1	6	
1	1	7	
1	1	8	
1	1	9	
1	1	10	

五 問題與討論

1. 從表 11-7 中，說明 P_r、C_r 兩輸入端在此電路有何功用？且若要將圖 11-9 電路改為下數時，請將正確的電路繪製於圖 11-12 中？

● 圖 11-12

2. 從表 11-8 實測值可得知：
   (1)此 7490 計數器可計數的狀態為何？是上數或是下數計數器？
   _____。

   (2)若將 7490 的 $R_{0(1)}$、$R_{0(2)}$、$R_{9(1)}$、$R_{9(2)}$ 輸入端都固定接〝1〞，並變化 SW1 開關 ON/OFF 狀態，則七段顯示器的顯示值為何？
   _____。

3. 從表 11-9 及表 11-10 的實測值可得知：
   (1)當 X ON 時，計數器計數的狀態為何？是上數或是下數？
   _____。

   (2)當 X OFF 時，計數器計數的狀態為何？是上數或是下數？
   _____。

實習十二 ROM 的認識與應用

一、實習目的

1. 認識 ROM 的特性與種類。
2. 瞭解 ROM 的電路結構。
3. 學習模擬利用 ROM 電路結構來製作組合電路。
4. 瞭解 EPROM 的工作模式。

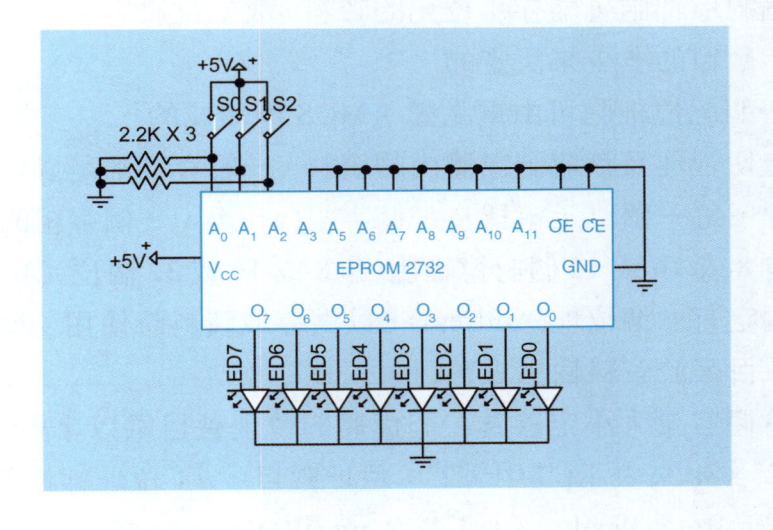

二、實習材料

電阻	1kΩ×1	2.2kΩ×3	10kΩ×8	560kΩ×1
可變電阻	1MΩ×1		LED 燈 紅色×8	100Ω×7
TTL	74LS04×1	74LS47×1	74LS139×1	
CMOS	4011×1		EPROM 2732×1	
七段顯示器(共陽極)×1		DIP	8P×1 6P×1	

三 相關知識

(一) 記憶體簡介

記憶體依儲存方式的不同可分為磁性記憶體與半導體記憶體，表 12-1 為其兩者的說明與優缺點。

■ 表 12-1 磁性/半導體 記憶體

	說明	優缺點
磁性記憶體	以不同方向的磁性來儲存 0、1 的資料，如磁碟。	1. 控制磁性方向較困難且速度較慢。 2. 價格較便宜(以相同容量來比較)。
半導體記憶體	利用半導體的特性，以高、低電壓的暫態來儲存 0、1 的資料，如 ROM、RAM。	1. 控制較簡單，速度較快。 2. 價格較貴(以相同容量來比較)。

半導體憶體是由一群排列成矩形陣列的記憶細胞(memory cell)所組成，而被製作於矽晶片上，其特性有：

1. 一個記憶細胞可儲存 1 位元的資料，故記憶體容量的大小是由記憶細胞數目的多少來決定的。
2. 每一個記憶細胞可由電晶體、MOS 所組成的。
3. 為方便管理及存取記憶體內的資料，一般資料都是以位元的組合來處理，每一個位元組稱為一個字組(word)。一個字組的位元數可能含有 8 或 16 或 32 個記憶細胞(即 8 或 16 或 32 個位元)，且每個 word 都編定有一個位址(Address)，以供存取資料時使用。每個字組的位元數目等於資料輸出線數目。
4. 記憶體容量大小定義為〝記憶體的位址數目乘以字組位元數〞，且以 $2^n \times m$ 來表示(其中，2^n：位址數目，n：位址線條數，m：字組的位元數)。以 4k×8 (或 4k×byte)ROM 為例來說明：
   (1) 1k＝1024＝2^{10}，則 4k＝4096＝2^{12}，故 4k 表示共有 4096 個記憶體位址，需用 12 條位址線來定址。

(2)每一個記憶體位址可儲存 8 位元的資料。

5. 依存取方式的不同，半導體記憶體可分為唯讀記憶體(Read only memory，簡稱 ROM)及隨機取存記憶體(Random access memory，簡稱 RAM)兩大類。

(二) ROM 的認識

ROM(唯讀記憶體)的內部所存的資料是固定的，只能被讀出，而無法用普通方法隨意寫入，且當電源關閉時，ROM 內部的資料不會消失，一般是用在儲存固定不變的資料使用，例如 BIOS 程式。圖 12-1 所示為 ROM 的方塊圖，我們從 ROM 的位址線(A_0、A_1、A_2…A_n)上輸入正確位址，當 $\overline{CE}$ ="0" 及 $\overline{OE}$ ="0"(輸出致能被激發)時，即可從資料輸出端(D_0、D_1…D_7)讀出該位址內所儲存的資料。

● 圖 12-1 ROM 方塊圖

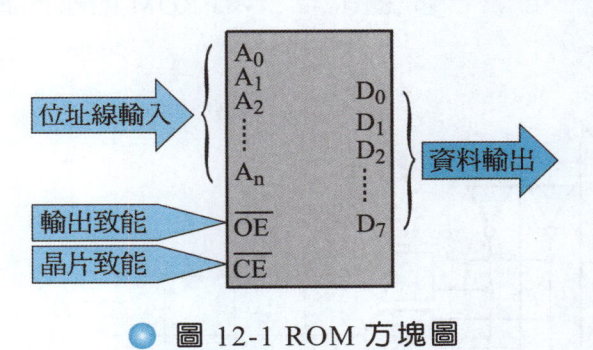

ROM(容量為 $2^n \times m$)的內部結構是一種組合電路，是藉由 AND、NOT 閘連接成 $n \times 2^n$ 的解碼器電路，再配合 m 個 OR 閘來組成。且解碼器的輸出端至 OR 閘輸入端的連接，可藉由程式的規劃(燒錄)來指定。例如，圖 12-2 為容量 $2^2 \times 3$ ROM 的內部電路結構，若將 符號簡化為 ，及 符號簡化為 則圖 12-2 可簡化為圖 12-3，而且因為由 AND、OR 閘所形成的解碼器電路是固定不變、不可規劃的，故一般都是以圖 12-4 的電路來表示 ROM 的內部結構。

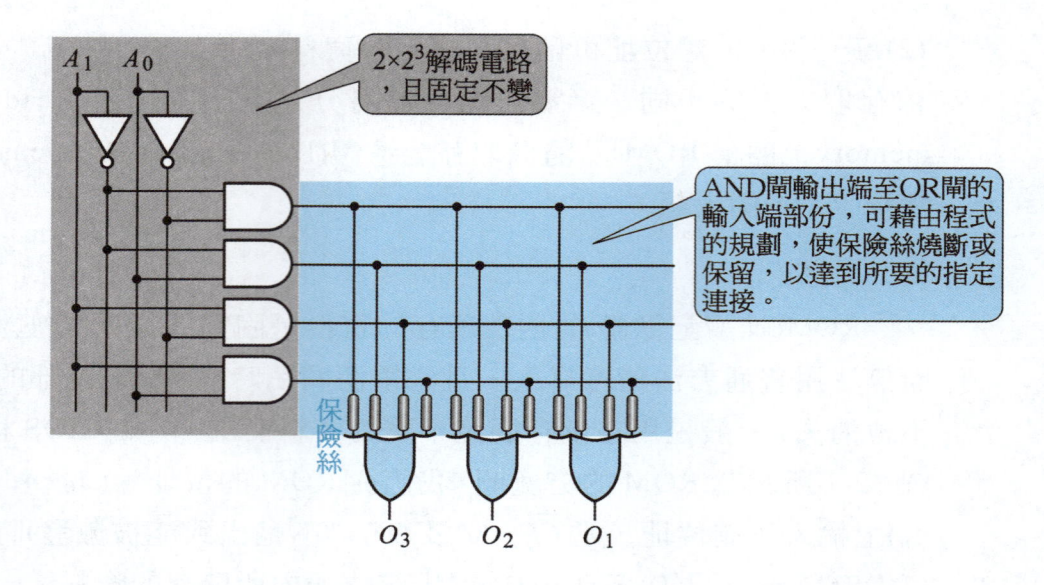

● 圖 12-2 $2^2 \times 3$ ROM 內部結構

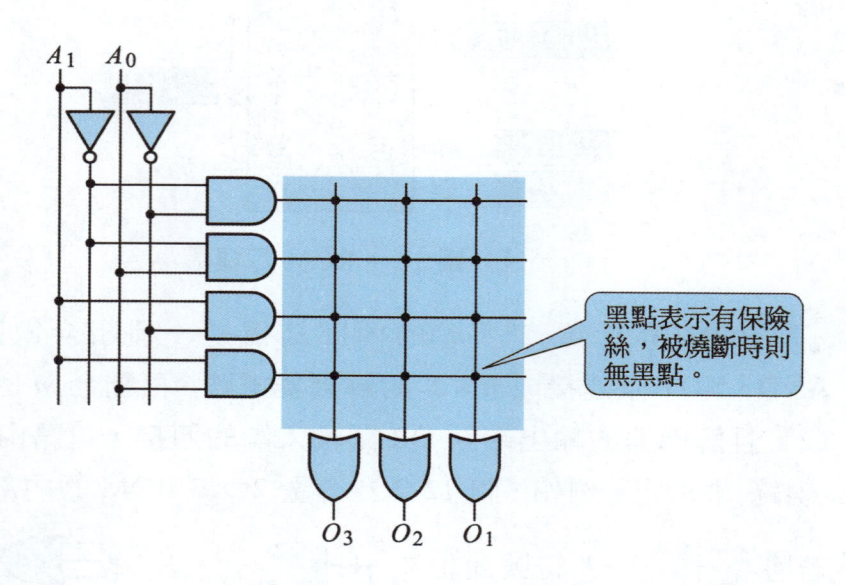

● 圖 12-3 圖 12-2 的簡化

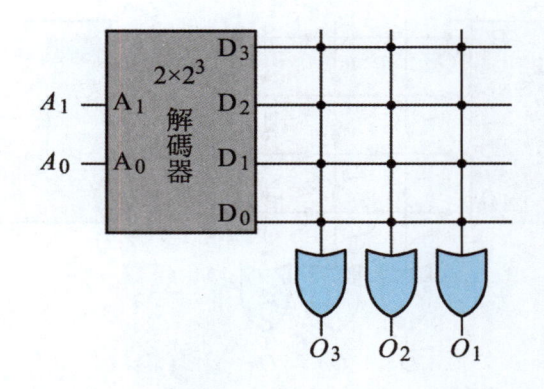

● 圖 12-4 ROM 內部結構一般表示法

(三) ROM 的分類及電路結構

ROM 依資料是否可重覆寫入，分為下列四類：

1. 罩幕式 ROM(mark read only memory，簡稱 Mark ROM)

一般人俗稱的 ROM 就是這種 Mark ROM，此類 Mark ROM 在出廠時資料是一起被製作完成，而無法加以改變的。故客戶必須事先要把欲儲存在記憶體內的資料及相對應位址的表交給 IC 製造廠，IC 製造廠在生產過程中，就直接將客戶的資料製作在記憶體內。因此製造生產成品較高，所以只適用於設計完成且須要大量生產 ROM 的客戶使用。

2. 可程式化 ROM(programmable read only memory，簡稱 PROM)

記憶體廠商特別為只需少量 ROM 的客戶，提供一種由使用者自己燒錄資料進去的 ROM，俗稱 PROM。此種 PROM 內部每一個位元(解碼器的輸出端至 OR 閘輸入端的每一個接點)都串接一個保險絲[由特殊合金製作，如鎢化鈦(Ti-W)]，如圖 12-5 所示。未燒錄前完整的 PROM 其內部保險絲都沒有斷，依照廠商提供的方法["0"：保險絲斷(或保留)，"1"：保險絲保留(或斷)]，將 0、1 資料燒錄進入。

因為保險絲被燒斷後即無法復原，故此種 PROM 只能允許燒錄一次，通常是用在產品已經定型不再更改，且需求量不是很大的時候。

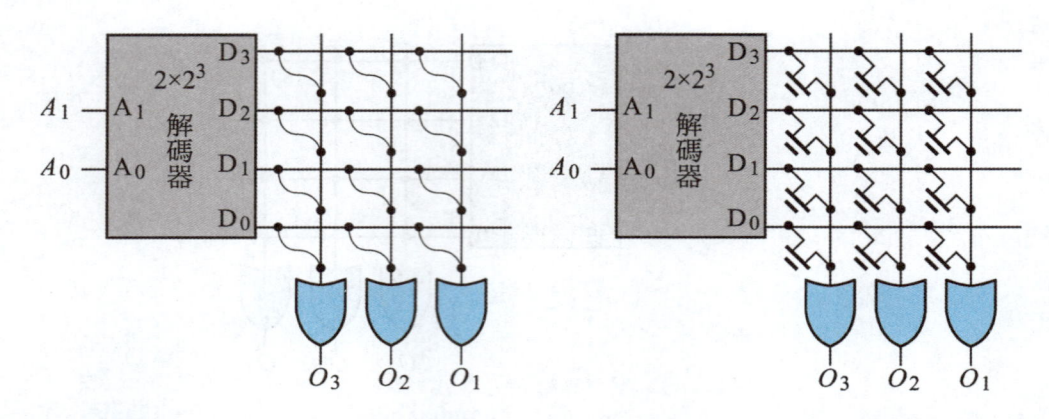

● 圖 12-5 PROM 內部結構圖　　● 圖 12-6 EPROM 內部結構圖

3. 可清除再重新程式化 ROM(Erasable PROM，簡稱 EPROM)

　　因為 PROM 只能燒錄一次，對於常要重新修改的場所，如實驗室、或程式在發展階段，非常不方便或太浪費，所以廠商便設計出一種可以重新修改內部資料的 ROM，稱為 EPROM。此 EPROM 是以場效電晶體(即具有浮動閘極的 MOS FET)代替 PROM 內部的保險絲；全新且正常的 EPROM 由於 FET 的閘極未加偏壓，故 FET 都不通，所以輸出端所讀出的資料都為〝1〞。如圖 12-6 所示，當想讓某位元變為〝0〞時，只要將該位元加一偏壓(依 EPROM 編號不同而變，例如 12.5V、25V)，使絕緣閘極帶負電，則該位元的 FET 導通，讀出的資料變為〝0〞。

　　當寫入的資料想清除掉時，可用紫外線對準 EPROM 的透明窗口照射約 15～30 分鐘，使閘極的電荷消失，即可將內部的位元全部都恢復為〝1〞。一般我們在將資料寫入 EPROM 之後，為避免資料因被陽光照射而消失，通常可用金屬薄紙將透明窗口覆蓋。

　　典型的 EPROM 的編號為 27××××－tt，其中：〝27〞表示 EPROM。〝××××〞表示記憶體容量，由 2-4 位元組成，單位為 k bit。〝tt〞再乘以 10 表示記憶體存取的時間，單位為 ns。

例題 若 IC 編號為 2716-12，試問：
(1)記憶容量大小？　　　　(2)輸出資料線有幾條？
(3)存取所需的時間？　　　(4)可以儲存幾筆資料？
(5)需要幾條位址線？

答：(1)記憶體容量為 16k bit。

(2)輸出每筆資料為 8 bit，故有 8 條資料輸出線。

(3)存取時間為 120ns。

(4)因每筆資料為 8 bit，且總容量為 16k bit，所以共可儲存 2k (即 $\frac{16k}{8}=2k$)筆資料。

(5)因 $2^n=2k$，得 $n=11$，故需要 11 條位址線。

4. 電能清除式 EPROM(Electrically EPROM，簡稱為 EEPROM)

因 EPROM 需用紫外線照射來清除資料且時間太長，使用不方便，故廠商再設計一種可用電氣來清除資料的 ROM，稱為 EEPROM，它是利用在電路加上反向偏壓來清除資料，速度非常快，清除全部資料時間大約只要 1s。

典型的 EEPROM 編號為 28××××－tt，其中："28" 表示 EEPROM。"××××" 表示記憶體容量，單位為 k bit。"tt" 再乘以 10 表示記憶體存取時間，單位為 ns。

(四) 利用 ROM 電路結構來製作組合邏輯電路

由上述圖 12-2 可知，ROM 是由 AND－OR 閘陣列所組合而成的，而電路中保險絲的燒斷與否決定了 ROM 的程式規劃，故我們可藉由 ROM 來設計組合邏輯電路，其方法如下：

1. 一個含有 n 個輸入，m 個輸出的組合電路，可利用 $2^n \times m$ 容量的 ROM 來加以製作。

2. 組合電路的輸出端(m 個)的每一個布林函數式，必須用最小項之和、或直接用輸入/輸出真值表來表示。

3. **例如** 一個具有 2 個輸入(A、B)及 2 個輸出(F_1、F_2)的組合電路，若其真值表如 12-2 所示，試利用 ROM 來製作此電路？

答：(1)因為有 2 個輸入，2 個輸出故須選用容量為 $2^2 \times 2$ 的 ROM。

(2)輸出布林函數式以最小項之和表。

■ 表 12-2 輸入/輸出 真值表

A	B	F_1	F_2
0	0	0	1
0	1	1	1
1	0	1	0
1	1	0	1

示為：
$F_1(A,B) = \sum(1,2)$
$F_2(A,B) = \sum(0,1,3)$

(3) 使用 AND-OR 閘的 ROM 來製作時：

真值表中"1"表示保險絲保留不斷。

真值表中"0"表示保險絲燒斷。

則 F_1 端的第 1、2 個最小項保留，第 0、3 個最小項燒斷。

F_2 端的第 0、1、3 個最小項保留，第 2 個最小項燒斷。

電路如圖 12-7(a)或圖 12-7(b)所示。

(4) 使用 AND-OR-INVERT 閘的 ROM 來製作時

電路如圖 12-8(a)或圖 12-8(b)所示：真值表中"1"表示保險絲燒斷。真值表中"0"表示保險絲保留不斷。

F_1 端的第 0、3 個最小項保留，第 1、2 個最小項燒斷。

F_2 端的第 2 個最小項保留，第 0、1、3 個最小項燒斷。

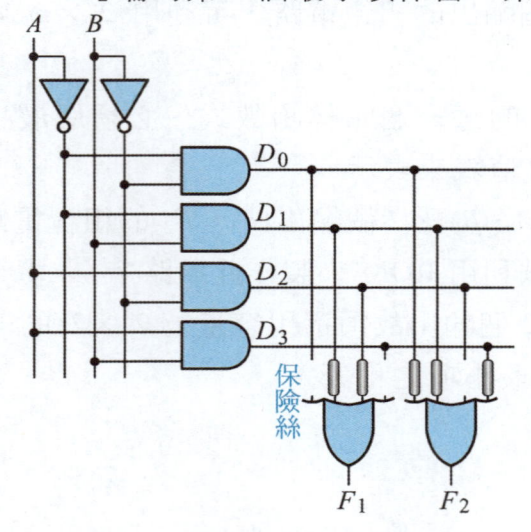

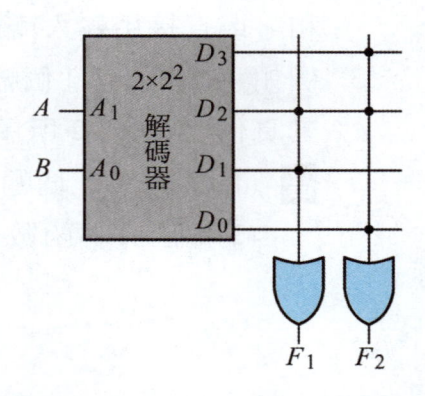

● 圖 12-7(a) 電路圖　　● 圖 12-7(b) 圖 12-7(a)的簡化

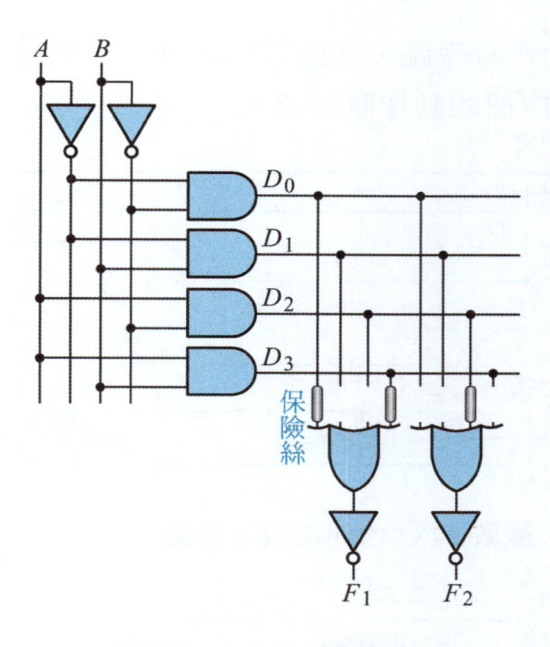

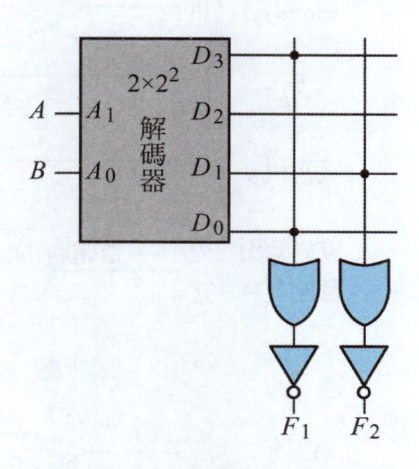

● 圖 12-8(a) 電路圖　　　　　　● 圖 12-8(b) 圖 12-8(a)的簡化

(五) 市售 IC 2732 EPROM 的介紹

市售 IC 編號 2732 EPROM，其特性及說明如下所述：

1. 記憶體容量為 4k×8 bits，共有 4096 個位址，可儲存 4096 筆資料，每筆資料為 8bit。
2. 2732 的接腳如圖 12-9 所示，共有 24 支腳。

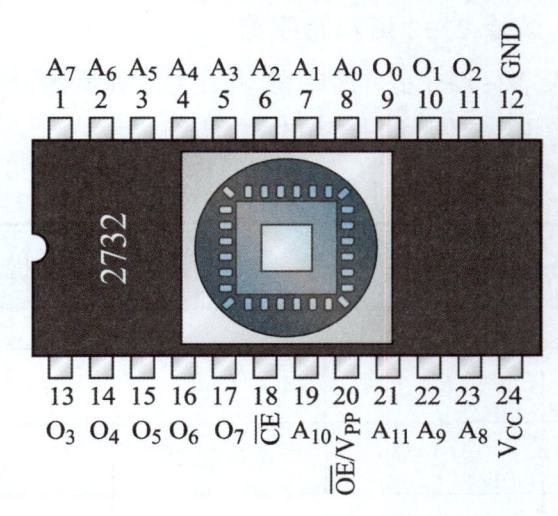

接腳	功能說明
$A_0 \sim A_{11}$	位址輸入腳
$O_0 \sim O_7$	資料 輸入/輸出腳
$\overline{CE}$	晶片致能輸入
$\overline{OE}/V_{PP}$	規劃時接 25V
	其他時為晶片致能
V_{CC}	工作電壓+5V
GND	接地(0V)

● 圖 12-9　2732 接腳圖及功能說明

3. 讀出 2732 內部資料的動作時序圖,如圖 12-10 所示。而圖 12-11 則為將資料燒錄至 2732 內部的動作時序圖。

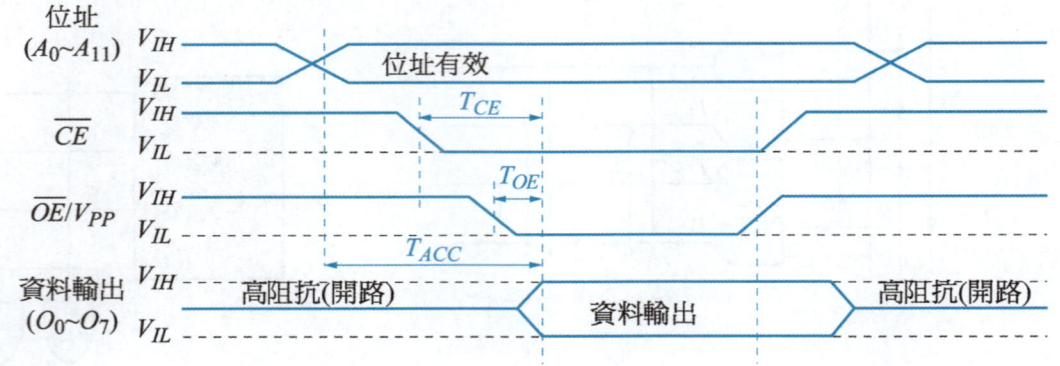

● 圖 12-10 讀取 2732 內部資料時序圖

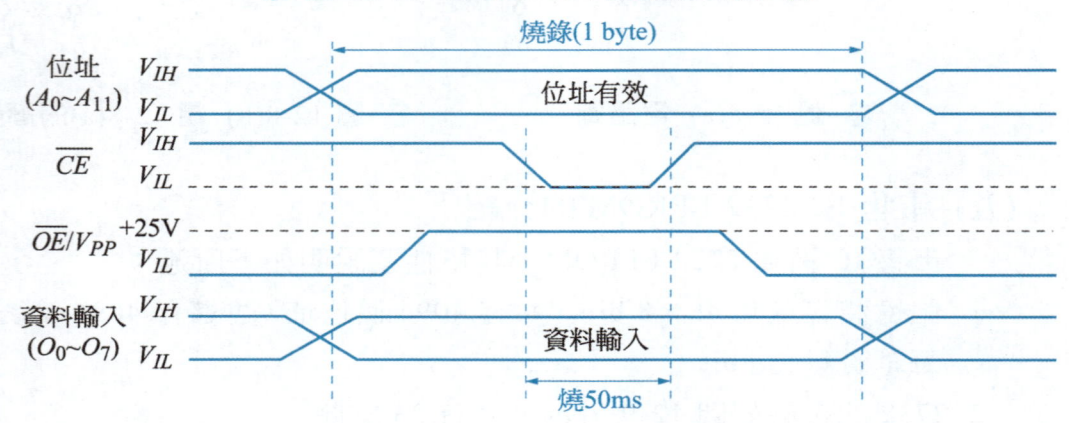

● 圖 12-11 燒錄 2732 資料時序圖

4. 2732 共有五種工作模式如表 12-3 所示,其中除了在規劃(燒錄)模式時 V_{PP} 要加 25V,其它模式 V_{PP} 都只加 +5V 的電壓源。

■ 表 12-3 2732 工作模式

	讀 出	燒 錄 (規 劃)	禁止燒錄	備 用	燒錄檢查
V_{CC}	\multicolumn{5}{c|}{+5V}
$\overline{CE}$	V_{IL}	V_{IL} (加 50ms 的負脈波)	V_{IH}	V_{IH}	V_{IL}
$\overline{OE}/V_{PP}$	V_{IL}	+25V	+25V	沒有影響	V_{IL}
$O_0 \sim O_7$	資料輸出	資料輸入	開路(高阻抗)	開路(高阻抗)	資料輸出

(1) 讀出模式

當 2732 的兩個功能模式控制腳 $\overline{CE}$、$\overline{OE}/V_{PP}$ 都輸入〝V_{IL}〞時，則 2732 處於讀出模式。通常資料是在位址輸入穩定後，且 $\overline{CE}$ ＝〝0〞時被讀出，如圖 12-10 中的 T_{ACC} 為資料選取時間，T_{CE} 為資料出現時間，而資料則在 $\overline{OE}/V_{PP}$ ＝〝0〞負緣起經過 T_{OE} 時間，出現於輸出端。

(2) 燒錄模式

當 $\overline{OE}/V_{PP}$ 輸入端加＋25V 時，2732 即處於燒錄模式，在 $\overline{CE}$ 輸入端連續加 50ms 的負脈波，即可完成對某一個位址(1byte)的燒錄，而完成 4k×8 位元的燒錄約只要 200 秒。

(3) 禁止燒錄模式

若同時要將一些不同的資料，燒錄在幾個並接的 2732 內部時，可將除了 $\overline{CE}$ 接腳外，其它接腳都並接；然後以一個燒錄脈波(負脈波)加到所要燒錄的 2732 的 $\overline{CE}$ 接腳上，其它 2732 的 $\overline{CE}$ 接腳則都加〝V_{IH}〞電位以禁止燒錄。

(4) 備用模式

當 $\overline{CE}$ 輸入端接〝V_{IH}〞時，2732 處於備用模式，不受 $\overline{OE}/V_{PP}$ 接腳準位的控制。在此模式下可減低功率的損耗(約 70%)，且資料輸出端呈現開路高阻抗的狀態。

(5) 燒錄檢查模式

通常 ROM 在燒錄完成後要做燒錄檢查，以確定資料是否正確的燒錄在 ROM 中。將 $\overline{CE}$、$\overline{OE}/V_{PP}$ 輸入端都接〝V_{IL}〞時，2732 即可處於燒錄檢查模式。

四 實習項目

工作項目一　模擬 ROM 的電路結構來製作組合電路實驗

本工作項目是利用解碼器(74139)、OR 閘(4072)、NOT 閘(7404)模擬 ROM 電路結構設計如表 12-4 功能的組合邏輯電路，並利用七段顯示器來顯示輸出的結果。

(一) 製做方法

(1) 因為有 2 個輸入，4 個輸出故須選用容量為 $2^2 \times 4$ 的 ROM。

(2) $2^2 \times 4$ ROM 的內部可由 2×2^2 的解碼器(74139)與 4 個 OR 閘組合而成。

(3) 因為 74139 輸出為低態，故在 74139 輸出端都接一個 NOT 閘反相成高態輸出。

(4) 輸出布林函數式為(以最小項之和表示)。

■ 表 12-4

位址輸入		資料輸出			
A_1	A_0	O_3	O_2	O_1	O_0
0	0	0	0	1	0
0	1	0	1	0	0
1	0	0	1	1	0
1	1	1	0	0	0

$O_3(A_1, A_0) = \sum(3)$　　　$O_1(A_1, A_0) = \sum(0, 2)$

$O_2(A_1, A_0) = \sum(1, 2)$　　$O_0(A_1, A_0) = 0$

(二) 製做完成的電路圖

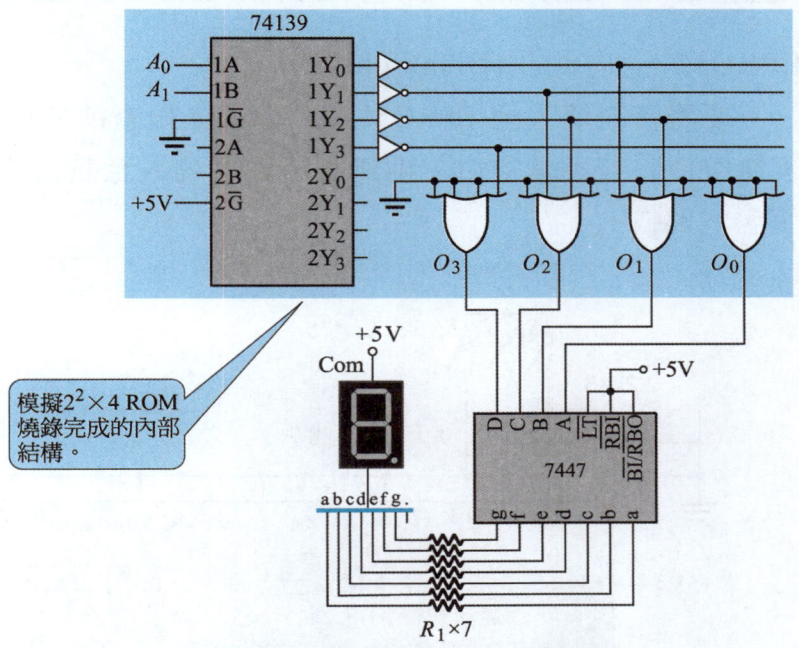

● 圖 12-12 設計完成的電路

(三) 實習步驟

1. 按圖 12-12 接線，其中：解碼器用 74139(接腳如圖 12-13)、OR 閘用 4072、NOT 閘用 7404、七段顯示器解碼器用 7447(共陽極)，$R_1=100\Omega$。

2. 依照表 12-5 改變 A_1、A_0 位址輸入，將資料的輸出(七段顯示器顯示的值)記錄於表 12-5 中。

3. 做完此實驗後請立即回答問題討論第一題與第二題。

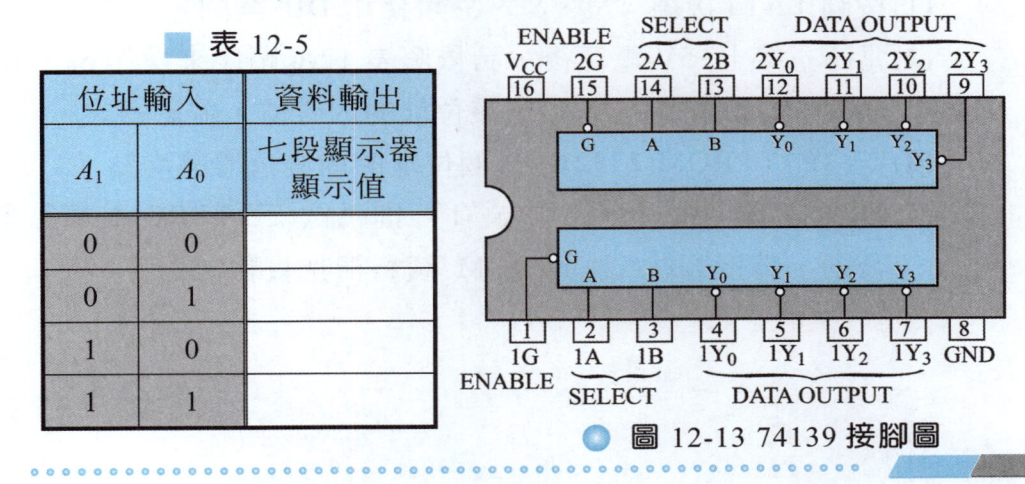

表 12-5

位址輸入		資料輸出
A_1	A_0	七段顯示器顯示值
0	0	
0	1	
1	0	
1	1	

● 圖 12-13 74139 接腳圖

工作項目二　EPROM 測試、清洗、燒錄、讀取實驗

(一) EPROM 空白測試(Blank check)

要將資料燒入至 EPROM 時，必須先檢查欲燒錄的位址內容是否為空白，若不是空白，則無法將資料燒入至該位址。

1. 實習電路圖

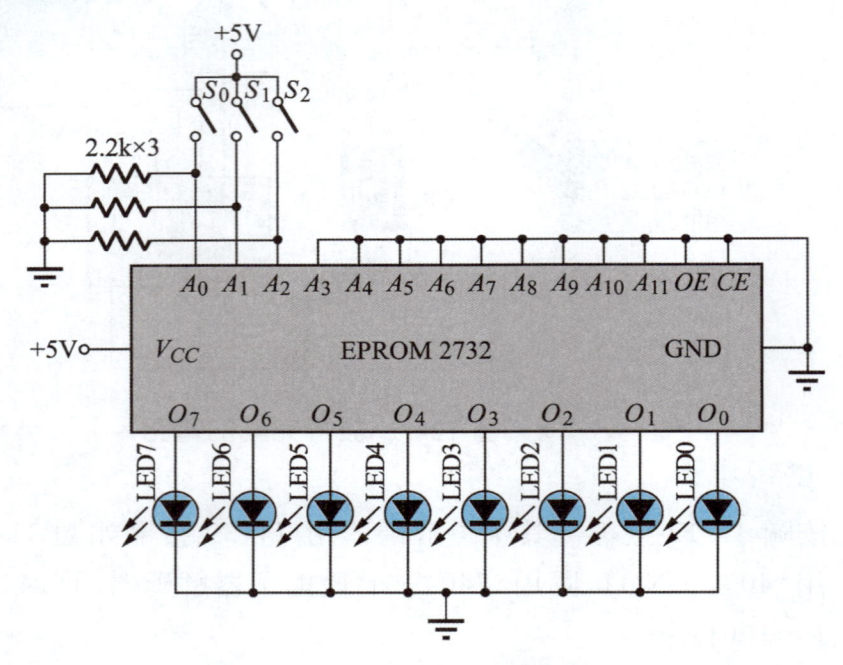

● 圖 12-14 2732 讀取資料檢查

2. 實習步驟

(1) 按圖 12-14 接線，S_0、S_1、S_2 可使用 DIP 開關。

(2) 當 V_{CC} 接上+5V 電源後，請依照表 12-6 順序來操作 S_0、S_1、S_2 開關，以改變位址，讀出該位址的內容值，並記錄之。

(3) 空白的 EPROM(2732)每一個位址的內容值應該均為 "1"

(4) 若表 12-6 中每一位元均為 "1"，則跳做(三) EPROM 燒錄實驗，否則，請接著做(二) EPROM 資料清洗實驗。

表 12-6

輸入(改變位址)			資料輸出							
〝1〞表示開關〝ON〞 〝0〞表示開關〝OFF〞			LED 燈〝亮〞表示〝1〞 LED 燈〝滅〞表示〝0〞							
S_2	S_1	S_0	LED7	LE6	LED5	LED4	LED3	LED2	LED1	LED0
0	0	0								
0	0	1								
0	1	0								
0	1	1								
1	0	0								
1	0	1								
1	1	0								
1	1	1								

(二) EPROM 資料清洗

要將資料燒入至 EPROM 時，必須先該位址的資料清除掉，其清除的方法如下：

1. 將 EPROM 的透明窗口對著含有紫外線的燈管，且距離約 3cm 左右，連續照射約 30 分鐘即可。(最好將燈管放置於密閉箱內效果較佳)。

2. 照射完成後，再將 EPROM 依原先圖(圖 12-14)接線，重做上述 (一)EPROM 空白測試之實習步驟(1)、(2)、(3)。

3. 若表 12-6 內的資料仍不為〝1〞時，則可能該棵 EPROM 已損壞，請再換另一個正常的 EPROM。

(三) 燒資料至 EPROM

1. 實習步驟

    (1) 因燒錄 2732 EPROM 須要 50ms 的負脈波，故先按圖 12-15 接線，以完成一個單穩態振盪電路，來產生所須的負脈波。

    (2) 將信號產生器加於 V_i 輸入端，並且將信號調整為 15Hz、方波。

    (3) 用示波器測量 V_o 輸出端的波形，旋轉 VR 可變電阻器，使 V_o

的低態等於 50ms，並保持 VR 電阻值不可變。(最好請老師檢查波形是否正確)

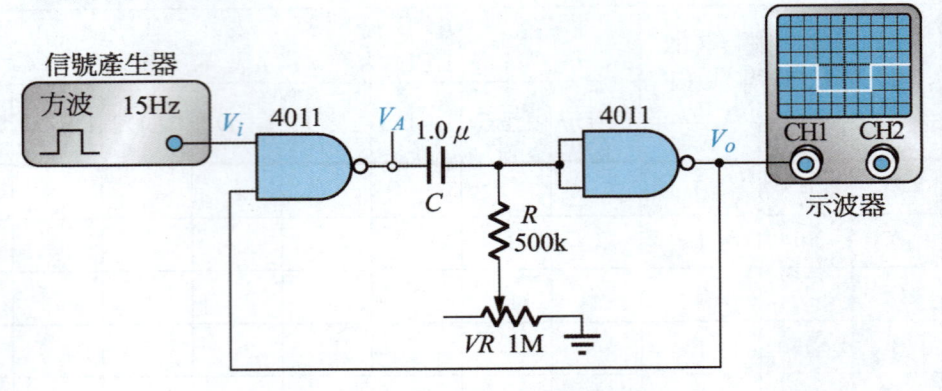

● 圖 12-15 單穩態振盪器

(4)前述步驟(3)確定正確之後，再按圖 12-16 接線。

(5)要燒錄之前先將 PB_0 OFF(斷路)，按 PB_1 ON/OFF 一次，LED 燈應該會亮一下再滅，否則你的接線有錯。

(6)若上述步驟(5)成功，可將 PB_0 ON(閉合)，再依照表 12-7 順序，將資料一一燒入 EPROM 所對應的位址內。

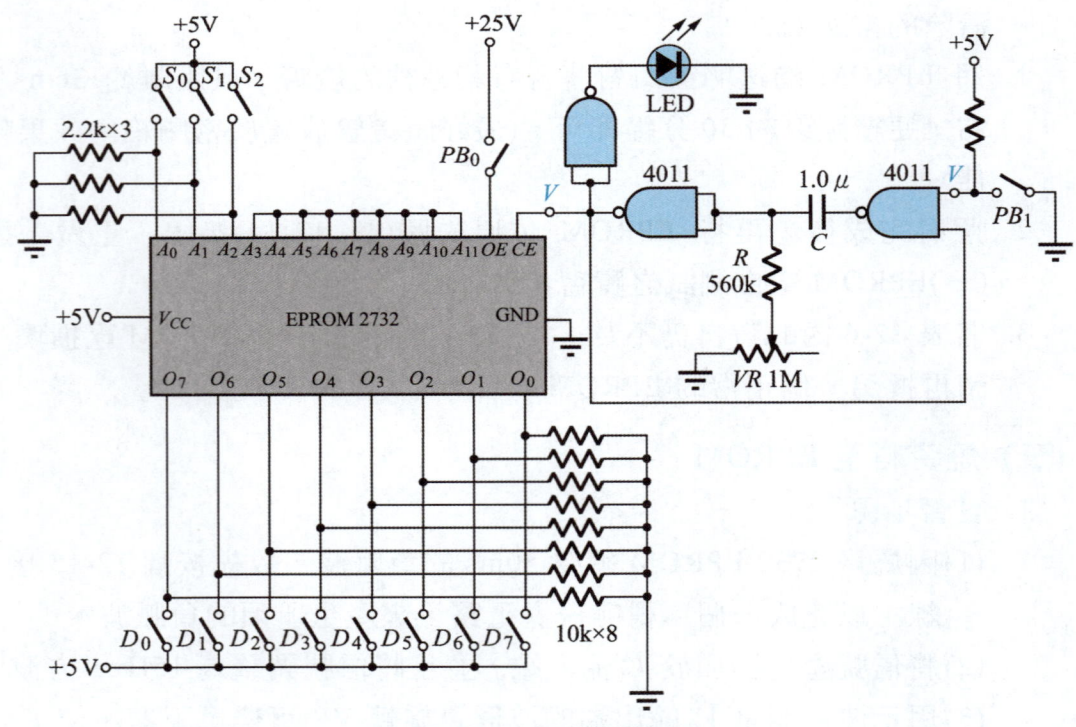

● 圖 12-16 將資料燒入 2732

■ 表 12-7　圖 12-16 的實驗順序

位址輸入			資料輸入									$\overline{CE}$ 控制
S_2	S_1	S_0	D_7	D_6	D_5	D_4	D_3	D_2	D_1	D_0	PB1
0	0	0	1	1	1	1	1	1	1	0	ON/OFF 一次
0	0	1	1	1	0	1	1	1	1	0	ON/OFF 一次
0	1	0	1	1	0	0	1	1	1	0	ON/OFF 一次
0	1	1	1	1	0	0	0	1	1	0	ON/OFF 一次
1	0	0	1	1	0	0	0	0	1	0	ON/OFF 一次
1	0	1	1	0	0	0	0	0	1	0	ON/OFF 一次
1	1	0	0	0	0	0	0	0	1	0	ON/OFF 一次
1	1	1	1	1	1	1	1	1	1	1	ON/OFF 一次

(四) 從 EPROM 讀取資料

(1) 先依照上述圖 12-14 接線，並依照表 12-8 順序讀取 2732 內部資料，並記錄之。

■ 表 12-8

輸入(改變位址)			資料輸出							
"1" 表示開關 "ON"　"0" 表示開關 "OFF"			LED 燈 "亮" 表示 "1"　LED 燈 "滅" 表示 "0"							
S_2	S_1	S_0	LED7	LE6	LED5	LED4	LED3	LED2	LED1	LED0
0	0	0								
0	0	1								
0	1	0								
0	1	1								
1	0	0								
1	0	1								
1	1	0								
1	1	1								

(2) 比較表 12-8 與表 2-7 中的資料(D_7、D_6、D_5、D_4、D_3、D_2、D_1、D_0)是否相同？

(3) 若不同時，表示可能讀取有錯。若相同時，則再按圖 12-17 接線，並依照表 12-9 順序將資料讀出，且記錄之。

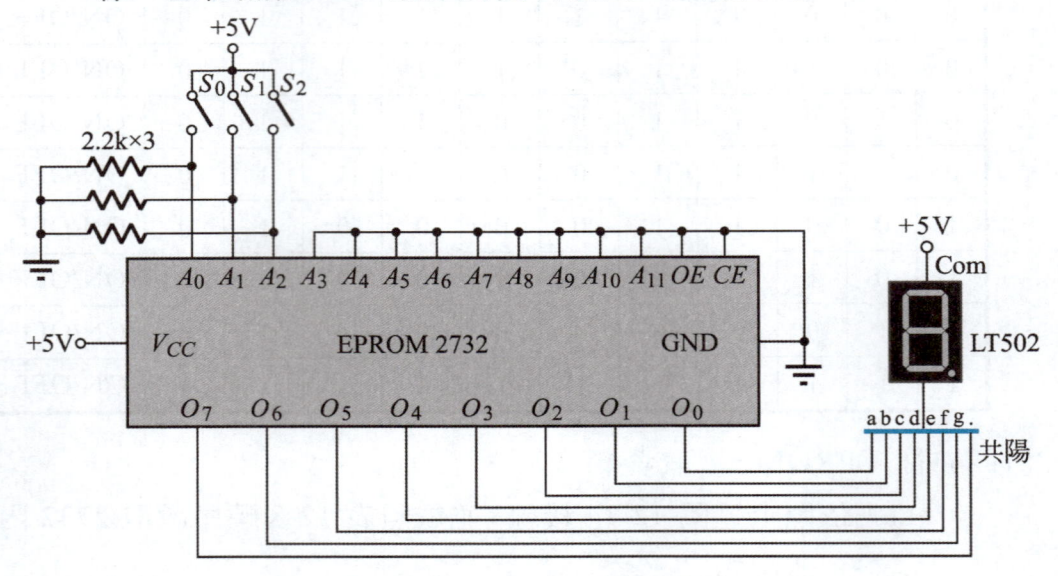

● 圖 12-17 從 2732 讀出資料

■ 表 12-9 圖 12-17 的實習結果

輸入(改變位址)			資料輸出
"1" 表示開關 "ON" "0" 表示開關 "OFF"			七段顯示器顯示的圖形
S_2	S_1	S_0	
0	0	0	
0	0	1	
0	1	0	
0	1	1	
1	0	0	
1	0	1	
1	1	0	
1	1	1	

五 問題與討論

1. 從表 12-5 實習結果中可得知，儲存在 ROM 中位址 00、01、10、11 的資料各為何？
   答：_____。

2. 若有一個組合電路，其輸出端布林函數為：
   $F_1(A,B,C)=\sum(0,3,5)$
   $F_2(A,B,C)=\sum(1,3,4,6)$
   $F_3(A,B,C)=\sum(0,2,4,7)$
   試利用解碼器(74138)、OR 閘、NOT 閘模擬 ROM 電路結構來設計此功能的組合電路，並將電路圖繪製於圖 12-18 中？

   圖 12-18

3. EPROM 與 PROM 兩者在電路結構及特性上有何不同？

單元測驗三

(　) 1. 欲使 TTL 無穩態多諧振盪器電路產生振盪，必須使 TTL IC 工作於 (A)飽和區 (B)線性區 (C)截止區 (D)開路區。

(　) 2. 有關 COMS IC 型無穩態多諧振盪器，下列敘述何者是錯誤的 (A)振盪頻率會隨著電源電壓的變化而變動 (B)為減少電源電壓對頻率的影響，實用上常加入一個電阻(R_S)做為放大之用 (C)此隔離電阻(R_S)通常為 R 電阻值(如圖 8-11)的 2 至 10 倍 (D)市售的 COMS 閘輸入端都加有保護電路，以避免輸入閘損壞。

(　) 3. 有關多諧振盪器電路，下列敘述何者是正確的 (A)單穩態多諧振盪器又稱為正反器 (B)雙穩態多諧振盪器又稱為單擊(One-shot)電路 (C)雙穩態多諧振盪器具有二個成互補式的輸出 (D)雙穩態多諧振盪器只有一個穩定的輸出。

(　) 4. T 型正反器，若輸出端 Q 現態為"Lo"，當輸入端 T 輸入"Hi"信號時 (A)輸出端 Q 呈現高阻抗狀態 (B)輸出端 Q 轉為"Hi"狀態 (C)當 Clock pulse (計時脈波)到達時，輸出端 Q 保持"Lo"狀態 (D)當 Clock pulse (計時脈波)到達時，輸出端 Q 轉為"Hi"狀態。

(　) 5. 下列何者不是 BCD 碼 (A)1010 (B)0001 (C)0101 (D)1001。

(　) 6. 從表 9-1 中可知，$17_{(10)}$ 分別用二進位碼表示與 BCD 碼表示時 (A)二者相差 $1100_{(2)}$ (B)二者完全相同 (C)將二進位碼加上 $0110_{(2)}$ 後與 BCD 碼表示完全相同 (D)將 BCD 碼加上 $0110_{(2)}$ 後與二進位碼表示完全相同。

(　) 7. 用 10 補數做 BCD 碼減法，在可以向它級借位情況下，則 $2_{(10)}-8_{(10)}$ 其結果應顯示 (A)−6 (B)6 (C)4 (D)−4。

(　) 8. 用 10 補數做 BCD 碼減法，在無法向它級借位情況下，則 $3_{(10)}-5_{(10)}$ 其結果應顯示 (A)−2 (B)2 (C)8 (D)−8。

(　) 9. 有關 n 位元並加法器，下列敘述何者是正確的
(A)用前看進位原理來組合電路時，會增加電路傳輸延遲時間　(B)可用一個單一位元全加器配合儲存裝置來組合　(C)用進位串接法時，可縮短進位傳輸延遲時間　(D)3 位元並加法器則要用 3 個單一位元的全加器來組合。

(　)10. 若各閘傳輸延遲時間：XOR 為 15ns、AND 閘為 10ns、OR 閘 10ns、NAND 閘為 10ns。則用前看進位原理所組合 3 位元並加法器電路(如圖 10-6 所示)，其整體電路傳輸延遲時間為
(A)45ns　(B)50ns　(C)15ns　(D)75ns。

(　)11. 有關 n 位元串加法器，下列敘述何者是正確的
(A)可用一個單一位元全加器配合儲存裝置來組合　(B)3 位元串加法器則要用 3 個單一位元的全加器來組合　(C)屬於純組合電路　(D)整體電路傳輸延遲時間較短。

(　)12. 下列何者表示串列輸入/並列輸出型的移位暫存器
(A)SISO　(B)SIPO　(C)PISO　(D)PIPO。

(　)13. 由 n 個正反器所組合的同步計數器，將有幾種不同狀態輸出？
(A)$2n$　(B)$2n-1$　(C)2^{n-1}　(D)2^n。

(　)14. 如下圖為利用 3 個 J-K 正反器所製作的計數器。設 A 正反器為 MSB，C 正反器為 LSB，且計數為順序為 0、1、3、5、2、4、6。已知 $K_A = B + C$，$K_B = 1$，$K_C = A$，則　(A)$J_A = C$　(B)$J_B = B + C$　(C)$J_C = \overline{A}\overline{C}$　(D)以上都錯。

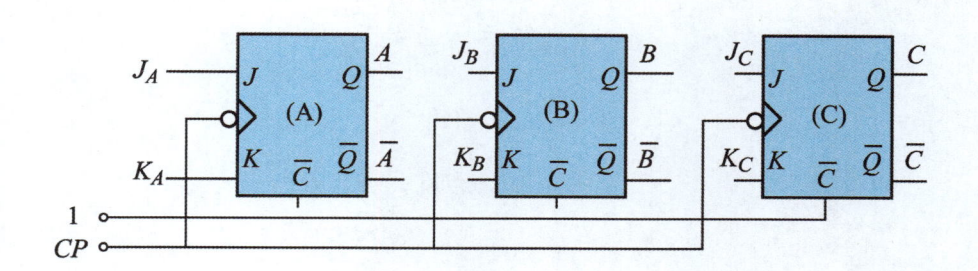

(　　)15. 模 10 同步上數計數器至少要用幾個正反器來組合？
(A)3 個　(B)4 個　(C)5 個　(D)6 個。

(　　)16. TTL 7490 計數器內部可分成　(A)除 2 與除 5 電路　(B)除 3 與除 5 電路　(C)除 3 與除 6 電路　(D)除 5 與除 10 電路

(　　)17. 同步計數器與非同步計數器最大不同點為
(A)所加的工作電壓(V_{CC})不同　(B)時間延遲不同　(C)功率消耗不同　(D)計數脈波不同。

(　　)18. 半導體記憶體的 ROM 與 RAM 的不同在於　(A)ROM 只能讀，不能隨意寫入　(B)RAM 只能讀，不能隨意寫入　(C)ROM 能讀，亦可隨意寫入　(D)兩者都是利用磁性來儲存資料。

(　　)19. 下列那一種 ROM，當資料寫入後，可用電能方式來清除
(A)PROM　(B)EPROM　(C)EEPROM　(D)罩幕式 ROM。

(　　)20. 一個含有 3 個輸入 4 個輸出的組合電路，若想用 ROM 來組合，則下列敘述何者是錯誤的　(A)可選用 $2^3 \times 4$ 容量的 ROM　(B)輸出端可配合 4 個 OR 閘來組合　(C)可選用 $2^4 \times 3$ 容量的 ROM　(D)輸出端可配合 4 個 NOR 閘來組合。

4 訊號處理電路

▷ 實習十三　類比－數位轉換器

▷ 實習十四　主動濾波器

▷ 單元測驗四

實習十三 類比-數位轉換器

一、實習目的

1. 瞭解 A/D 轉換器的的特性與工作原理。
2. 瞭解 D/A 轉換器的的特性與工作原理。

二、實習材料

電阻板上的電阻	330Ω×2　390Ω×3　470Ω×3　10kΩ×1
電阻	5kΩ×4
可變電阻	10kΩ×1
電容	150 pF×1　0.01 μF×1
發光二極體	紅色×8
IC	μA 741×1
IC	DAC 08 (或 DAC 0800~0802)×1
IC	ADC 0804 (或 ADC 0801~0803)×1

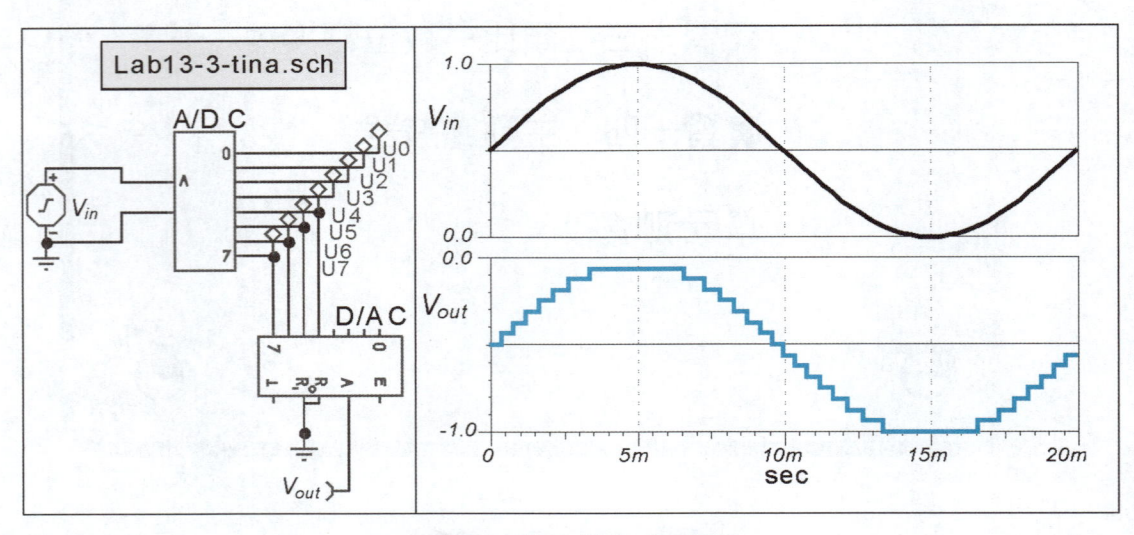

類比-數位轉換與波形

三 相關知識

(一) 類比/數位轉換

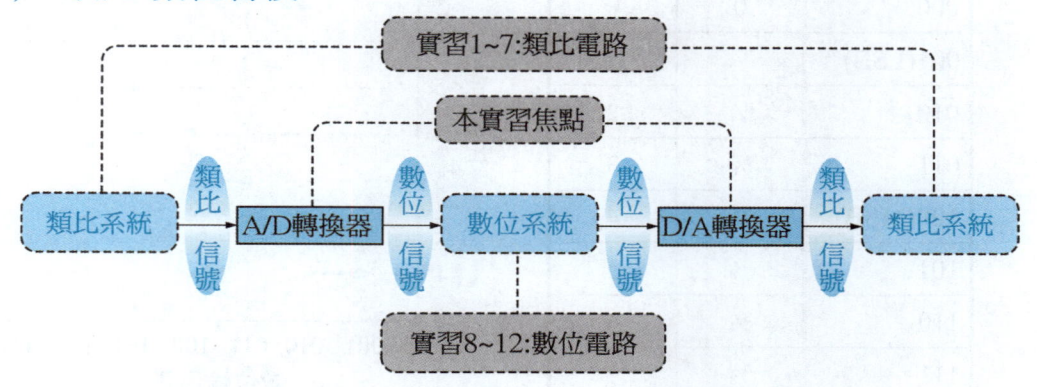

● 圖 13-1 類比-數位轉換方塊圖

　　類比-數位轉換方塊圖如圖 13-1 所示。以生產自動化為例，在生產過程中，檢測到的物理量為類比信號，經由 A/D 轉換器轉換成為數位信號後，傳送給數位系統(如微處理機)作處理、運算後送回數位的控制信號，此控制信號須經由 D/A 轉換器轉換成為類比信號才能驅動機具以達成自動控制的目的。

(二) D/A 轉換器

　　數位到類比轉換器(Digital-to-analog convertor, D/A C)是將數位輸入信號轉換為類比信號輸出的裝置，轉換時數位信號的位元數代表解析度(Resolution)。以解析度為 3 位元($N=3$)的 D/A 轉換器為例，如圖 13-2 所示，其最低位元 LSB(001)所對應的類比輸出電流為參考電流的 ⅛ ($I_{LSB} = \dfrac{I_{REF}}{2^N} = \dfrac{I_{REF}}{8}$)，因此每一數位步階產生 1 I_{LSB} 的輸出電流變化梯度，而類比輸出電流則為 $I_{out} = D \cdot I_{LSB}$，$D$ 為數位信號的十進制值。

數位輸入碼	類比輸出 (I_{REF})	類比輸出 (I_{LSB})
000	0	0
001(LSB)	⅛	1
010	¼	2
011	⅜	3
100(MSB)	½	4
101	⅝	5
110	¾	6
111	⅞	7

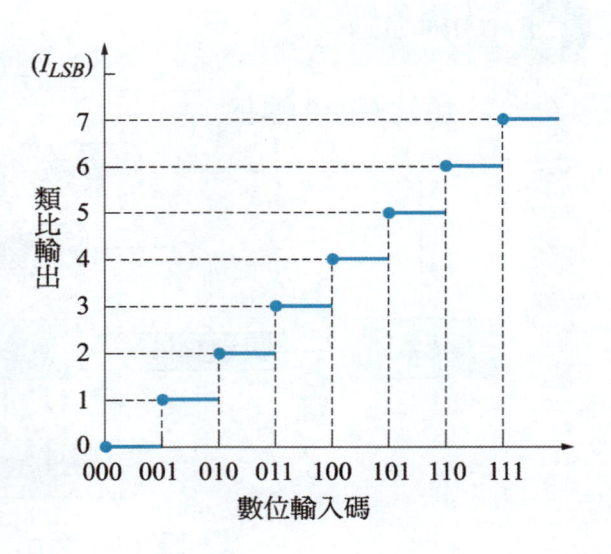

● 圖 13-2 D-A 轉換特性

以下介紹加權電阻型及 R-2R 階梯型兩種 D/A 轉換電路。

1. 加權電阻型 D/A 轉換電路

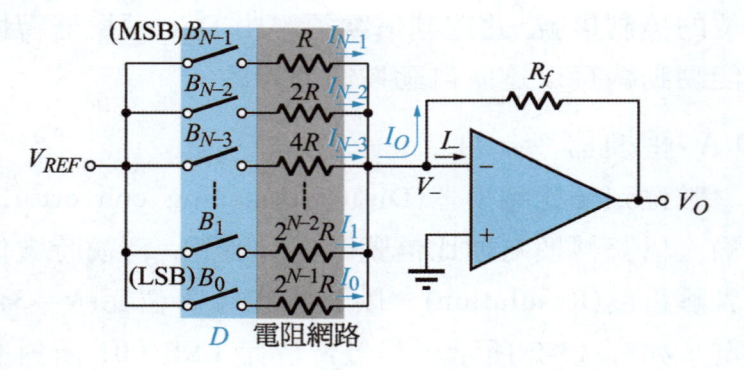

● 圖 13-3 加權電阻型 D/A 轉換電路

開關 B_0~ B_{N-1} 的「OFF 或 ON 狀態」代表二進制位元值的「0 或 1」，B_{N-1} 為最高位元(MSB)，B_0 為最低位元(LSB)。數位信號的十進制值為

$$D = (2^{N-1} \cdot B_{N-1} + 2^{N-2} \cdot B_{N-2} + \cdots + 2^1 \cdot B_1 + 2^0 \cdot B_0)$$

因為 OP Amp 在線性區工作具有虛接地($V_- = 0$)及虛斷路($I_- = 0$)的特性，故流過回授電阻 R_f 的總電流為

$$I_O = I_{N-1} + I_{N-2} + \cdots + I_1 + I_0$$
$$= \frac{V_{REF}}{R} \cdot B_{N-1} + \frac{V_{REF}}{2R} \cdot B_{N-2} + \cdots + \frac{V_{REF}}{2^{N-2}R} \cdot B_1 + \frac{V_{REF}}{2^{N-1}R} \cdot B_0$$
$$= \frac{V_{REF}}{2^{N-1}R}(2^{N-1} \cdot B_{N-1} + 2^{N-2} \cdot B_{N-2} + \cdots + 2^1 \cdot B_1 + 2^0 \cdot B_0)$$
$$= \frac{V_{REF}}{2^{N-1}R} \cdot D$$

若 $R_f = 2^{N-1}R$，則輸出電壓 $V_O = -I_O R_f = -V_{REF} \cdot D$。

2. **R-2R 階梯型 D/A 轉換電路**

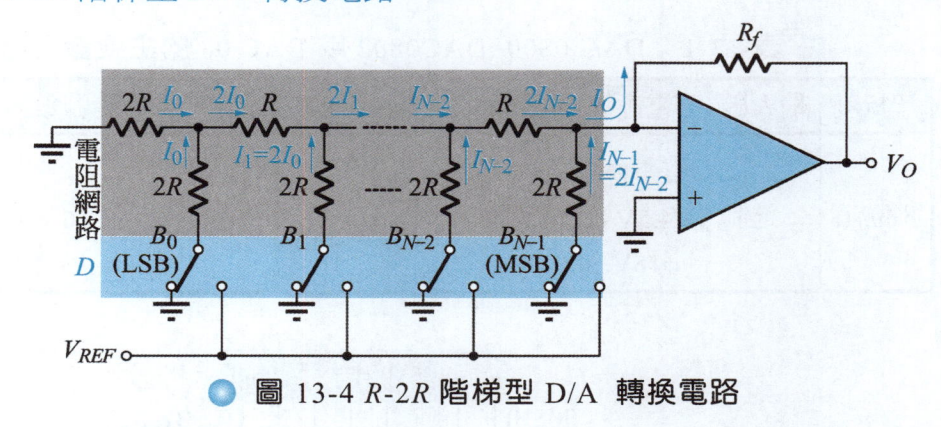

圖 13-4 R-2R 階梯型 D/A 轉換電路

加權電阻型的電阻網路(圖 13-3)所需電阻為「R、$2R$、$4R$、$\cdots$、$2^{N-1}R$」，每個電阻的大小均不相同，而 R-2R 階梯型的電阻網路(圖 13-4)只需用到 R 和 $2R$ 兩種電阻，所以大部份的 D/A 轉換器採用 R-2R 階梯型網路。圖 13-4 電路中，流過回授電阻 R_f 的總電流為

$$I_O = I_{N-1} + I_{N-2} + \cdots + I_1 + I_0 = I_{N-1} + \frac{I_{N-1}}{2^1} + \cdots + \frac{I_{N-1}}{2^{N-2}} + \frac{I_{N-1}}{2^{N-1}}$$
$$= (\frac{V_{REF}}{2R}) \cdot B_{N-1} + \frac{1}{2^1}(\frac{V_{REF}}{2R}) \cdot B_{N-2} + \cdots + \frac{1}{2^{N-2}}(\frac{V_{REF}}{2R}) \cdot B_1 + \frac{1}{2^{N-1}}(\frac{V_{REF}}{2R}) \cdot B_0$$
$$= \frac{V_{REF}}{2^N R}(2^{N-1} \cdot B_{---1} + 2^{N-2} \cdot B_{N-2} + \cdots + 2^1 \cdot B_1 + 2^0 \cdot B_0)$$
$$= \frac{V_{REF}}{2^N R} \cdot D$$

若 $R_f = R$，則輸出電壓
$$V_O = -I_O R = -V_{REF}(\frac{B_{N-1}}{2^1} + \frac{B_{N-2}}{2^2} + \cdots + \frac{B_1}{2^{N-1}} + \frac{B_0}{2^N})。$$

(三) DAC 0800(D/A 轉換器 IC)的接腳及功能說明

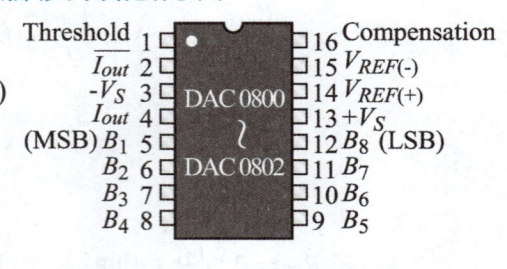

如圖 13-5 所示，國家半導體製造廠的 DAC 0800 系列(0800~0802)與其他製造廠的 DAC 08 接腳排列相同，可替換使用。主要參考規格如表 13-1 所示，其他詳細規格如元件的準確度可參考資料手冊。

● 圖 13-5 元件接腳圖

■ 表 13-1　DAC 0800~DAC0802 或 DAC 08 的主要參考特性

解析度	輸入碼	電源	輸出型式	輸出範圍	安定時間	接腳數	接腳排列
8 位元	二進制	雙電源 ±4.5V~ ±18V	電流輸出	0~I_{REF} I_{REF}=2mA	100ns	16	如圖 13-5

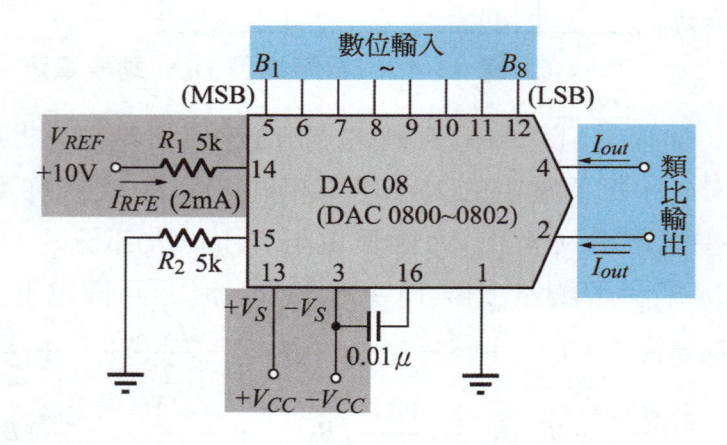

● 圖 13-6 電路圖

1. 腳 13($+V_S$)與腳 3($-V_S$)分別接正、負電源$\pm V_{CC}$，電源電壓範圍為 $\pm 4.5V \sim \pm 18V$。

2. 腳 14 外接參考電流 I_{REF} = 2 mA。

3. 腳 5-12 為二進制數位信號輸入端，具有 8 位元的解析度。可輸入從「$(0000\ 0000)_2 = (0)_{10}$」到「$(1111\ 1111)_2 = (255)_{10}$」共 $2^N = 256$ 種不同數值。

(1)腳 5(B_1)為最高位元(MSB)，腳 12(B_8)為最低位元(LSB)。

(2)輸入為「最低位元 LSB (0000 0001)」時的輸出電流為 $I_{LSB} = \dfrac{I_{REF}}{2^N} = \dfrac{2}{256}$ mA。

(3)輸入為「滿刻度(1111 1111)」時的輸出電流
$I_{FS} = I_{LSB} \cdot 255 = 1.992$ mA。

4. 腳 4(I_{out})與腳 2($\overline{I_{out}}$) 為類比信號(電流)輸出端，其電流方向都是由外部流進轉換器，且($I_{out} + \overline{I_{out}}$)為定值。各電流值分別為
$I_{out} = I_{LSB} \cdot D$、$\overline{I_{out}} = I_{LSB} \cdot (255-D)$ 及 $I_{out} + \overline{I_{out}} = I_{LSB} \cdot 255 = I_{FS}$。

(四) A/D 轉換器

類比到數位轉換器(Analog-to-digital convertor, A/D C)是將類比輸入信號轉換為數位信號輸出的裝置。如圖 13-7 所示，連續性的類比輸入電壓在數位化時，得到步階式的數位輸出碼，而數位輸出碼所代表的等效類比電壓與連續性的類比輸入電壓之間的差即為量化誤差(quantization error)。量化誤差隨輸入電壓呈週期性變化，最大值為 $\pm \frac{1}{2} LSB$。

類比輸入電壓(V)	數位輸出碼	數位碼等效類比電壓
$0.0<V_{in}<0.5$	000	0 V
$0.5<V_{in}<1.5$	001	1 V
$1.5<V_{in}<2.5$	010	2 V
$2.5<V_{in}<3.5$	011	3 V
$3.5<V_{in}<4.5$	100	4 V
$4.5<V_{in}<5.5$	101	5 V
$5.5<V_{in}<6.5$	110	6 V
$6.5<V_{in}<7.5$	111	7 V

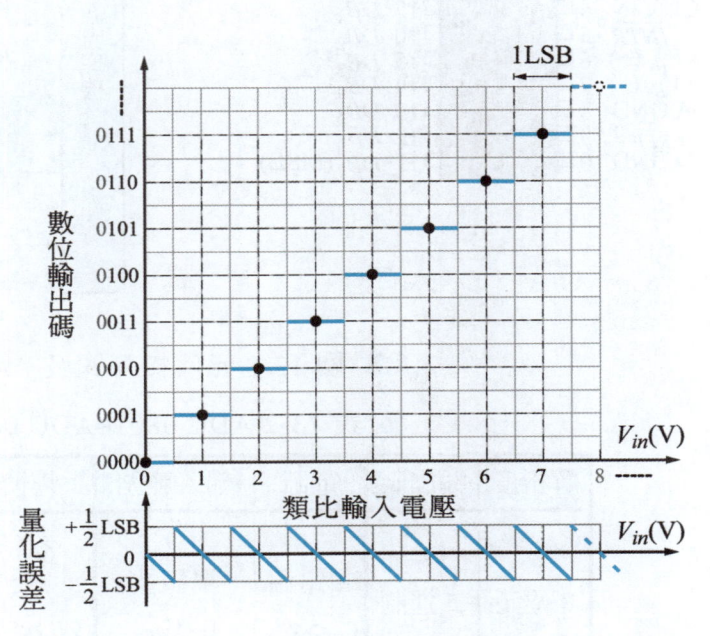

● 圖 13-7 A-D 轉換特性及量化誤差

在圖 13-7 中,假設解析度位元數 $N=3$ 位元,參考電壓 $V_{REF}=8V$,則最低位元 LSB(001)邏輯值改變所需的電壓變化量為 $1V(LSB=\frac{V_{REF}}{2^N})$。因類比信號的步階寬度為 1 LSB,所以當十進制數位輸出值為 D 時,

V_{in}(類比輸入電壓)$= D \cdot LSB \pm \frac{1}{2}LSB = D \pm 0.5$ (V),0.5V 為量化誤差。

(五) ADC 0801~ADC0804(A/D 轉換器 IC)的接腳及功能說明

兼具高解析度及高轉換速率優點的連續近似(Successive approximation)法為使用最廣的 A/D 轉換器,例如 ADC 0801~0804,如圖 13-8 所示。其主要參考規格如表 13-2 所示,詳細規格如元件的誤差可參考資料手冊。

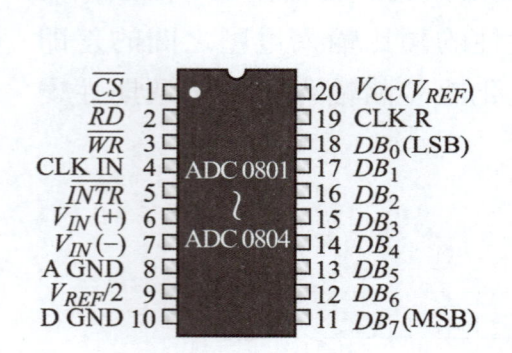

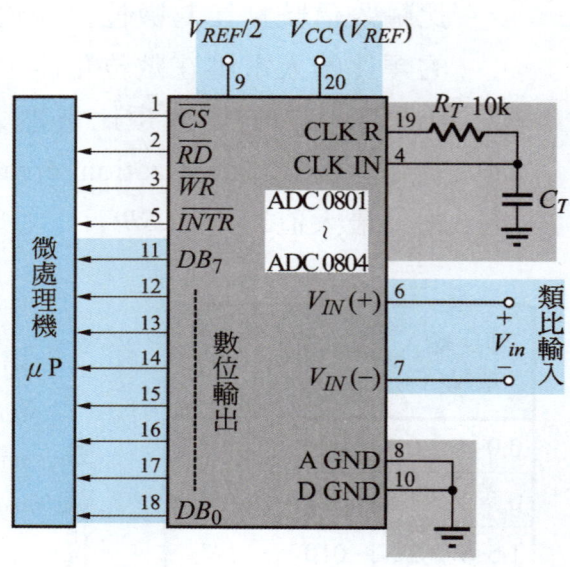

● 圖 13-8 元件接腳圖及 A/D 轉換電路圖

● 表 13-2 ADC 0801~ADC 0804 的參考特性

解析度	輸出碼	電源	輸入範圍	轉換時間 t_{conv}	接腳數	接腳排列
8 位元	二進制	單電源 +5V	單極性 $0 \sim V_{REF}$	$66 \sim 73 \frac{1}{f_{CLK}}$ ($f_{CLK}=640kHz$,$t_{conv}=114 \mu s$)	20	如圖 13-8

1. 腳 20 接正電源 V_{CC}，電源電壓範圍為 4.5V~6.3V。
2. 腳 9 外接二分之一的參考電壓(V_{REF}/2)，若不接電壓，則腳 20 的電源電壓成為參考電壓 V_{REF}。
3. 腳 6($V_{IN(+)}$)與腳 7($V_{IN(-)}$) 為類比信號輸入端。電壓信號採取差動方式輸入($V_{in}=[V_{IN(+)}-V_{IN(-)}]$)，可減少共模雜訊的影響。
4. 腳 11~18 為二進制數位信號輸出端。腳 11(DB_7)為最高位元(MSB)，腳 18(DB_0)為最低位元(LSB)，共具有 8 位元的解析度($N=8$)，可將輸入電壓分為 $2^8(=256)$ 個步階。

    例如當有一類比信號(V_{in})輸入範圍為 1V~2V 時，其接法如下：

    (1)因 $V_{IN(-)}=V_{in(min)}=1V$，故腳 7 須外接 1V。

    (2)經由腳 6 輸入類比信號，$V_{IN(+)}=V_{in}=$1~2V。

    (3)因 $V_{REF}=V_{in(max)}-V_{in(min)}=2-1=1V$，所以 $\dfrac{V_{REF}}{2}=0.5V$，故腳 9 須外接 0.5V。

    (4)解析度電壓為最低位元由邏輯 0 變成邏輯 1 的輸入電壓變化量

    $$LSB=\dfrac{V_{REF}}{2^N}=\dfrac{1}{256}=3.9mV。$$

    若腳 9 沒有外接電壓，則輸入電壓寬度由電源電壓決定($V_{REF}=V_{CC}=5V$)，因此輸入信號只能使用到 $\dfrac{1}{5}$ 的輸入電壓寬度而已，解析度也因此降低 5 倍（$LSB=\dfrac{5}{256}=19.5mV$）。

5. 腳 8 及腳 10 分別為類比及數位的接地端。
6. 時脈訊號可經由腳 4 (CLK IN) 外接輸入或是由內建時脈電路產生，如圖 13-5 所示。現將腳 4 接電容 C_T，腳 19 (CLK R)接電阻 R_T，即可獲得內建的時脈，其時脈頻率 $f_{CLK}\approx\dfrac{1}{1.1R_TC_T}$。轉換時間為完成一次類比信號轉換為數位信號所需的時間，代表 A/D 轉換器的轉換速率。ADC 0801~ADC 0804 的轉換時間為 66~73 個時脈週期($1/f_{CLK}$)。
7. 腳 1、2、3、5 分別為 $\overline{CS}$，$\overline{RD}$，$\overline{WR}$，$\overline{INTR}$ 控制信號端，使 A/D 轉換器可與微處理機(micro-processor, μP)相互配合使用。

四 實習步驟

工作項目一　D/A 轉換器

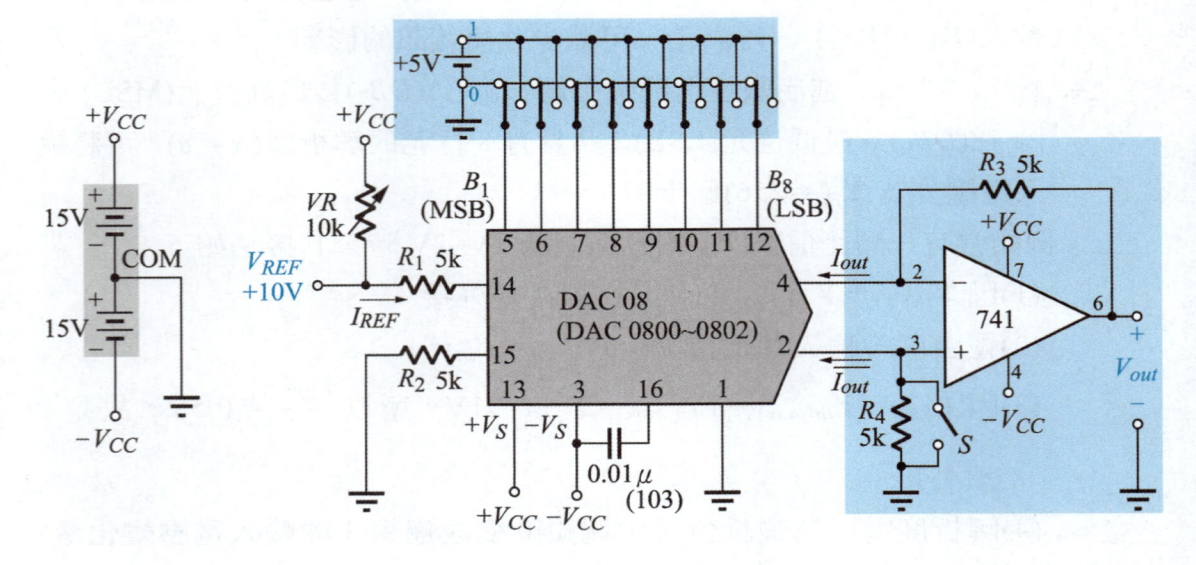

● 圖 13-9(a)　電路圖

● 圖 13-9(b)　接腳圖

(一)理論值

1. 第 5~12 接腳為二進制信號輸入端,其位元數 $N=8$,可代表 $2^N=256$ 種不同數值。

2. 二進制數位輸入碼轉為十進制值為

   $D = B_8 \cdot 2^0 + B_7 \cdot 2^1 + B_6 \cdot 2^2 + B_5 \cdot 2^3 + B_4 \cdot 2^4 +$
   $B_3 \cdot 2^5 + B_2 \cdot 2^6 + B_1 \cdot 2^7$

3. 參考電流 $I_{REF} = \dfrac{V_{REF}}{R_1} = 10/5k = 2$ mA。

4. 最低位元的電流變化量 $I_{LSB} = \dfrac{I_{REF}}{2^N} = \dfrac{I_{REF}}{256} = \dfrac{2m}{256} = 7.8125 \mu A$。

5. 滿刻度的輸出電流 $I_{FS} = \dfrac{I_{REF}}{2^N} D_{max} = I_{LSB} \cdot 255 = 1.992$ mA。

   滿刻度的輸出電壓 $V_{FS} = I_{FS} \cdot R_1 = 1.992m \cdot 5k = 9.96$ V。

6. 輸出電流 $I_{out}=I_{LSB} \cdot D$，$\overline{I_{out}}=I_{LSB} \cdot (255-D)$，$I_{out}+\overline{I_{out}}=I_{LSB} \cdot 255=I_{FS}$。

7. (1)因為 OP Amp 的虛短路特性，故 $V_-=V_+=-\overline{I_{out}} \cdot R_4$；
   (2)因為 OP Amp 的虛斷路特性，故 $I_{out}=I_{R3}$，$\overline{I_{out}}=I_{R4}$。

8. **狀況 1** 雙極性電壓輸出：接 R_4，則 $R_4=R_3=R_1=5\text{k}\Omega$，得

   最低位元的電壓變化量 $V_{LSB}=2 \cdot \dfrac{V_{REF}}{2^N}=2 \cdot \dfrac{I_{REF}R_1}{2^N}=2 \cdot I_{LSB} \cdot R_1$
   $=78.125\text{mV}$。

   輸出電壓 $V_{out}=V_{R3}+V_-=I_{out} \cdot R_3 - \overline{I_{out}} \cdot R_4=(I_{LSB} \cdot D - I_{LSB} \cdot (255-D)) \cdot R_1=(2 \cdot I_{LSB} \cdot D - I_{FS}) \cdot R_1 = V_{LSB} \cdot D - V_{FS}$

   例如 輸入數位信號為「$D=(1000\ 0000)_2=1 \times 2^7=128$」時，
   得輸出電壓為 $V_{out}=78.125\text{m} \times 128 - 9.96 = 0.04\text{V}$。

   狀況 2 單極性電壓輸出：將 R_4 短接，則 $R_4=0$，$V_-=V_+=0$，得

   最低位元的電壓變化量 $V_{LSB}=\dfrac{V_{REF}}{2^N}=39.06\text{mV}$。

   輸出電壓 $V_{out}=V_{R3}+0=I_{out} \cdot R_3=(I_{LSB} \cdot D) \cdot 5\text{k}=V_{LSB} \cdot D$

   例如 輸入數位信號為「$D=(1000\ 0000)_2=1 \times 2^7=128$」時，
   得輸出電壓為 $V_{out}=39.06\text{m} \times 128 = 5.0\text{V}$

(二) 實測值

1. 按圖 13-9 接線，由電源供應器的【Tracking】模式提供雙電源 $\pm V_{CC}= \pm 15\text{V}$，並調整可變電阻 VR 使 $V_{REF}=+10\text{ V}$。

2. 根據表 13-3 (狀況 1)及表 13-4 (狀況 2)之數位信號的各位元輸入要求，將第 5 腳(MSB)至第 12 腳(LSB)分別接共地點(邏輯 0)或接 +5V(邏輯 1)，並以三用電表 DCV 檔測量 V_{out}，完成各表之記錄。

3. 根據「表 13-3 (狀況 1)及表 13-4 (狀況 2)實測所得各點(D，V_{out})」繪製成「D-A 轉換特性曲線」於圖 13-10 及圖 13-11 中。

狀況 1 雙極性電壓輸出：接 R_4 (S→OFF)

■ 表 13-3 工作項目一狀況 1 的測量結果

腳 5 MSB	腳 6	腳 7	腳 8	腳 9	腳 10	腳 11	腳 12 LSB	V_{out}(V) 實測值	十進位 D	V_{out}(V) 理論值 78.13m·D－9.96＝
1	1	1	1	1	1	1	1		255	[9.96]
1	1	1	1	1	1	1	0		254	[9.88]
1	1	1	1	0	0	0	0		240	[8.79]
1	1	1	0	0	0	0	0		224	[7.54]
1	1	0	0	0	0	0	0		192	[5.04]
1	0	0	0	0	0	0	0		128	[0.04]
0	1	1	1	1	1	1	1		127	[－0.04]
0	0	1	1	1	1	1	1		63	[－5.04]
0	0	0	1	1	1	1	1		31	[－7.54]
0	0	0	0	1	1	1	1		15	[－8.79]
0	0	0	0	0	0	0	1		1	[－9.88]
0	0	0	0	0	0	0	0		0	[－9.96]

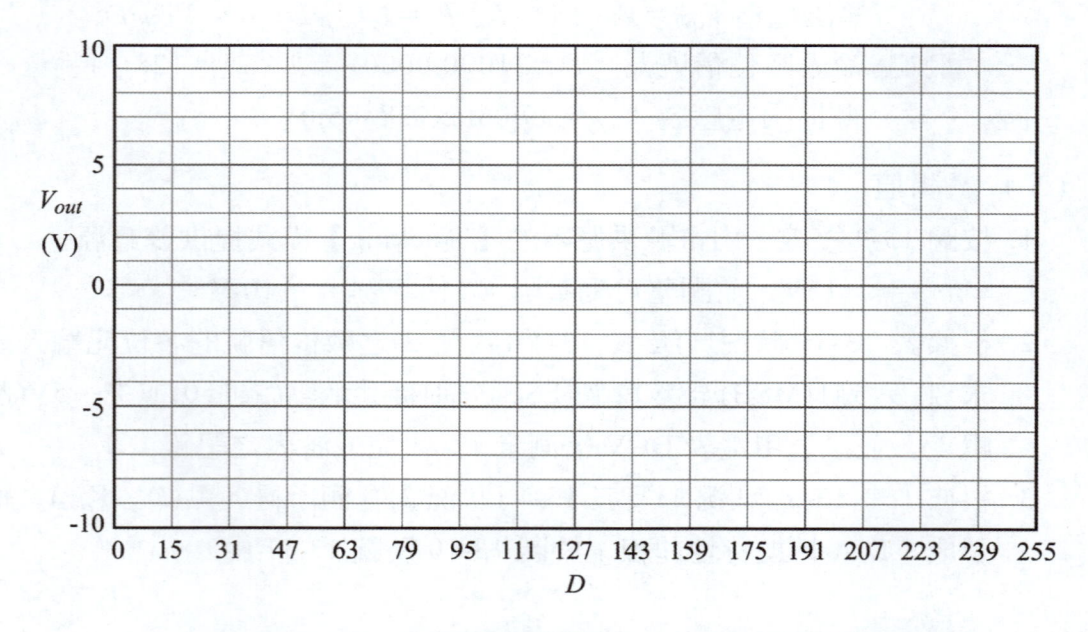

● 圖 13-10 根據表 13-3 繪製成的 D/A 轉換特性曲線

狀況 2 單極性正電壓輸出：R_4 短接(S→ON)

表 13-4 工作項目一狀況 2 的測量結果

腳 5 MSB	腳 6	腳 7	腳 8	腳 9	腳 10	腳 11	腳 12 LSB	V_{out}(V) 實測值	十進位 D	V_{out}(V) 理論值 39.06m·D＝
1	1	1	1	1	1	1	1		255	[9.96]
1	1	1	1	1	1	1	0		254	[9.92]
1	1	1	1	0	0	0	0		240	[9.37]
1	1	1	0	0	0	0	0		224	[8.75]
1	1	0	0	0	0	0	0		192	[7.5]
1	0	0	0	0	0	0	0		128	[5]
0	1	1	1	1	1	1	1		127	[4.96]
0	0	1	1	1	1	1	1		63	[2.46]
0	0	0	1	1	1	1	1		31	[1.21]
0	0	0	0	1	1	1	1		15	[0.59]
0	0	0	0	0	0	0	1		1	[0.04]
0	0	0	0	0	0	0	0		0	[0]

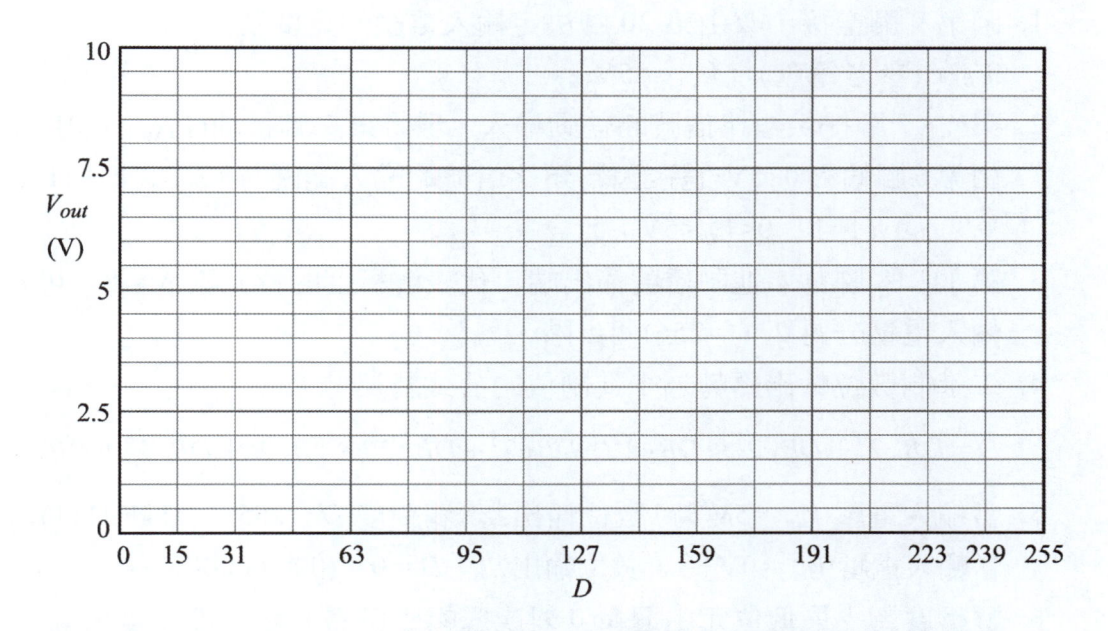

圖 13-11 根據表 13-4 繪製成的 D-A 轉換特性曲線

工作項目二　A/D 轉換器

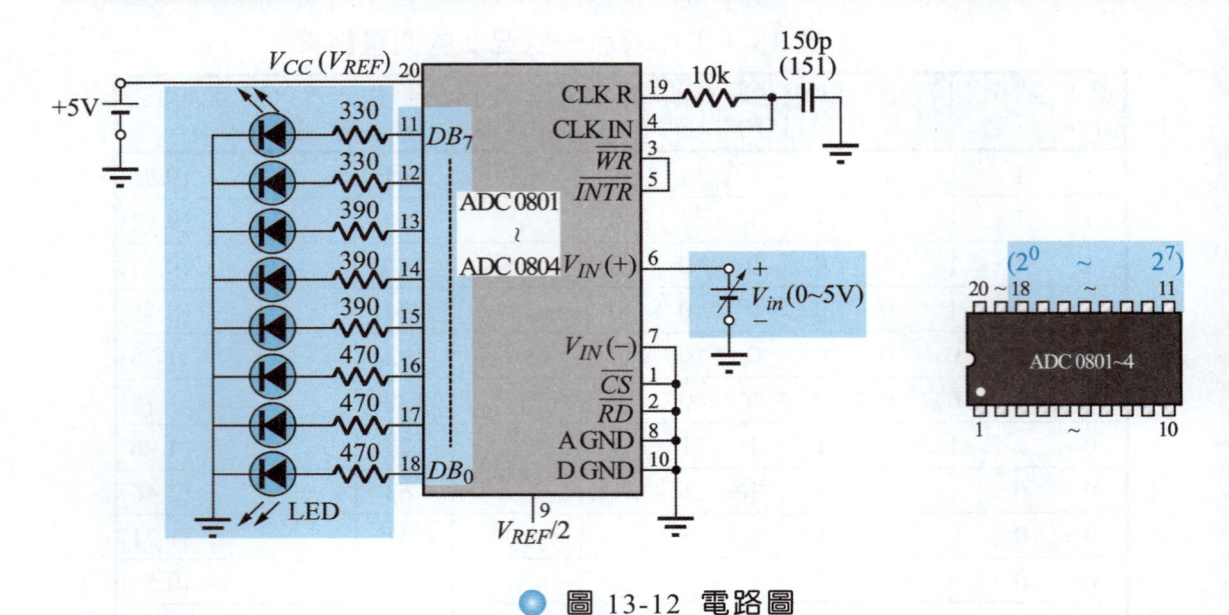

● 圖 13-12 電路圖

(一) 理論值

1. 因第 9 腳空接，改由第 20 腳決定輸入電壓的寬度為
   V_{REF} (參考電壓) $= V_{CC} = 5V$。

2. 第 6、7 腳提供類比信號的差動輸入，現將第 7 腳接地($V_{IN(-)} = 0$)，經由第 6 腳輸入 0~5V。(註：因為類比信號的輸入範圍為 $V_{IN(-)} < V_{in} < (V_{IN(-)} + V_{REF})$，所以 $0 < V_{in} < 5V$。)

3. 第 11~18 腳為二進制信號輸出端，代表解析度的位元數 $N = 8$，可將輸入電壓分為 $2^N (=256)$ 個步階。

4. 二進制數位輸出碼轉為十進制值的公式為

   $D = DB_0 \cdot 2^0 + DB_1 \cdot 2^1 + DB_2 \cdot 2^2 + DB_3 \cdot 2^3 + DB_4 \cdot 2^4 + DB_5 \cdot 2^5 + DB_6 \cdot 2^6 + DB_7 \cdot 2^7$

5. 當輸入電壓 $V_{in} = 5V$ 時，數位輸出為「滿刻度 $D = 255 = (1111\ 1111)_2$」；當輸入電壓 $V_{in} = 0V$ 時，數位輸出為「$D = 0 = (0000\ 0000)_2$」。

6. 解析度為「最低位元由邏輯 0 變成邏輯 1 所需的輸入電壓變化量」
   $LSB = \dfrac{V_{REF}}{2^N} = \dfrac{V_{CC}}{256} = 5/256 = 19.53\text{mV}$。

7. 若數位輸出值為 D，則 V_{in}（輸入電壓）＝ $D \cdot LSB$ ±½LSB，量化誤差為½LSB。在實作測量時還須考慮元件誤差(例如 ADC0804 的元件誤差為 1 LSB)。

(二) 實測值

1. 按圖 13-12 接線，第 20 腳由電源供應器提供固定＋5V，第 6 腳由電源供應器提供可調電壓 V_{in}(0<V_{in}<5V)。

2. 第 11~18 腳所接的 LED 若暗，則代表輸出邏輯 0，LED 若亮，則代表輸出邏輯 1。調整輸入電壓大小，使 LED 的「亮/暗」符合表 13-5 之各位元的「0/1」要求，並以三用電表 DCV 檔測量 V_{in}，完成記錄於表 13-5 中。

3. 根據「表 13-5 實測所得各點 (V_{in}，D)」繪製成「A/D 轉換曲線」於圖 13-13 中。

■ 表 13-5 工作項目二的測量結果

腳 11 MSB	腳 12	腳 13	腳 14	腳 15	腳 16	腳 17	腳 18 LSB	V_{in}(V) 實測值	十進位 D	V_{in}(V)理論值 19.53m·D＝
1	1	1	1	1	1	1	1		255	[4.98]
1	1	1	1	0	0	0	0		240	[4.69]
1	1	1	0	0	0	0	0		224	[4.37]
1	1	0	0	0	0	0	0		192	[3.75]
1	0	1	0	0	0	0	0		160	[3.15]
1	0	0	0	0	0	0	0		128	[2.5]
0	1	1	0	0	0	0	0		96	[1.87]
0	1	0	0	0	0	0	0		64	[1.23]
0	0	1	0	0	0	0	0		32	[0.625]
0	0	0	1	0	0	0	0		16	[0.31]
0	0	0	0	0	0	0	1		1	[0.02]
0	0	0	0	0	0	0	0		0	[0]

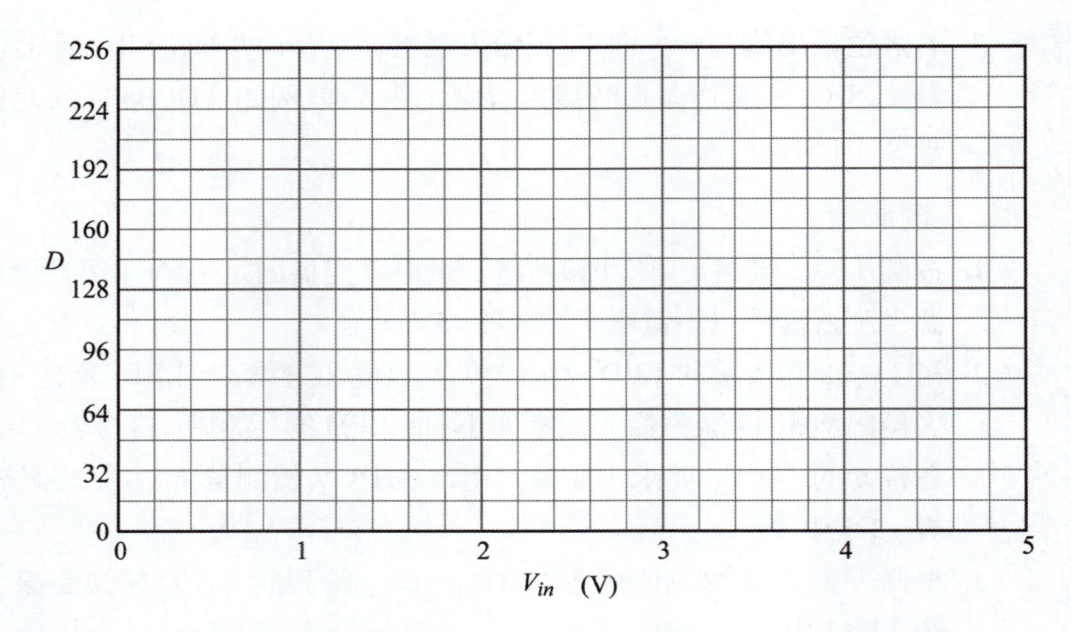

● 圖 13-13 根據表 13-5 繪製成的 A/D 轉換曲線

五 問題與討論

1. 整理工作項目一 D/A 轉換器的狀況 1(雙極性)實測值於表 13-7，並回答下列問題：

   (1) 根據下列公式，計算數位輸入信號的十進制值於表 13-7

   $$D = B_1 \cdot 2^7 + B_2 \cdot 2^6 + B_3 \cdot 2^5 + B_4 \cdot 2^4 + B_5 \cdot 2^3 + B_6 \cdot 2^2 + B_7 \cdot 2^1 + B_8 \cdot 2^0$$

   (2) 解析度的位元數 $N =$ ＿＿位元，參考電壓 $V_{REF} =$ ＿＿＿＿V。

   (3)「最低位元 LSB(0000 0001)」邏輯值改變時的電壓變化量等於輸出電壓的步階寬度($V_{LSB} = \dfrac{2 \cdot V_{REF}}{2^N} =$ ＿＿＿＿＿V)與實測值 ($V_{128} - V_{127} =$ ＿＿＿＿V)是否近似？

   ■ 表 13-7 工作項目一狀況 1 實測值的整理

B_1 MSB	B_2	B_3	B_4	B_5	B_6	B_7	B_8 LSB	十進位 D	V_{out} 實測值(V)
1	0	0	0	0	0	0	0		$V_{128} =$
0	1	1	1	1	1	1	1		$V_{127} =$

2. 整理工作項目一 D/A 轉換器的狀況 2(單極性)實測值於表 13-8，並回答下列問題：

   (1) 解析度的位元數 $N =$ ＿＿位元，參考電壓 $V_{REF} =$ ＿＿＿＿V。

   (2)「最低位元 LSB(0000 0001)」邏輯值改變時的電壓變化量 ($V_{LSB} = \dfrac{V_{REF}}{2^N} =$ ＿＿＿＿V)與實測值(＿＿＿＿V)是否近似？

   (3) 對應於「MSB(1000 0000)數位輸入」的輸出電壓 ($V_{MSB} = V_{LSB} \cdot 2^{N-1} = \dfrac{V_{REF}}{2} =$ ＿＿＿＿V)與實測值(＿＿＿＿V)是否近似？

   (4)「滿刻度(1111 1111)」的輸出電壓 ($V_{FS} = V_{LSB} \cdot (2^N - 1) = V_{LSB} \cdot 255 =$ ＿＿＿＿V)，與實測值(＿＿＿＿V)是否近似？

■ 表 13-8 工作項目一狀況 2 實測值的整理

B_1 MSB	B_2	B_3	B_4	B_5	B_6	B_7	B_8 LSB	十進位 D	V_{out} 實測值(V)
1	1	1	1	1	1	1	1	255	$V_{FS}=$
1	0	0	0	0	0	0	0	128	$V_{MSB}=$
0	0	0	0	0	0	0	1	1	$V_{LSB}=$

3. 整理工作項目二 A/D 轉換器的實測值於表 13-9，並回答下列問題：
   (1) 解析度的位元數 N＝＿＿位元，參考電壓 V_{REF}＝＿＿＿V。
   (2)「最低位元 LSB(0000 0001)」邏輯值改變時的電壓變化量
   ($LSB = \dfrac{V_{REF}}{2^N}$ ＝＿＿＿V)與實測值(＿＿＿V)是否近似？
   (3)「MSB(1000 0000)」的輸入電壓($V_{MSB} = \dfrac{V_{REF}}{2}$ ＝＿＿＿V)與實測值(＿＿＿V)是否近似？
   (4)「滿刻度(1111 1111)」的輸入電壓(V_{FS}＝255·LSB＝＿＿＿V)，與實測值(＿＿＿V)是否近似？

■ 表 13-9 工作項目二實測值的整理

DB_7 MSB	DB_6	DB_5	DB_4	DB_3	DB_2	DB_1	DB_0 LSB	十進位 D	V_{in} 實測值(V)
1	1	1	1	1	1	1	1	255	$V_{FS}=$＿＿
1	0	0	0	0	0	0	0	128	$V_{MSB}=$＿＿
0	0	0	0	0	0	0	1	1	LSB＝＿＿
0	0	0	0	0	0	0	0	0	

實習十四　主動濾波器

一　實習目的

1. 瞭解以運算放大器與 R，C 元件所組成主動濾波器的特性。
2. 瞭解高通、低通主動濾波器以及巴特沃茲響應的工作原理以及特性。

二　實習材料

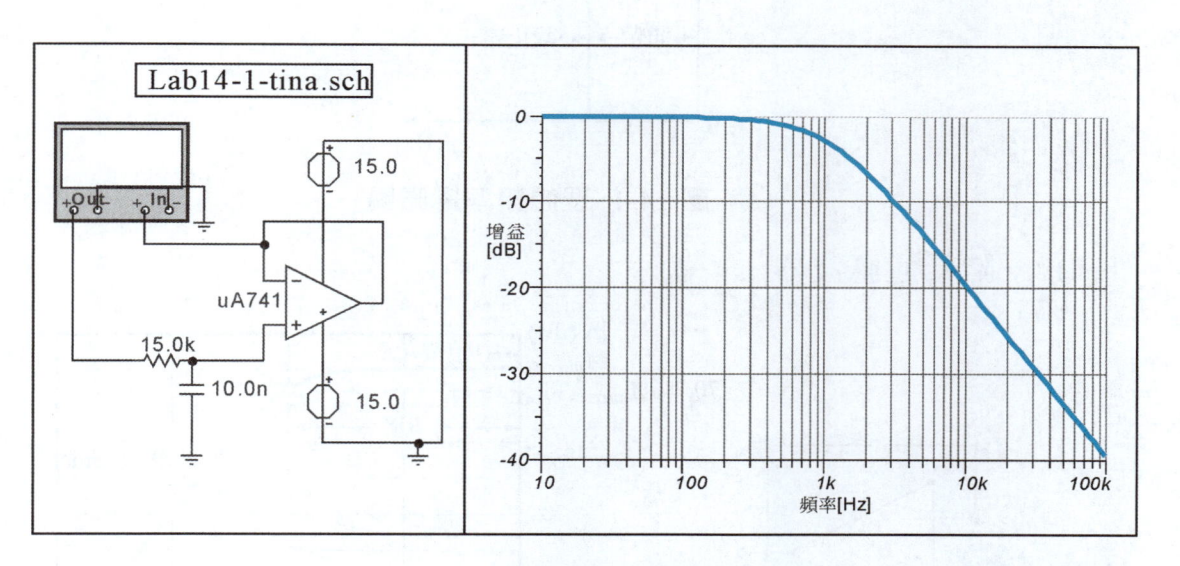

電阻板上的電阻	3.3kΩ×1　　5.6kΩ×1　　15kΩ×2
電容	0.01μF(103)×2
IC	μA741×1

一階低通主動濾波器

三、相關知識

(一) 主動 RC 濾波器

主動 RC 濾波器是由電晶體，運算放大器等主動元件與 R、C 被動元件組成，其優點包括：

1. 電路不使用大電感，使濾波器可以製作成小型的積體電路。
2. 利用放大器提供的信號增益可以彌補信號衰減的問題。
3. 運算放大器的高輸入電阻及低輸出電阻，可作為阻抗匹配以降低負載效應。
4. 多階濾波可使「截止帶與通帶之交接處」有更垂直邊緣的頻率響應特性，如圖 14-1 所示。

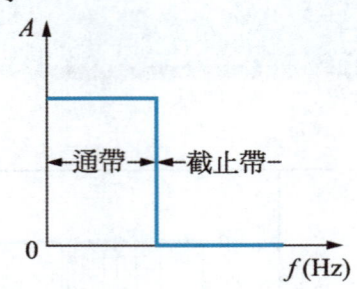

● 圖 14-1 理想頻率響應圖

(二) 一階低通濾波器

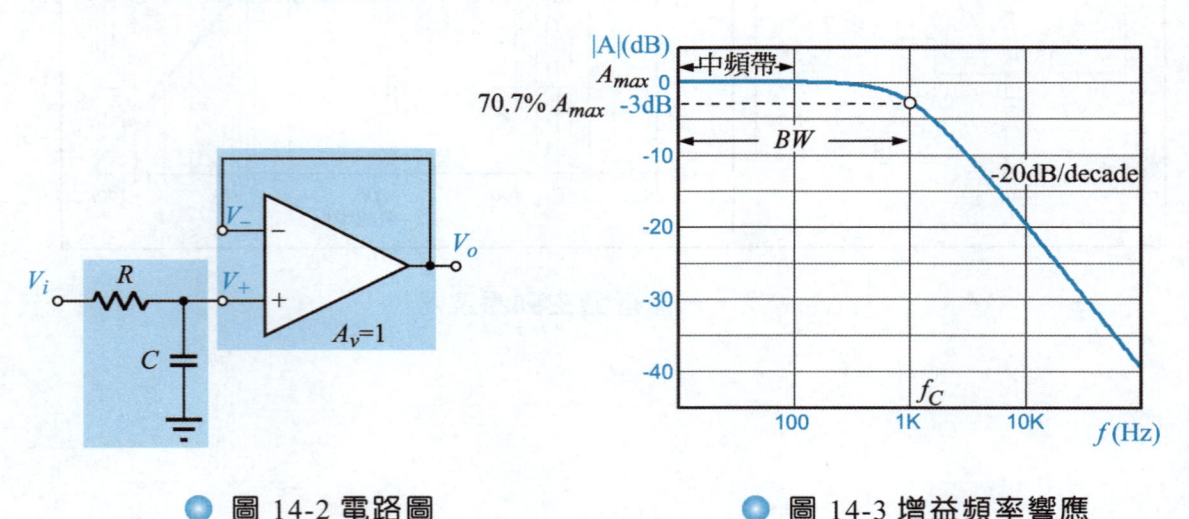

● 圖 14-2 電路圖　　　　● 圖 14-3 增益頻率響應

一階低通濾波器如圖 14-2 所示，其電路特性為

1. **中頻帶增益**：中頻帶為放大器保持最大增益的頻率範圍。在中頻帶區內的增益即為中頻帶增益，不受頻率變化的影響。於圖 14-2 電路中，因為輸出 $V_o = V_- = V_+$（虛短路），所以中頻帶電壓增益等於 1。

$$A_v = \frac{V_o}{V_+} = 1 \quad (電壓隨耦器)$$

2. **臨界頻率**：放大器輸出為最大輸出(中頻帶)的 70.7%（或 $-3dB$）時的頻率。於 RC 網路的臨界頻率為 $\omega_C = 2\pi f_C = \frac{1}{RC}$，$f_C = \frac{1}{2\pi RC}$。

3. **輸出電壓**：由分壓定理得

$$V_o = \frac{Z_C}{Z_R + Z_C} V_i = \frac{\frac{1}{j\omega C}}{R + \frac{1}{j\omega C}} V_i = \frac{1}{1 + j\omega RC} V_i = \frac{1}{1 + j\frac{\omega}{\omega_C}} V_i 。$$

4. **電壓增益**：

$$A = \frac{V_o}{V_i} = \frac{1}{1 + j\frac{\omega}{\omega_C}} = \frac{1}{1 + j\frac{f}{f_C}}，其絕對值 \quad |A| = \frac{1}{\sqrt{1 + (\frac{f}{f_C})^2}} 。$$

5. **增益頻率響應**：如圖 14-3 所示。

    (1) 在低頻時 ($f \to 0$)，得最大的 $|A| = 1 = 0$ dB（中頻帶增益），故為低通濾波器。

    (2) 在臨界頻率時 $f = f_C$，得 $|A| = \frac{1}{\sqrt{1+1}} = \frac{1}{\sqrt{2}} = 0.707 = -3dB$。此時輸出電壓為最大輸出電壓值的 70.7%，較中頻帶增益低 3dB。

    (3) 頻帶寬度 $BW = f_C - 0 = f_C$。

    (4) 當 $f > f_C$ 時，電壓增益每十倍頻下降 20dB。

$$|A| \doteqdot \frac{f_C}{f} = \frac{1}{10} = -20dB$$

(三) 一階高通濾波器

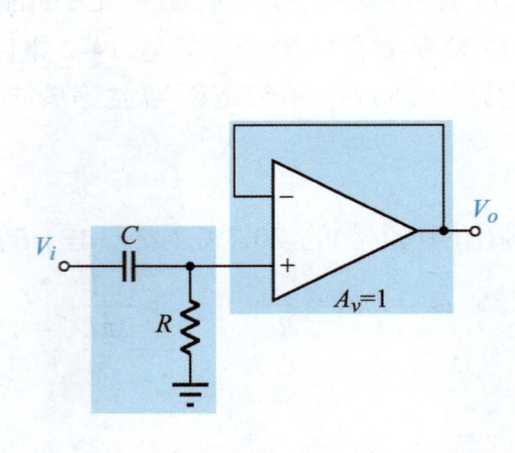

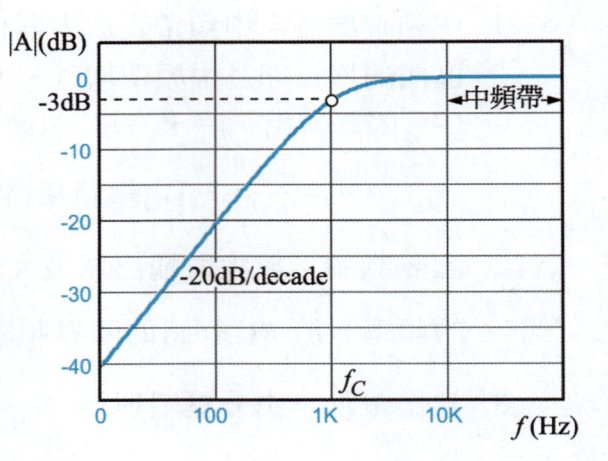

● 圖 14-4 電路圖

● 圖 14-5 增益頻率響應

一階高通濾波器如圖 14-4 所示，其電路特性為

1. **中頻帶增益**：運算放大器的閉迴路電壓增益 $A_v = \dfrac{V_o}{V_+} = 1$。

2. **臨界頻率**：RC 網路的臨界頻率為

$$\omega_C = 2\pi f_C = \frac{1}{RC} \text{ , } f_C = \frac{1}{2\pi RC} \text{ 。}$$

3. **輸出電壓**：由分壓定理得

$$V_o = \frac{Z_R}{Z_R + Z_C} V_i = \frac{R}{R + \dfrac{1}{j\omega C}} V_i = \frac{1}{1 - j\dfrac{1}{\omega RC}} V_i = \frac{1}{1 - j\dfrac{\omega_C}{\omega}} V_i \text{ 。}$$

4. **電壓增益**：

$$A = \frac{V_o}{V_i} = \frac{1}{1 - j\dfrac{\omega_C}{\omega}} = \frac{1}{1 - j\dfrac{f_C}{f}} \text{，其絕對值 } |A| = \frac{1}{\sqrt{1 + \left(\dfrac{f_C}{f}\right)^2}} \text{ 。}$$

5. **增益頻率響應**：如圖 14-5 所示。

   (1) 在高頻時($f \to \infty$)，得最大的 $|A| = 1 = 0$ dB (中頻帶增益)，故為高通濾波器。

(2) 在臨界頻率時 $f=f_C$，得 $|A| = \dfrac{1}{\sqrt{1+1}} = \dfrac{1}{\sqrt{2}} = 0.707 = -3\text{dB}$。

此時輸出電壓為輸出電壓最大值的 70.7%，較中頻帶增益低 3dB。

(3) 當 $f > f_C$ 時，電路最高工作頻率受限於主動元件運算放大器的功率頻寬 $f_{\max} = \dfrac{S_R}{2\pi V_P}$，$S_R$ 為轉換率，V_P 為輸出弦波電壓的峰值。

(4) 當 $f < f_C$ 時，電壓增益每十倍頻下降 20dB，

$|A| \simeq \dfrac{f}{f_C} = \dfrac{1}{10} = -20\text{dB}$。

(四) 二階低通濾波器

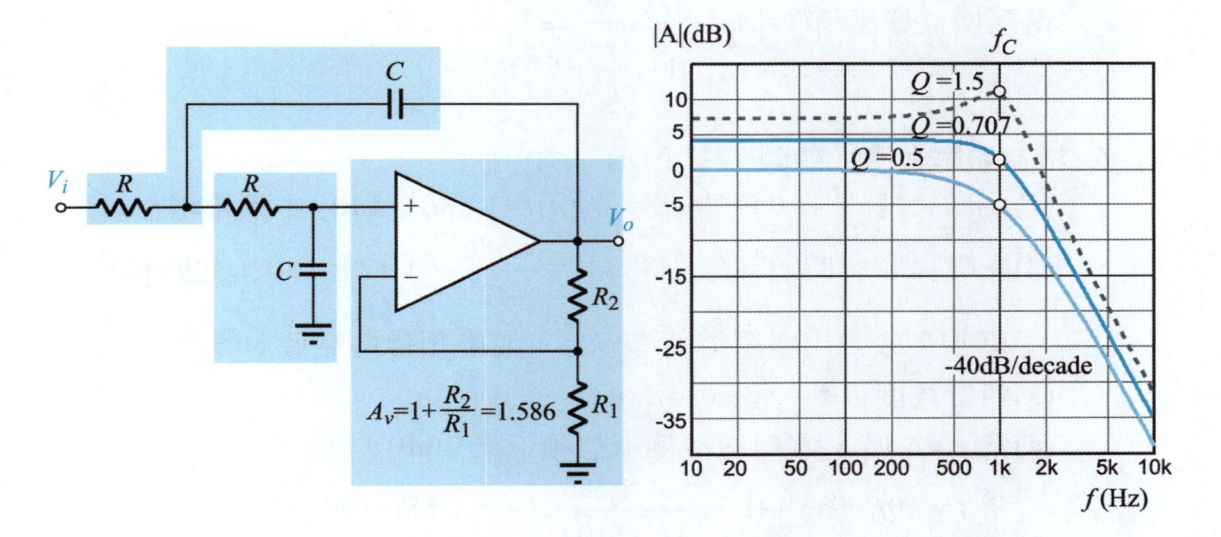

● 圖 14-6 電路圖　　　　● 圖 14-7 增益頻率響應

如圖 14-6 所示，以兩對 RC 低通旁路形成二階低通濾波器，其電路特性

1. 品質因數 $Q = \dfrac{1}{\text{阻尼因數}(DF)}$，其中阻尼因數由負回授網路決定

    $DF = 2 - \dfrac{R_2}{R_1}$。

2. 運算放大器的閉迴路電壓增益

    非反相放大之 $A_v = \dfrac{V_o}{V_+} = 1 + \dfrac{R_2}{R_1} = 3 - DF$

3. 二階巴特沃茲〔Butterworth〕響應

   在二階主動濾波器中,當阻尼因數 $DF=1.414$ ($A_v=3-DF=1.586$,$Q=DF^{-1}=0.707$) 時,其響應最為平坦(如圖 14-7),稱之為巴特沃茲響應。

4. 臨界頻率 $f_C=\dfrac{\omega_C}{2\pi}=\dfrac{1}{2\pi\sqrt{RCRC}}=\dfrac{1}{2\pi RC}$。

5. 電壓轉換函數一般式

   $$T(s)=\dfrac{V_o(s)}{V_i(s)}=\dfrac{a\cdot\omega_C^2}{s^2+\left(\dfrac{\omega_C}{Q}\right)s+\omega_C^2}$$,a 為閉迴路電壓增益($a=1.586$)。

   電壓增益響應 $|T|=|A|=\dfrac{1.586}{\sqrt{1+(\dfrac{f}{f_C})^{2N}}}$,$N=2$ 階。

6. 增益頻率響應,如圖 14-7 所示

   (1) 在低頻時($f\to 0$),得最大的 $|A|=1.586=4\text{dB}$ (中頻帶增益)。

   (2) 在臨界頻率時 $f=f_C$,得 $|A|=\dfrac{1.586}{\sqrt{2}}=1.12=1\text{dB}$。此時輸出電壓為最大輸出電壓值的 70.7%,較中頻帶增益低 3dB。

   (3) 頻帶寬度 $BW=f_C-0=f_C$。

   (4) 當 $f>f_C$ 時,電壓增益每十倍頻下降 40dB,

   當 $f=10f_C$ 時,$|A|=\dfrac{1.586}{\sqrt{1+(\dfrac{10f_C}{f_C})^4}}=1.586/100$

   $=4\text{dB}-40\text{dB}=-36\text{dB}$。

(五) 二階高通濾波器

如圖 14-8 所示,二階巴特沃茲高通濾波器的電路特性為

1. 二階巴特沃茲高通濾波器電壓轉換函數一般式

   $$T(s)=\dfrac{V_o(s)}{V_i(s)}=\dfrac{a\cdot s^2}{s^2+\left(\dfrac{\omega_C}{Q}\right)s+\omega_C^2}$$,閉迴路增益 $a=1+\dfrac{R_2}{R_1}=1.586$,

電壓增益響應 $|T|=|A|=\dfrac{1.586}{\sqrt{1+(\dfrac{f_C}{f})^{2N}}}$ ，$N=2$ 階。

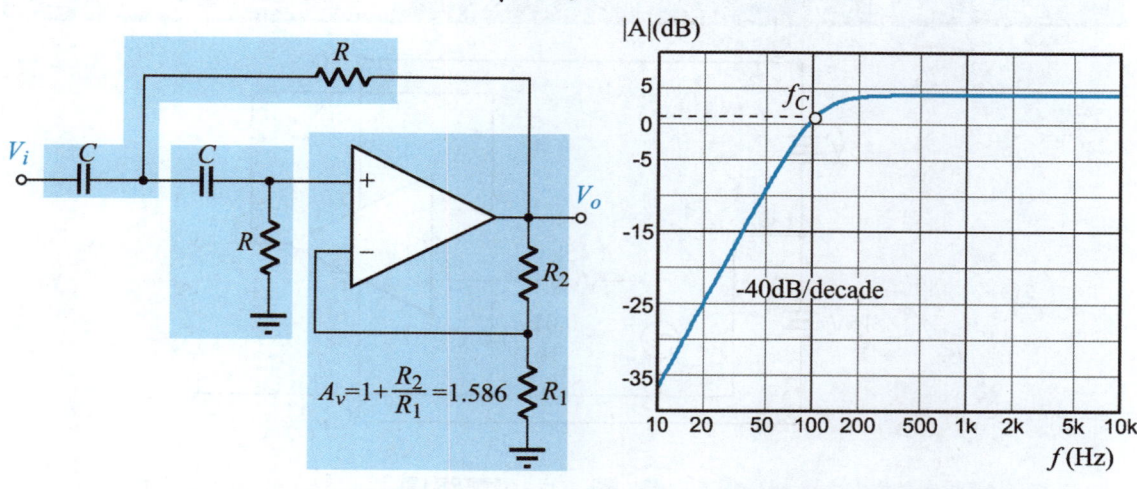

● 圖 14-8 電路圖

● 圖 14-9 增益頻率響應

2. 增益頻率響應，如圖 14-9 所示。

(1)在高頻時($f \to \infty$)，得最大的 $|A|=1.586=4$ dB (中頻帶增益)。

(2)在臨界頻率時 $f=f_C=\dfrac{1}{2\pi RC}$ ，得 $|A|=\dfrac{1.586}{\sqrt{2}}=1.12=1$ dB。此時

輸出電壓為最大輸出電壓值的 70.7%，較中頻帶增益低 3dB。

(3)當 $f<f_C$ 時，電壓增益每十倍頻下降 40dB，

當 $f=0.1f_C$ 時，

$|A|=\dfrac{1.586}{\sqrt{1+(\dfrac{f_C}{0.1f_C})^4}}=1.586/100=4\text{dB}-40\text{dB}=-36\text{dB}$。

四 實習步驟

工作項目一　一階低通濾波器

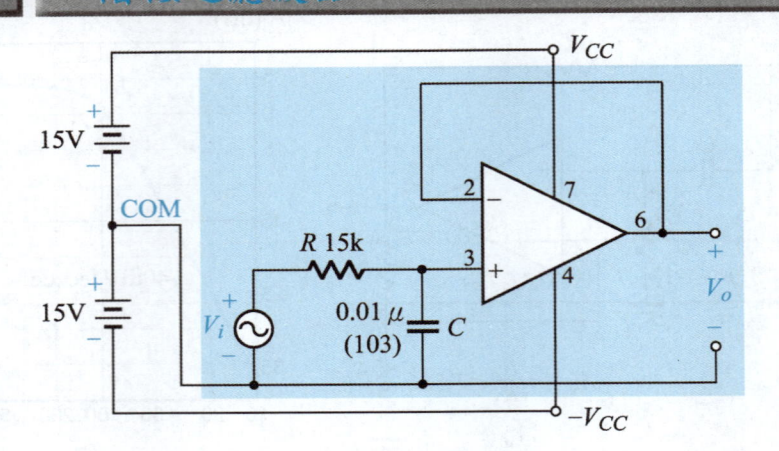

圖 14-10 電路圖

（一）理論值

1. 中頻帶電壓增益：$A_v = 1$（電壓隨耦器）。

2. 臨界頻率：$f_C = \dfrac{1}{2\pi RC} = \dfrac{1}{2\pi \cdot 15\text{k} \cdot 0.01\mu} = 1\text{kHz}$。

3. 電壓增益響應：$|A| = \dfrac{V_o}{V_i} = \dfrac{1}{\sqrt{1 + \left(\dfrac{f}{f_C}\right)^2}}$，

當 $f = f_C = 1\text{kHz}$ 時，$|A| = \dfrac{1}{\sqrt{1+1}} = 0.707 = -3\text{dB}$。

（二）實測值

1. 按圖 14-10 接線，以函數波產生器提供 $V_{i(P\text{-}P)} = 1\text{V}$（保持大小不變），弦波，依表 14-1 指定的 f 值調整頻率，並完成表 14-1 記錄。

2. 將表 14-1 所得各點 $(f, |A|)$，繪製於圖 14-11(c)，並以平滑曲線連接各點。

表 14-1 工作項目一的測量結果（表格裡 [　] 內的數據為理論值）

f(Hz)	10	100	200	500	1k	2k	5k	10k	100k
$V_{o(P\text{-}P)}$ (V)	[1]	[1]	[0.98]	[0.89]	[0.7]	[0.45]	[0.2]	[0.1]	[0.01]
$\|A\|=\dfrac{V_o}{V_i}$	[1]	[1]	[0.98]	[0.89]	[0.7]	[0.45]	[0.2]	[0.1]	[0.01]
$20\log\|A\|$ (dB)	[0]	[0]	[−0.17]	[−1]	[−3]	[−6.9]	[−14]	[−20]	[−40]

● 圖 14-11(a) 電腦模擬圖

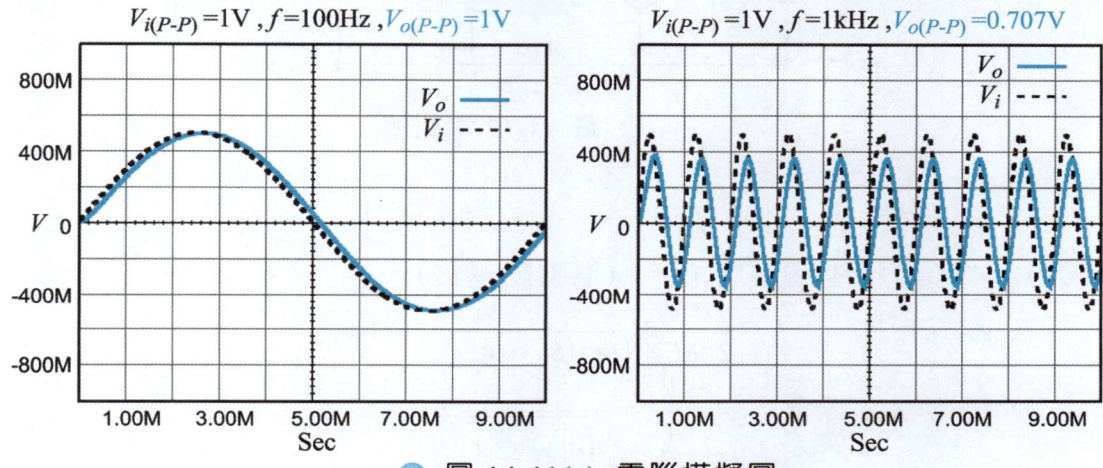

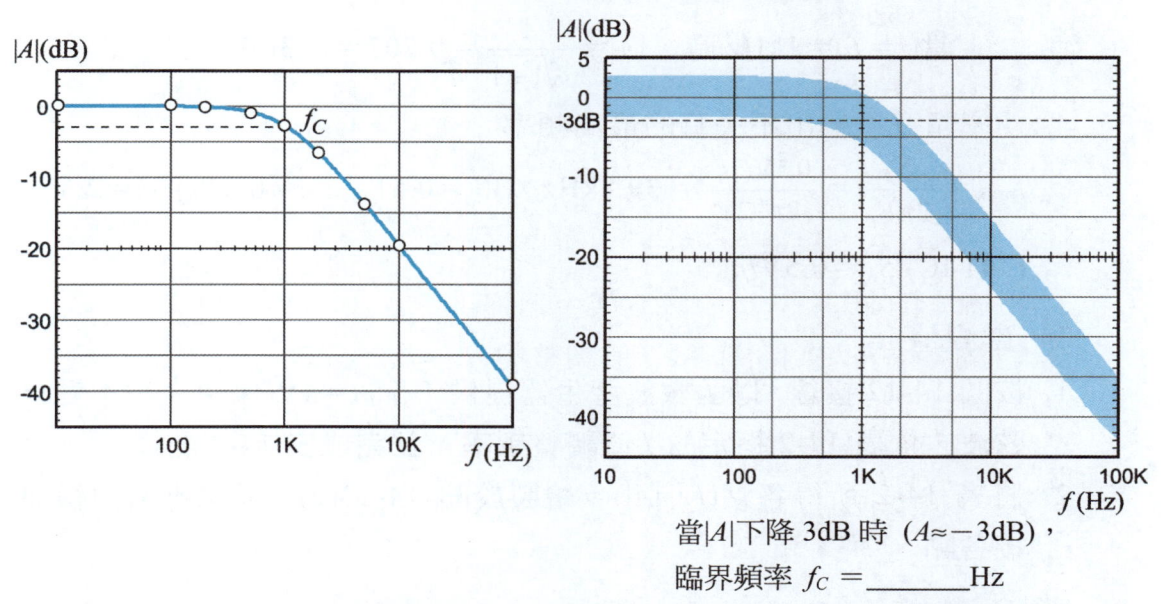

● 圖 14-11(b) 電腦模擬圖

當 $|A|$ 下降 3dB 時（$A\approx-3$dB），
臨界頻率 $f_C =$ _____ Hz

● 圖 14-11(c) 頻率響應

工作項目二　一階高通濾波器

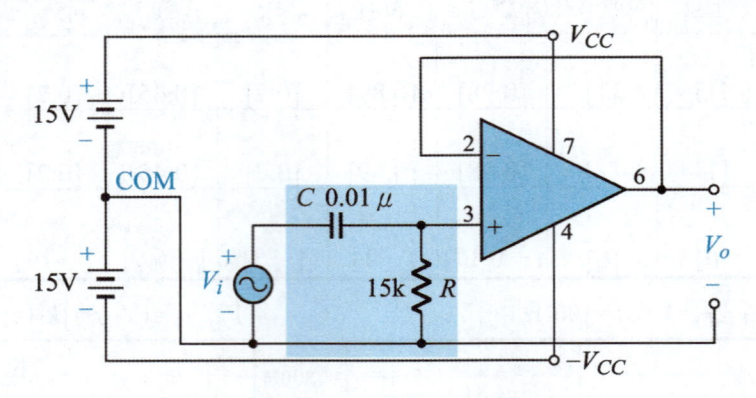

圖 14-12 電路圖

(一) 理論值

1. 中頻帶電壓增益：$A_v = 1$（電壓隨耦器）。

2. 臨界頻率：$f_C = \dfrac{1}{2\pi RC} = \dfrac{1}{2\pi \cdot 15k \cdot 0.01\mu} = 1\text{kHz}$。

3. 電壓增益響應：$|A| = \dfrac{V_o}{V_i} = \dfrac{1}{\sqrt{1 + \left(\dfrac{f_C}{f}\right)^2}}$，

   當 $f = f_C = 1\text{kHz}$ 時，$|A| = \dfrac{1}{\sqrt{1+1}} = 0.707 = -3\text{dB}$。

4. 功率頻寬：輸出不失真的最高頻率

   $f_{\max} = \dfrac{S_R}{2\pi V_P} = \dfrac{0.5\text{V}/\mu s}{2\pi \cdot 2\text{V}} = 39.8\text{kHz}$，$V_P = 0.5 V_{o(P\text{-}P)} = 0.5 V_{i(P\text{-}P)} = 2\text{ V}$，

   (741 IC) $S_R = 0.5\text{V}/\mu s$。

(二) 實測值

1. 按圖 14-12 接線，以函數波產生器提供 $V_{i(P\text{-}P)} = 4\text{V}$（保持大小不變），弦波，依表 14-2 指定的 f 值調整頻率，並完成表 14-2 記錄。

2. 將表 14-2 所得各點 $(f, |A|)$，繪製於圖 14-13(c)，並以平滑曲線連接各點。

表 14-2 工作項目二的測量結果(表格裡[ ]內的數據為理論值)

f(Hz)	30k	10k	5k	2k	1k	500	200	100	10
$V_{o(P-P)}$ (V)	[4]	[4]	[3.9]	[3.6]	[2.8]	[1.8]	[0.8]	[0.4]	[0.04]
$\|A\|=\dfrac{V_o}{V_i}$	[1]	[1]	[0.98]	[0.89]	[0.7]	[0.45]	[0.2]	[0.1]	[0.01]
$20\log A$ (dB)	[0]	[0]	[−0.18]	[−1]	[−3]	[−6.9]	[−14]	[−20]	[−40]

$V_{i(P-P)}$=4V, f=10kHz, $V_{o(P-P)}$=4V

$V_{i(P-P)}$=4V, f=1kHz, $V_{o(P-P)}$=0.7×4=2.8V

● 圖 14-13(a) 電腦模擬圖

當 $|A|$ 下降 3dB 時 (A≈-3dB)，
臨界頻率 f_C = _____ Hz

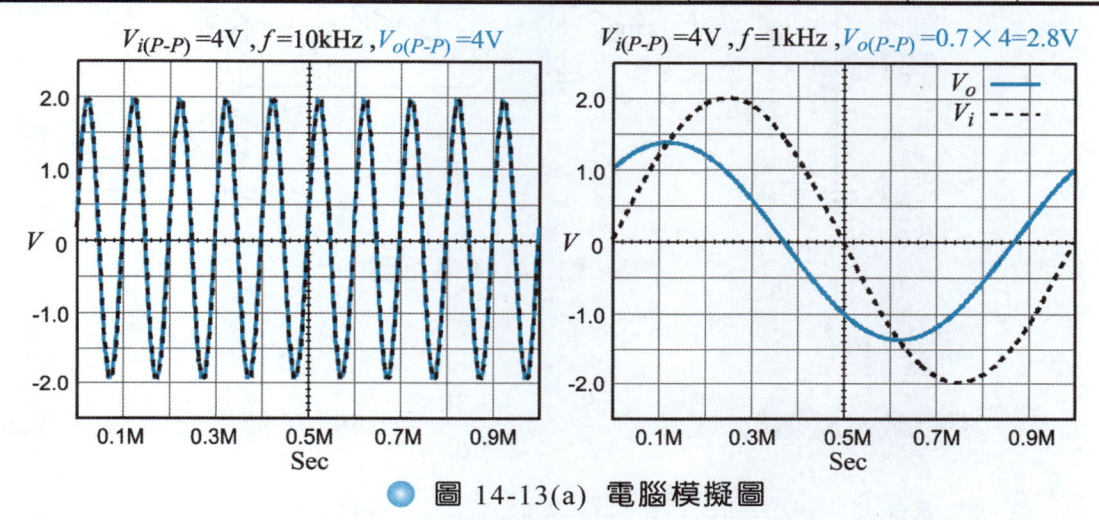

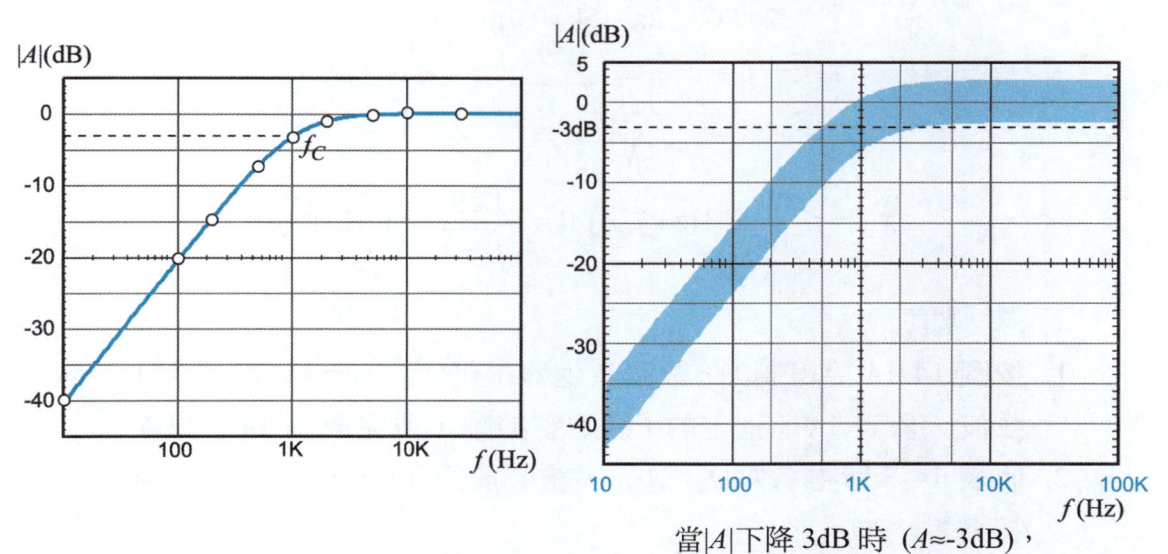

● 圖 14-13(b) 電腦模擬圖 ● 圖 14-13(c) 頻率響應

工作項目三　二階低通濾波器

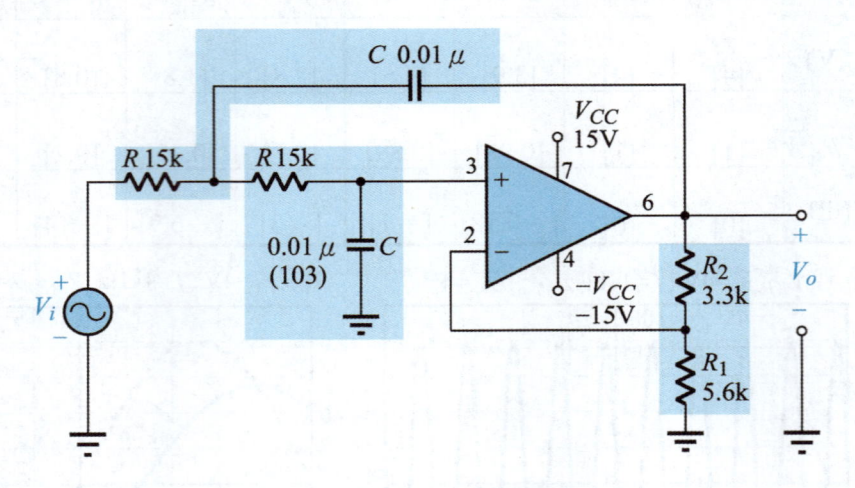

圖 14-14 電路圖

(一) 理論值

1. 中頻帶電壓增益：$A_v = 1 + \dfrac{R_2}{R_1} = 1 + \dfrac{3.3k}{5.6k} = 1.59$，可獲得巴特沃茲響應。

2. 臨界頻率：$f_C = \dfrac{1}{2\pi RC} = \dfrac{1}{2\pi \cdot 15k \cdot 0.01\mu} = 1\text{kHz}$。

3. 電壓增益響應：$|A| = \dfrac{V_o}{V_i} = \dfrac{1.59}{\sqrt{1+(\dfrac{f}{f_C})^{2N}}}$，$N = 2$ 階，

   當 $f = f_C = 1\text{kHz}$ 時，$|A| = \dfrac{1.59}{\sqrt{1+1}} = 1.12 = 1\text{dB}$。

(二) 實測值

1. 按圖 14-14 接線，以函數波產生器提供 $V_{i(P-P)} = 4\text{V}$ (保持大小不變)，弦波，依表 14-3 指定的 f 值調整頻率，並完成表 14-3 記錄。

2. 將表 14-3 所得各點 $(f, |A|)$，繪製於圖 14-15(c)，並以平滑曲線連接各點。

實習十四 主動濾波器

■ 表 14-3 工作項目三的測量結果（表格裡 [　] 內的數據為理論值）

f(Hz)	10	100	200	500	1k	2k	5k	10k
$V_{o(P\text{-}P)}$ (V)	[6.4]	[6.4]	[6.4]	[6.2]	[4.5]	[1.5]	[0.25]	[0.06]
$\|A\|=\dfrac{V_o}{V_i}$	[1.6]	[1.6]	[1.6]	[1.5]	[1.1]	[0.39]	[0.064]	[0.016]
$20\log\|A\|$ (dB)	[4]	[4]	[4]	[3.8]	[1]	[−8]	[−24]	[−36]

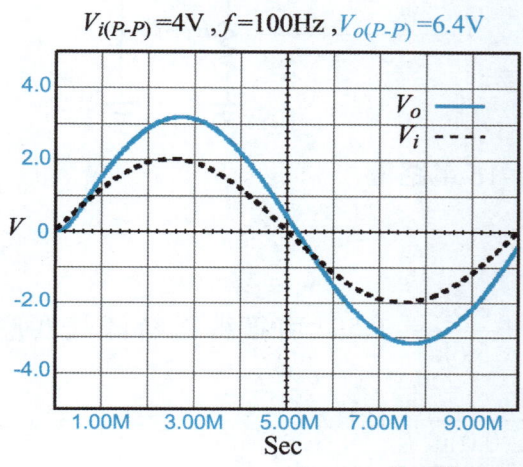

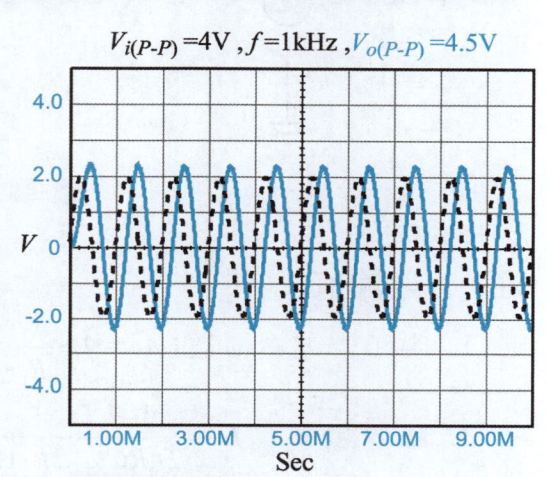

$V_{i(P\text{-}P)}=4\text{V}, f=100\text{Hz}, V_{o(P\text{-}P)}=6.4\text{V}$　　　　$V_{i(P\text{-}P)}=4\text{V}, f=1\text{kHz}, V_{o(P\text{-}P)}=4.5\text{V}$

● 圖 14-15(a) 電腦模擬圖

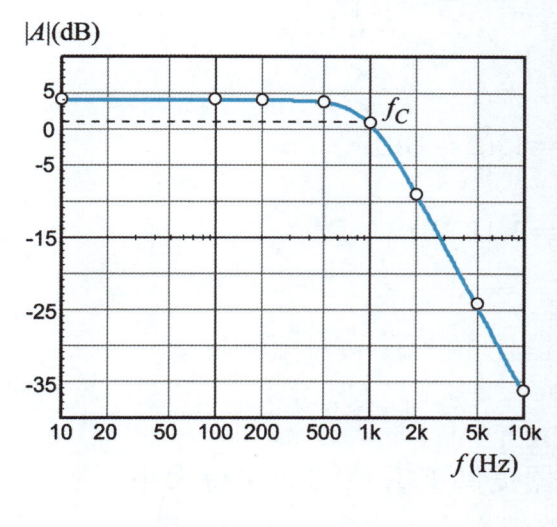

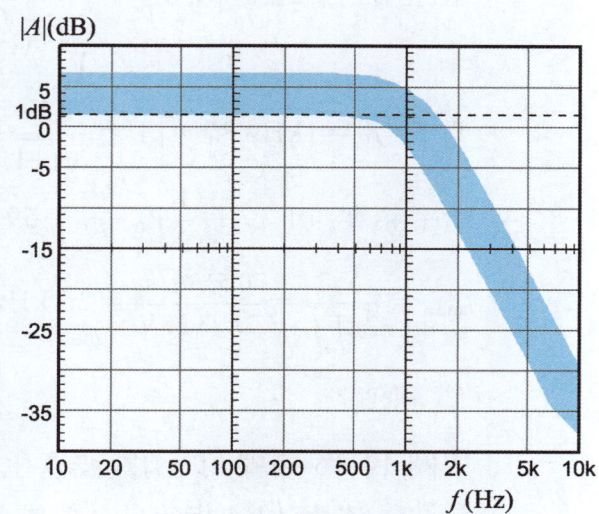

當 $|A|$ 下降 3dB 時（$A\approx$1dB），
臨界頻率 $f_C=$ _____ Hz

● 圖 14-15(b) 電腦模擬圖　　　　● 圖 14-15(c) 頻率響應

工作項目四　二階高通濾波器

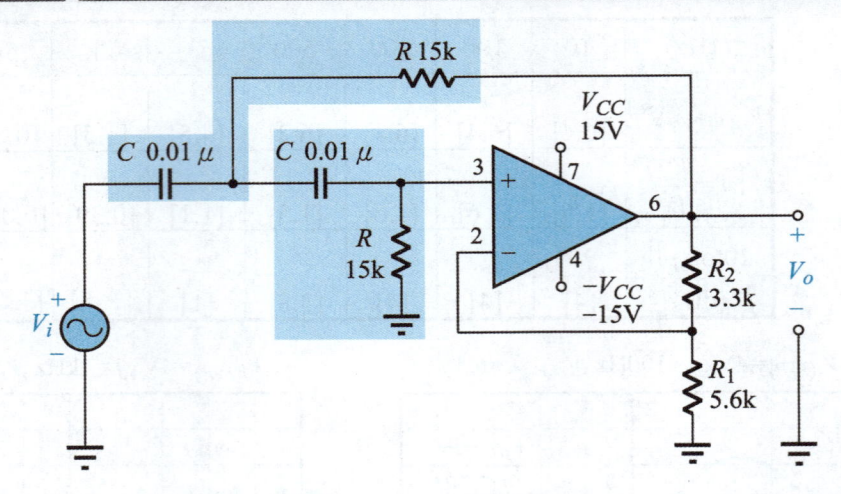

● 圖 14-16 電路圖

(一) 理論值

1. 中頻帶電壓增益：$A_v = 1 + \dfrac{R_2}{R_1} = 1 + \dfrac{3.3k}{5.6k} = 1.59$，可獲得巴特沃茲響應。

2. 臨界頻率：$f_C = \dfrac{1}{2\pi RC} = \dfrac{1}{2\pi \cdot 15k \cdot 0.01\mu} = 1\text{kHz}$。

3. 電壓增益響應：$|A| = \dfrac{V_o}{V_i} = \dfrac{1.59}{\sqrt{1 + (\dfrac{f_C}{f})^{2N}}}$，$N = 2$ 階，

   當 $f = f_C = 1\text{kHz}$ 時，$|A| = \dfrac{1.59}{\sqrt{1+1}} = 1.12 = 1\text{dB}$。

4. 功率頻寬：$V_{o(P)} = \dfrac{1}{2} V_{i(P\text{-}P)} \cdot 1.59 = 3.18 \text{ V}$，

   $f_{\max} = \dfrac{S_R}{2\pi V_P} = \dfrac{0.5\text{V}/\mu\text{s}}{2\pi \cdot 3.18\text{V}} = 25 \text{ kHz}$。

(二) 實測值

1. 按圖 14-16 接線，以函數波產生器提供 $V_{i(P\text{-}P)} = 4\text{V}$(保持大小不變)，弦波，依表 14-4 指定的 f 值調整頻率，並完成表 14-4 記錄。

2. 將表 14-4 所得各點(f, $|A|$)，繪製於圖 14-17(c)，並以平滑曲線連接各點。

表 14-4 工作項目四的測量結果(表格裡[ ]內的數據為理論值)

f(Hz)	25k	10k	5k	2k	1k	500	200	100
$V_{o(P\text{-}P)}$ (V)	[6.4]	[6.4]	[6.4]	[6.2]	[4.5]	[1.5]	[0.25]	[0.06]
$\|A\| = \dfrac{V_o}{V_i}$	[1.6]	[1.6]	[1.6]	[1.5]	[1.1]	[0.39]	[0.064]	[0.016]
$20\log A$ (dB)	[4]	[4]	[4]	[3.8]	[1]	[−8]	[−24]	[−36]

$V_{i(P\text{-}P)}=4\text{V}, f=10\text{kHz}, V_{o(P\text{-}P)}=6.4\text{V}$

$V_{i(P\text{-}P)}=4\text{V}, f=1\text{kHz}, V_{o(P\text{-}P)}=4.5\text{V}$

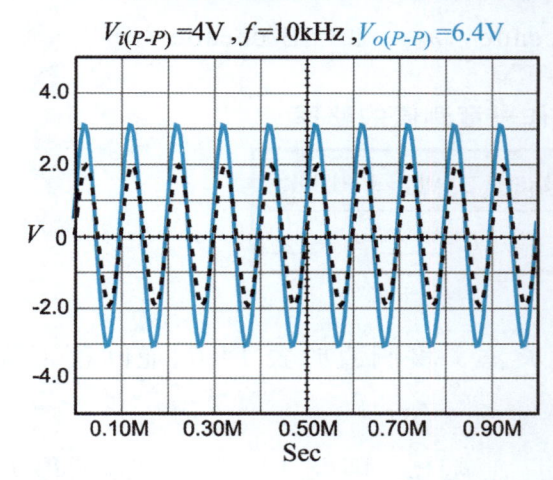

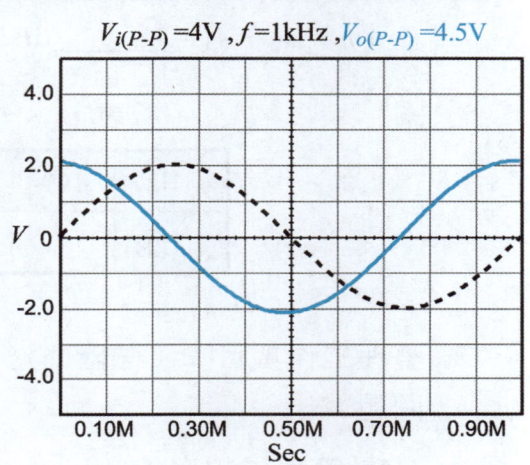

● 圖 14-17(a) 電腦模擬圖

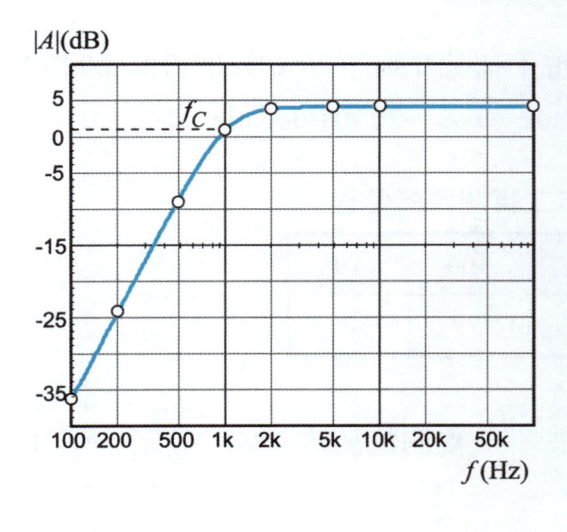

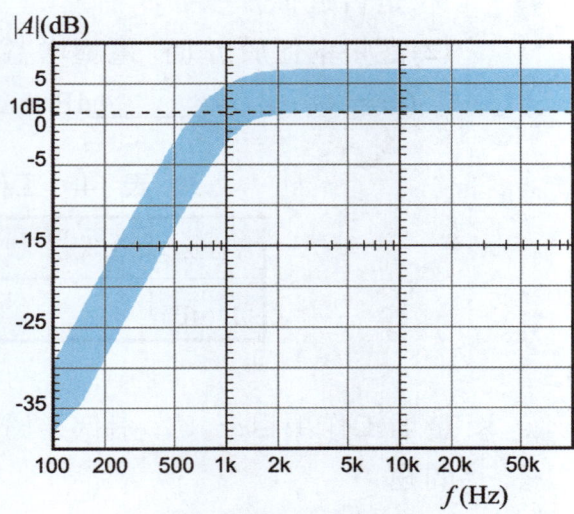

當 $|A|$ 下降 3dB 時 ($A \approx$ 1dB)，
臨界頻率 $f_C = $ _____ Hz

● 圖 14-17(b) 電腦模擬圖　　● 圖 14-17(c) 頻率響應

五 問題與討論

1. 整理工作項目一〔一階低通濾波器〕實測值於表 14-5，並回答下列問題：

    (1) 計算頻帶寬度 (BW) ＝臨界頻率 $(f_C) = \dfrac{1}{2\pi RC} =$ ＿＿＿＿Hz，與圖 14-11(c) 實測所得 f_C 是否近似？

    (2) 當頻率高於 f_C 時，電壓增益每十倍頻下降多少 dB？是否為 20dB？ ($m = A_2 - A_1 =$ ＿＿＿＿dB/decade，$m \approx -20$ dB/decade？)

    ■ 表 14-5 工作一實測值的整理

f(Hz)	100	1k	10k	100k
$\|A\|$ (dB)			$A_1=$ ＿＿	$A_2=$ ＿＿

2. 整理工作項目二〔一階高通濾波器〕實測值於表 14-6，並回答下列問題：

    (1) 計算臨界頻率 $f_C = \dfrac{1}{2\pi RC} =$ ＿＿＿＿Hz，與圖 14-13(c) 實測所得 f_C 是否近似？

    (2) 當頻率低於 f_C 時，電壓增益每十倍頻下降多少 dB？是否為 20dB？ ($m = A_2 - A_1 =$ ＿＿＿＿dB/decade，$m \approx -20$ dB/decade？)

    ■ 表 14-6 工作二實測值的整理

f(Hz)	10k	1k	100	10
$\|A\|$ (dB)			$A_1=$ ＿＿	$A_2=$ ＿＿

3. 整理工作項目三〔二階低通濾波器〕實測值於表 14-7，並回答下列問題：

    (1) 在臨界頻率 f_C 時，電壓增益 A_{L2} 比中頻帶增益 A_{L1} 下降多少 dB？ $A_{L2} - A_{L1} =$ ＿＿＿＿dB

(2) 當頻率十倍高於 f_C 時，電壓增益 A_{L3} 比中頻帶增益 A_{L1} 下降多少 dB？是否為 40dB？

($m = A_{L3} - A_{L1} =$ _____ dB/decade，$m \approx -40$ dB/decade？)

■ 表 14-7 工作三實測值的整理

f(Hz)	100	f_C=1k	10k
$|A|$ (dB)	$A_{L1}=$___	$A_{L2}=$___	$A_{L3}=$___

4. 整理工作項目四〔二階高通濾波器〕實測值於表 14-8，並回答下列問題：

(1) 在臨界頻率 f_C 時，電壓增益 A_{H2} 比中頻帶增益 A_{H1} 下降多少 dB？
$A_{H2} - A_{H1} =$ _____ dB

(2) 當頻率十倍低於 f_C 時，電壓增益 A_{H3} 比中頻帶增益 A_{H1} 下降多少 dB？是否為 40dB？

($m = A_{H3} - A_{H1} =$ _____ dB/decade，$m \approx -40$ dB/decade？)

■ 表 14-8 工作四實測值的整理

f(Hz)	10k	f_C=1k	100
$|A|$ (dB)	$A_{H1}=$___	$A_{H2}=$___	$A_{H3}=$___

單元測驗四

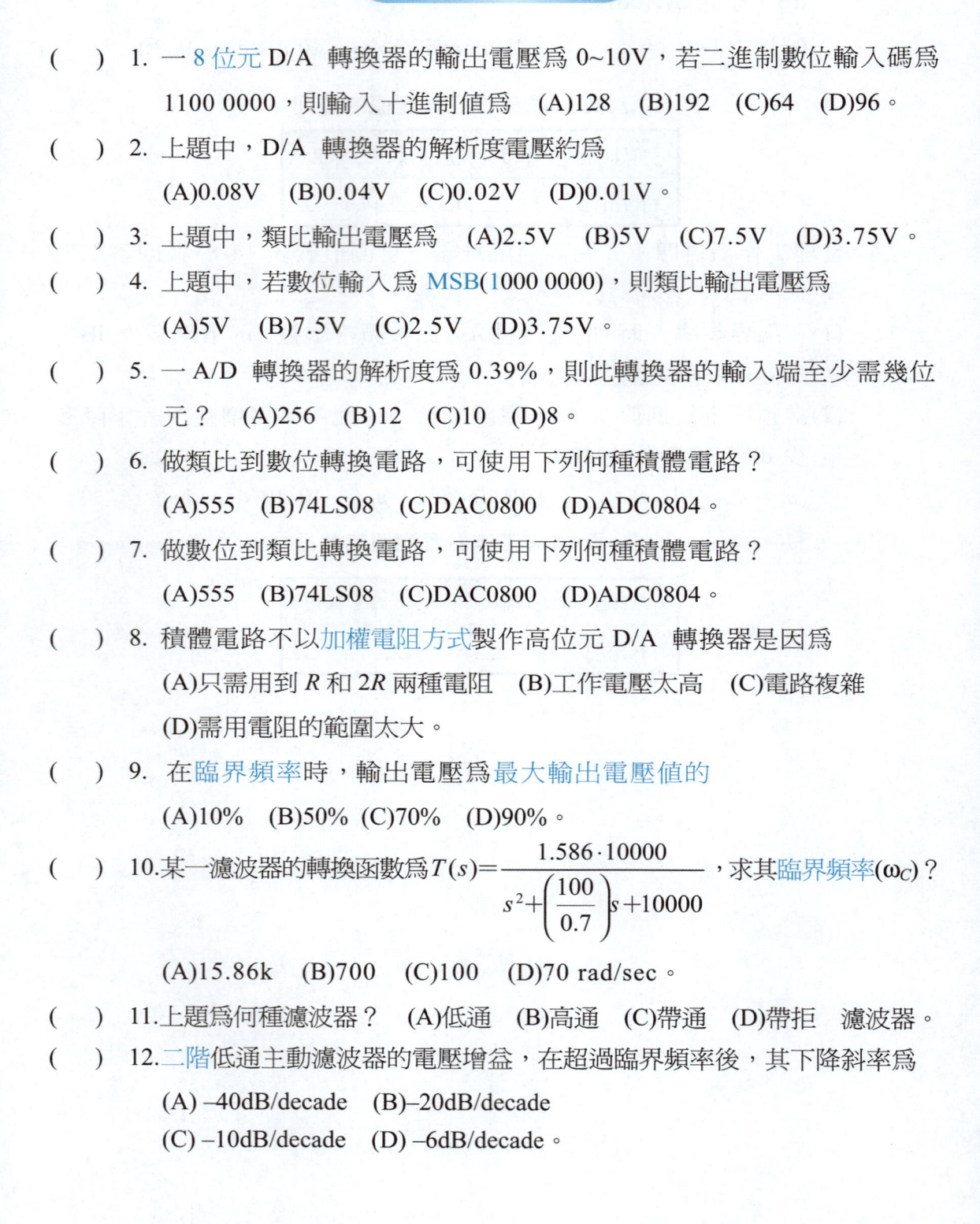

(　　) 1. 一 8 位元 D/A 轉換器的輸出電壓為 0~10V，若二進制數位輸入碼為 1100 0000，則輸入十進制值為　(A)128　(B)192　(C)64　(D)96。

(　　) 2. 上題中，D/A 轉換器的解析度電壓約為
(A)0.08V　(B)0.04V　(C)0.02V　(D)0.01V。

(　　) 3. 上題中，類比輸出電壓為　(A)2.5V　(B)5V　(C)7.5V　(D)3.75V。

(　　) 4. 上題中，若數位輸入為 MSB(1000 0000)，則類比輸出電壓為
(A)5V　(B)7.5V　(C)2.5V　(D)3.75V。

(　　) 5. 一 A/D 轉換器的解析度為 0.39%，則此轉換器的輸入端至少需幾位元？　(A)256　(B)12　(C)10　(D)8。

(　　) 6. 做類比到數位轉換電路，可使用下列何種積體電路？
(A)555　(B)74LS08　(C)DAC0800　(D)ADC0804。

(　　) 7. 做數位到類比轉換電路，可使用下列何種積體電路？
(A)555　(B)74LS08　(C)DAC0800　(D)ADC0804。

(　　) 8. 積體電路不以加權電阻方式製作高位元 D/A 轉換器是因為
(A)只需用到 R 和 $2R$ 兩種電阻　(B)工作電壓太高　(C)電路複雜
(D)需用電阻的範圍太大。

(　　) 9. 在臨界頻率時，輸出電壓為最大輸出電壓值的
(A)10%　(B)50%　(C)70%　(D)90%。

(　　) 10. 某一濾波器的轉換函數為 $T(s)=\dfrac{1.586 \cdot 10000}{s^2+\left(\dfrac{100}{0.7}\right)s+10000}$，求其臨界頻率($\omega_C$)？

(A)15.86k　(B)700　(C)100　(D)70 rad/sec。

(　　) 11. 上題為何種濾波器？　(A)低通　(B)高通　(C)帶通　(D)帶拒　濾波器。

(　　) 12. 二階低通主動濾波器的電壓增益，在超過臨界頻率後，其下降斜率為
(A) −40dB/decade　(B)−20dB/decade
(C) −10dB/decade　(D) −6dB/decade。

5

直流電源電路及其他應用電路

- 實習十五　積體電路穩壓器
- 實習十六　直流電源供應器
- 實習十七　電子輪盤式骰子
- 單元測驗五

實習十五　積體電路穩壓器

一　實習目的

1. 瞭解正電壓線性穩壓 IC 7800 系列的特性與工作原理。
2. 瞭解負電壓線性穩壓 IC 7900 系列的特性與工作原理。

二　實習材料

電阻板上的電阻	56Ω × 1	100Ω × 1	1kΩ × 1
電阻(5W)	10Ω × 1		
電容	0.1μF × 1	10μF × 1	
IC	7805 (或 LM340-5) × 1		
	7905 (或 LM320-5) × 1		

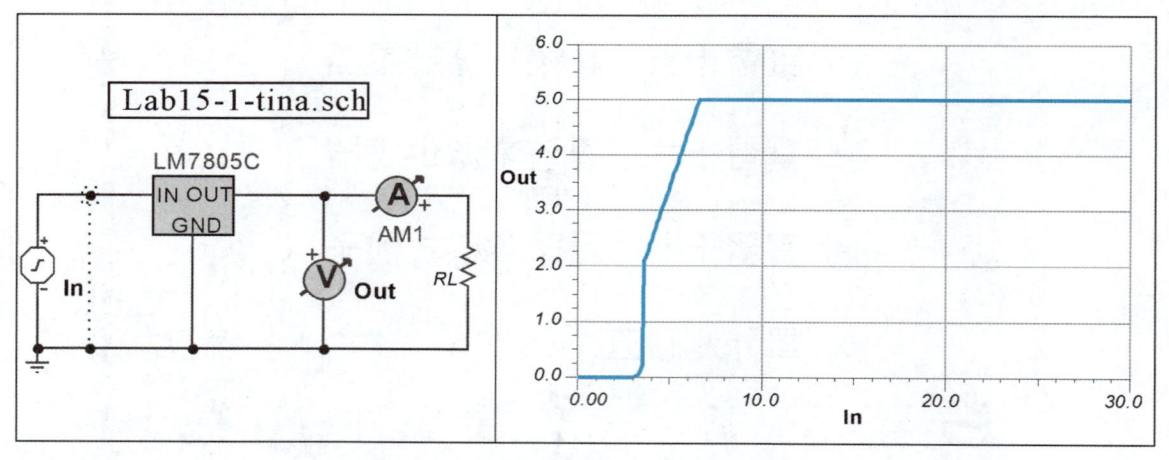

穩壓 IC 7805 與輸出波形

三 相關知識

(一) 穩壓器

穩壓器又稱為電壓調整器(Voltage regulator)，負責提供穩定的直流電源，其固定的輸出電壓 V_{out} 與輸入電壓 V_{in}、負載電流 I_L 的大小無關。穩壓器以線電壓調整(或線上穩壓)及負載調整(或負載穩壓)作為品質優劣的評估。

1. 線電壓調整(Line regulation)

   (1)線電壓調整為輸入電壓變化時，相對應的輸出電壓變化比。

   $$線電壓調整 \equiv \frac{\Delta V_{out}}{\Delta V_{in}}$$

   (2)固定電壓 IC 穩壓器規格表的標示上，「線電壓調整」重新定義為「在指定測量條件下，輸入電壓在某範圍內變化的輸出電壓變化量」。

   > 例如 LM7805 之「線電壓調整」為「在負載電流 I_L = 500mA 及元件接合面溫度保持 T_J = 25 ℃的條件下，V_{in} 介於 7V 到 25V 變化範圍內的輸出電壓變化量(ΔV_{out}) 為 3mV。」

2. 負載調整(Load regulation)

   (1)負載穩壓為負載電流變化時，相對應的輸出電壓變化比。

   $$負載調整 \equiv \frac{\Delta V_{out}}{\Delta I_L}$$

   (2)固定電壓 IC 穩壓器規格表的標示上，「負載調整」重新定義為「在指定測量條件下，負載電流在某範圍內變化的輸出電壓變化量」。

   > 例如 LM7805 之「負載調整」為「在元件接合面溫度保持 T_J = 25 ℃的條件下，I_L 介於 5mA 到 1.5A 變化範圍內的輸出電壓變化量(ΔV_{out}) 為 10mV。」

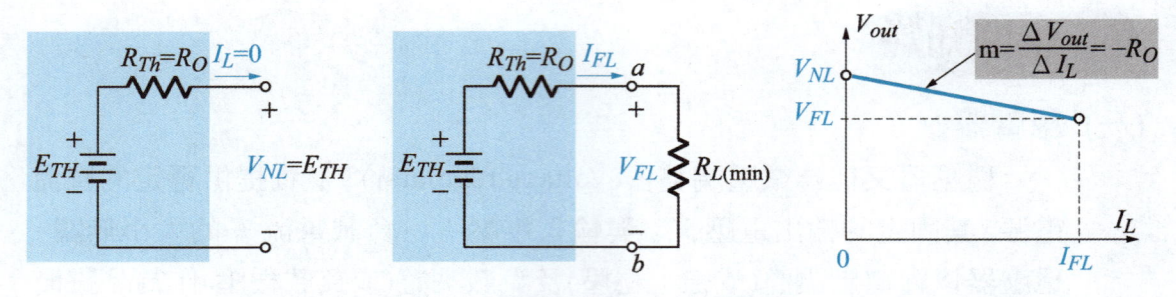

● 圖 15-1 穩壓器的戴維寧等效電路與 I_L-V_{out} 特性曲線

3. 電壓調整率(Voltage regulation)：如下式所示

$$電壓調整率\ V.R. = \frac{V_{NL} - V_{FL}}{V_{FL}} \times 100\%$$

V_{NL} 為無負載電流(負載開路)時的輸出電壓，V_{FL} 為滿載電流(最小負載電阻)時的輸出電壓，如圖 15-1 所示。

4. 穩壓器的輸出電阻可由戴維寧等效電路中獲得，如圖 15-1 所示。

$$輸出電阻\ R_O = R_{TH} = \frac{V_{NL} - V_{FL}}{I_{FL}}$$

若穩壓器的輸出電阻越小，則代表負載調整之 I_L-V_{out} 特性曲線的斜率及電壓調整率也會越小。電壓調整率與輸出電阻的關係為

$$V.R. = \frac{V_{NL} - V_{FL}}{V_{FL}} = \frac{V_{NL} - V_{FL}}{(I_{FL} \cdot R_{L(min)})} = R_O / R_{L(min)} \times 100\%$$

當 $V_{NL} = V_{FL}$ 時為理想穩壓器，理想穩壓器的輸出電阻(內阻)為零，而且負載調整的電壓調整率也為零。

(二) 穩壓器的基本分類

如表 15-1 所示，穩壓器分為線性穩壓器與切換式穩壓器兩大類。線性穩壓器又以控制元件(電晶體)與負載串聯或並聯分為的串聯型與並聯型。切換式穩壓器又以輸出電壓比輸入電壓高或低分為升壓型與降壓型。

■ 表 15-1 穩壓器的基本分類與操作特性

	線性穩壓器(Linear Regulator)	切換式穩壓器(Switching Regulator)
分類	1. 串聯型 2. 並聯型	1. 升壓型　　　3. 升降壓(反相)型 2. 降壓型
操作特性	由於控制元件(電晶體)操作在線性的作用區，所以 1. 輸出漣波小。 2. 串聯型：串聯電晶體消耗功率大，效率低(約 50%)。 3. 並聯型：串聯電阻及並聯電晶體消耗功率大，效率最低。	由於控制元件(電晶體)功能如電子開關，在非線性的截止、飽和區之間作高速切換，所以 1. 輸出漣波(雜訊)大。 2. 電晶體消耗功率小，效率高(約 80%)。

(三) 三端子線性穩壓 IC

1. 固定正電壓穩壓 IC 7800 系列

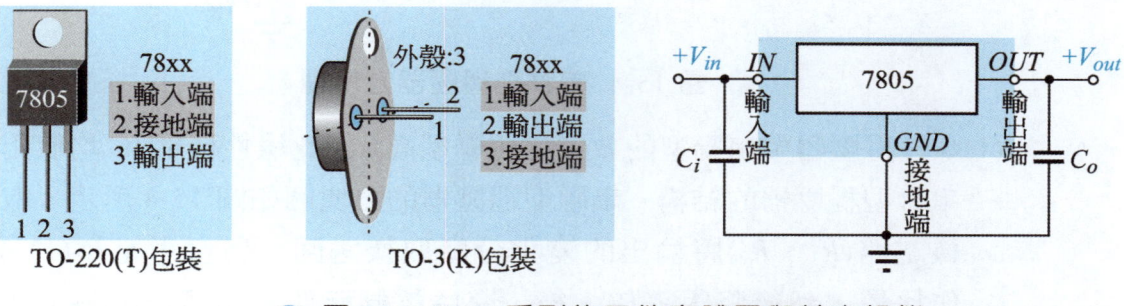

78xx
1. 輸入端
2. 接地端
3. 輸出端
TO-220(T)包裝

外殼:3　78xx
1. 輸入端
2. 輸出端
3. 接地端
TO-3(K)包裝

● 圖 15-2　7800 系列的元件實體圖與基本組態

2. 固定負電壓穩壓 IC 7900 系列

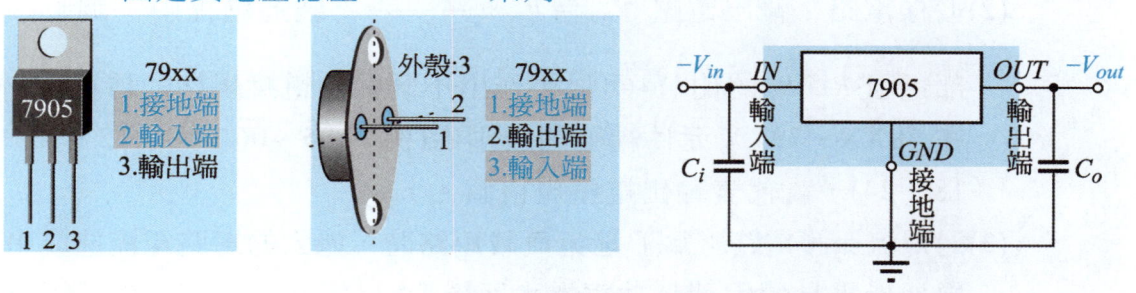

79xx
1. 接地端
2. 輸入端
3. 輸出端

外殼:3　79xx
1. 接地端
2. 輸出端
3. 輸入端

● 圖 15-3　7900 系列的元件實體圖與基本組態

> **注意**
> 7800、7900 系列除輸入、輸出電壓的正、負不同外，在 IC 接腳的配置上，接地端與輸入端的接腳位置互換，此可避免兩者誤用時，因輸入電壓正、負不同，造成的元件損傷。

(四) 線性穩壓 IC 功能及特性

1. 串聯型穩壓器之內部結構

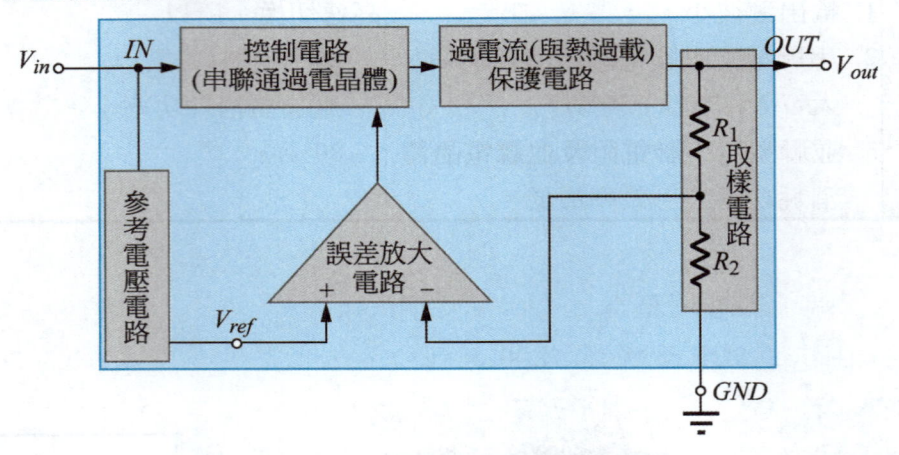

● 圖 15-4 串聯型穩壓器方塊圖

(1) 線性穩壓器中串聯型的效率比並聯型高，因此線性穩壓 IC 均使用串聯型穩壓器的結構。串聯型穩壓器的方塊圖如圖 15-4 所示，取樣電路(R_1、R_2)將輸出的變化分壓取樣送回，與參考電壓(V_{ref})作比較，然後將誤差放大後，交由控制元件電晶體作調整工作以達到穩壓的目的。

(2) 取樣電路：輸出電壓 $V_{out} = V_{ref} \cdot \dfrac{R_1 + R_2}{R_2}$。製造過程中，調整內部電阻 R_1, R_2 的比值，可以製作出不同輸出電壓規格的穩壓 IC。在 78XX、79XX 元件編號的後兩碼(例如 05、06、08、12、15、18、24)，就代表輸出電壓規格值。

(3) 過電流保護電路：為了避免負載短路時，過大的短路電流造成串聯通過電晶體因消耗功率過大而燒毀，以摺回式限流保護裝置可使短路電流小於最大輸出電流($I_{SC} < I_{max}$)，如表 15-2 及圖 15-7(a) 所示。

(4)熱過載保護：當穩壓 IC 內部因串聯通過電晶體消耗功率過大而使接合面溫度上升超過 $T_{J(max)}=150$ ℃時，電路產生熱過載(Thermal overload) 保護使電晶體截止。因此在周圍空氣溫度 $T_A=25$ ℃時，穩壓器的消耗功率須小於最大消耗功率 $P_D < P_{D(max)}$。

2. 功率與效率

(1)電源輸入功率 $P_{in}=V_{in}I_{in}≒V_{in}I_L$，負載功率 $P_{out}=V_{out}I_L$，所以穩壓器的效率為 $\eta=\dfrac{P_{out}}{P_{in}}\times 100\%=\dfrac{V_{out}}{V_{in}}\times 100\%$。

(2)穩壓器的消耗(散逸)功率 $P_D=P_{in}-P_{out}$。

(3)穩壓器在熱過載保護下的最大消耗功率為

$$P_{D(max)}\ (W)=(T_{J(max)}-T_A)/\ \theta_{JA}，\theta_{JA}\ (℃/W)=\theta_{JC}+\theta_{CA}$$

上式 θ_{JA} 為熱能由接合面傳導到空氣的阻力即熱電阻，θ_{JC} 為接合面到外殼的熱電阻，θ_{CA} 為外殼到空氣的熱電阻。若使用散熱片時，可減小外殼到空氣的熱電阻，進而增加最大消耗功率。

3. 線性穩壓器的輸入電壓必須高於輸出電壓。如表 15-2 所示，穩壓 IC 7800 系列的失效電壓(V_{DO}，Dropout voltage)為 2.0V，所以輸入電壓最少須大於輸出電壓 2.0V，才能使輸出電壓維持規格值輸出。

4. 美國國家半導體公司(National Semiconductor Corp.)所製造常用三端子線性穩壓 IC 的規格如表 15-2 所示。

■ 表 15-2 常用三端子線性穩壓 IC 的電氣特性典型值

元件編號	V_{out} (V)	線電壓調整(mV)	負載調整 (mV)	R_O (mΩ)	漣波拒斥 (dB)	失效電壓(V)	I_{SC} (A)	I_{max} (A)
LM7805	+5	3	10	8	80	2.0	2.1	2.4
LM7812	+12	4	12	18	72	2.0	1.5	2.4
LM7905	−5	8	15	8	66	1.1	2.1	2.2
LM7912	−12	5	15	18	70	1.1	1.5	2.2

四 實習步驟

工作項目一　正電壓線性穩壓 IC 7805 之特性測量

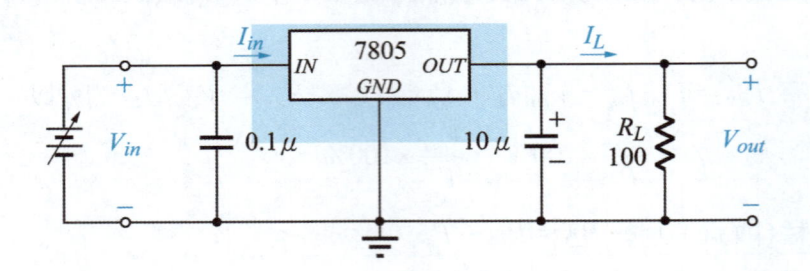

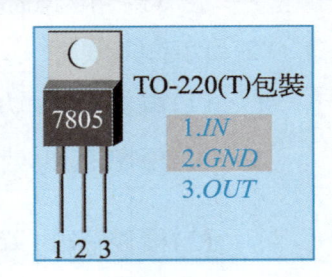

● 圖 15-5　電路圖

(一) 理論值

1. 在接合面溫度 $T_J = 25\ ℃$，負載電流 $I_L = 1A$ 的條件下，LM7805 的失效電壓 $V_{DO} = 2.0V$。因此輸入電壓最少須大於輸出電壓 2.0V，才能使輸出電壓維持規格值輸出。

2. LM7805 的輸出電壓 $V_{out} = +5.0V$，當輸入電壓 $V_{in} \geq (V_{out} + V_{DO}) = 7V$ 時，得穩壓輸出。

3. 電源輸入功率 $P_{in} = V_{in} I_{in} \fallingdotseq V_{in} I_L$，負載功率 $P_{out} = V_{out} I_L$，所以穩壓器的效率為 $\eta = \dfrac{P_{out}}{P_{in}} \times 100\% = \dfrac{V_{out}}{V_{in}} \times 100\%$。

4. 穩壓器的消耗功率 $P_D = P_{in} - P_{out}$。

5. TO-220 包裝(不加散熱片)的接合面至空氣熱電阻 $\theta_{JA} = 54\ ℃/W$，當接合面因消耗功率而溫升超過 $T_{J(max)} = 150\ ℃$ 時，產生熱過載保護而使電路停止運作。因此在室溫 $T_A = 25\ ℃$ 時，穩壓器的消耗功率須小於最大消耗功率 $P_D < P_{D(max)}$，而最大消耗功率為

$$P_{D(max)} = (T_{J(max)} - T_A)/\theta_{JA} = (150 - 25)/54 = 2.3\ W$$

6. LM7805 在散熱良好，保持接合面溫度 $T_J = 25\ ℃$ 的條件下，允許最大輸出電流 $I_{max} = 2.4A$，短路電流 $I_{SC} = 2.1A$。

(二)實測值

狀況 1 輸入電壓改變之穩壓電路特性

1. 按圖 15-5 接線,接負載 $R_L=100\Omega$,由電源供應器提供表 15-3 所列輸入電壓 V_{in} 值,並以三用電表 DCV 檔測量,然後完成表 15-3。

■ 表 15-3 工作項目一的測量結果

V_{in} (V)	30	25	20	15	10	7	6	5	4	3	2	1
V_{out} (V)	[5]	[5]	[5]	[5]	[5]	[5]						
$P_{in}=V_{in}(V_{out}/R_L)$ (W)	[1.5]	[1.25]	[1]	[.75]	[0.5]	[.35]						
$P_{out}=V_{out}(V_{out}/R_L)$ (W)	[.25]	[.25]	[.25]	[.25]	[.25]	[.25]						
$\eta=\dfrac{V_{out}}{V_{in}}\cdot 100(\%)$	[17]	[20]	[25]	[33]	[50]	[71]						
$P_D=P_{in}-P_{out}$ (W) (<2.3W)	[1.25]	[1]	[.75]	[.5]	[.25]	[.1]						

2. 根據表 15-3 所得 (V_{in}, V_{out}) 各點,繪製電壓轉換特性曲線於圖 15-6(b)。

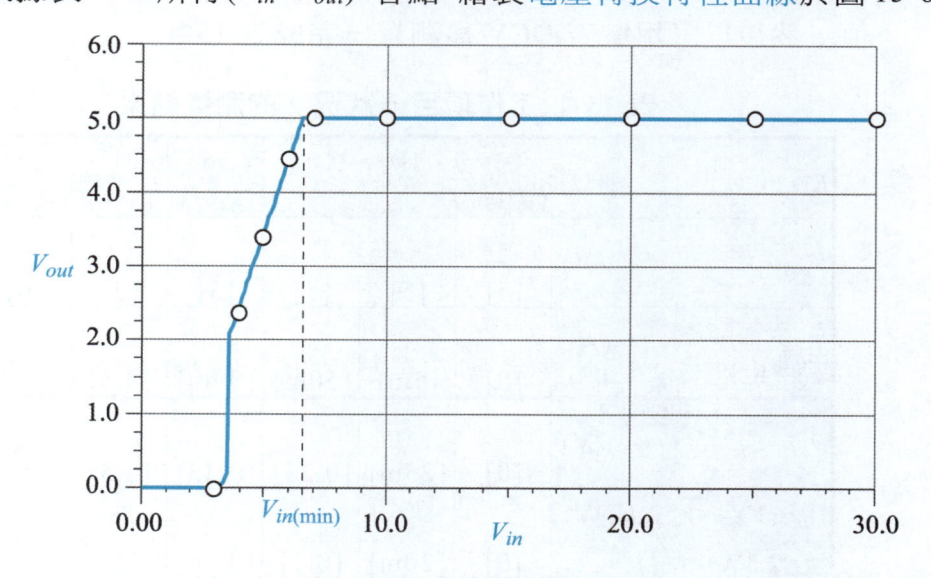

● 圖 15-6(a) 電腦模擬結果

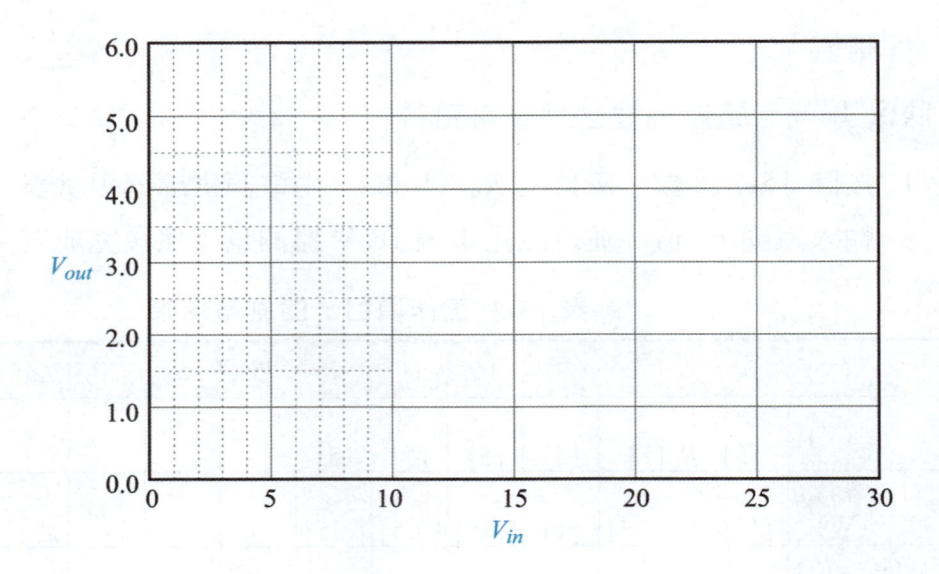

維持 5V 穩壓輸出的最小輸入電壓 $V_{in(min)}$ = ＿＿＿＿ V

● 圖 15-6(b) 根據表 15-3 繪製成的轉換特性曲線

狀況 2 負載改變之穩壓電路特性

1. 按圖 15-5 接線，輸入電壓 V_{in} = 9 V，並根據表 15-4 負載要求更換 R_L 值，然後以三用電表 DCV 檔測量，完成表 15-4。

表 15-4 工作項目一狀況 2 的測量結果

R_L (Ω)	∞ (開路)	1k	100	56 (½W)	10 (5W)	0 (短路)
V_{out} (V)	[5]	[5]	[5]	[5]	[5]	[0]
$I_L = \dfrac{V_{out}}{R_L}$ (A)	[0]	[5m]	[50m]	[89m]	[0.5]	
$P_{RL} = V_{out} I_L$ (W)	[0]	[25m]	[0.25]	[0.45]	[2.5]	
$P_D = (V_{in} - V_{out}) I_L$ (W) (<2.3W)	[0]	[20m]	[0.2]	[0.36]	[2]	

2. 根據表 15-4 中，不同 R_L 狀況下的點 (I_L，V_{out})，繪製成 I_L-V_{out} 特性曲線於圖 15-7(b)。

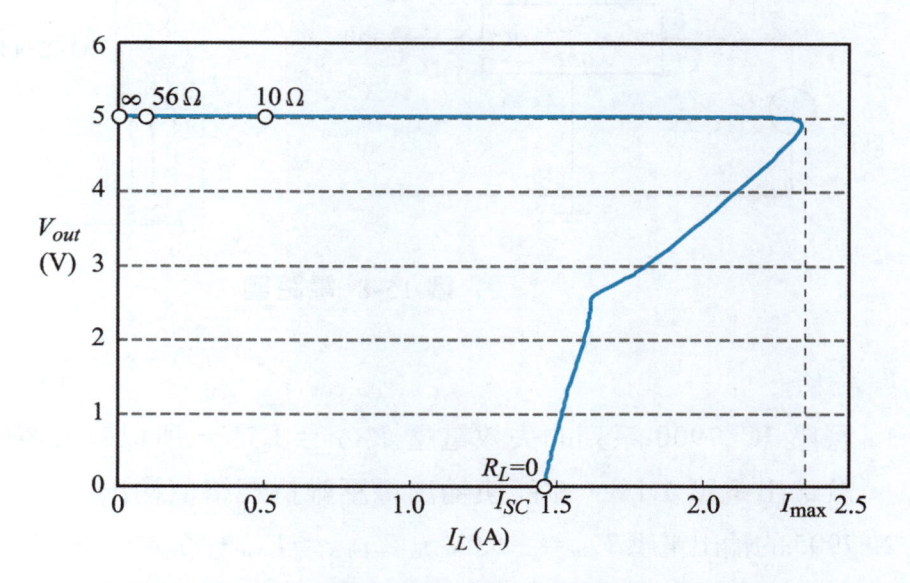

● 圖 15-7(a) 電腦模擬結果(保持接合面溫度 $T_J = 25°C$)

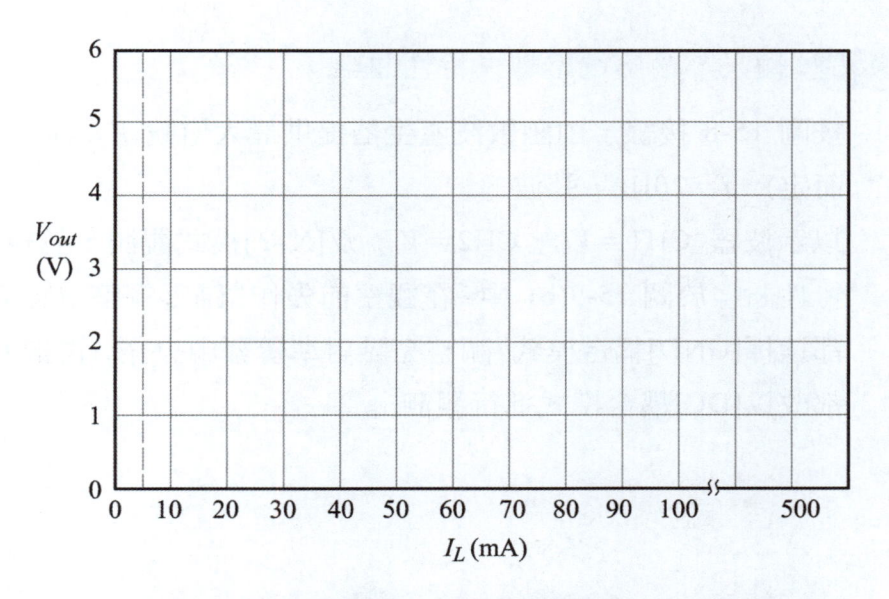

● 圖 15-7(b) 根據表 15-4 繪製成的 I_L-V_o 曲線

工作項目二　負電壓線性穩壓 IC 7905 之特性測量

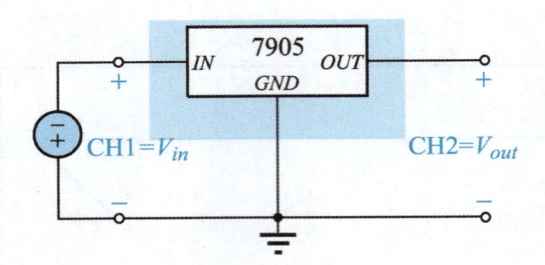

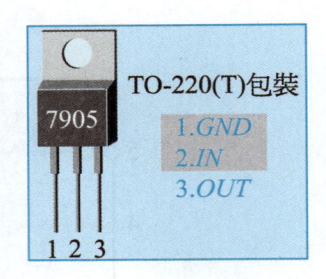

● 圖 15-8　電路圖

(一)理論值

1. 穩壓 IC 7900 系列的失效電壓 $V_{DO}=1.1V$，所以輸入電壓最少須小於輸出電壓 1.1V，才能使輸出電壓維持規格值輸出。

2. 7905 的輸出電壓 $V_{out}=-5.0V$，$V_{in(max)}=V_{out}+V_{DO}=-5-1.1=-6.6V$，所以輸入電壓須 $V_{in} \leq V_{in(max)}=-6.6V$ 時，才得穩壓輸出。

(二)實測值

狀況 1 輸入、輸出電壓轉換特性曲線

1. 按圖 15-8 接線，由函數波產生器提供最大信號 $V_{in(P-P)}=20V$(視機種而定)，$f=20Hz$，弦波。

2. 以示波器 CH1＝V_{in}，CH2＝V_{out} 及[X-Y]模式觀測，並繪製電壓轉換特性曲線於圖 15-9(b) 中。在觀察前先作「歸零調整」(將 CH1 及 CH2 都選擇[GND]耦合模式，調整亮點對準螢幕中央)後，再把 CH1 及 CH2 都改以[DC]耦合模式進行觀測。

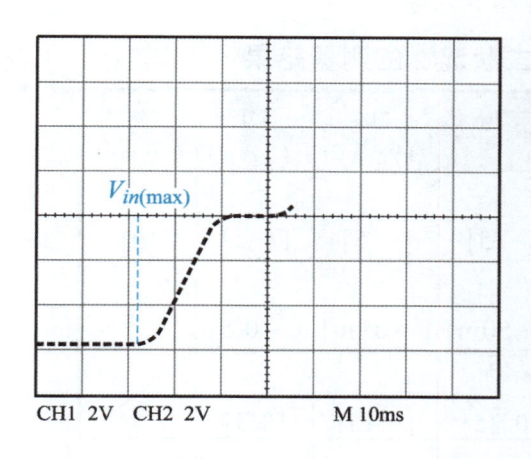

CH1=2V/DIV；CH2=2V/DIV

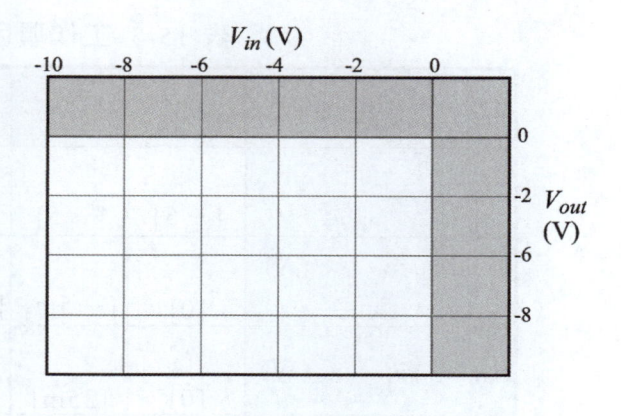

維持 −5V 輸出的最大輸入電壓

$$V_{in(max)} = \underline{\qquad} V$$

● 圖 15-9(a) 儲存示波器顯示圖　　● 圖 15-9(b) 示波器顯示的轉換特性曲線

> **註** 因模擬軟體試用版多不含負電壓線性穩壓 IC，故改以實作結果當作參考。

狀況 2 負載改變之穩壓電路特性

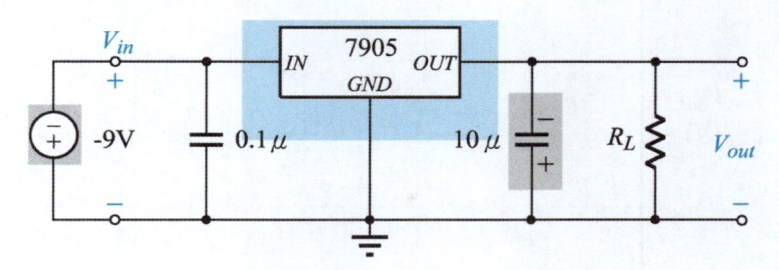

● 圖 15-10 電路圖

1. 按圖 15-10 接線，輸入電壓改由電源供應器提供 $V_{in} = -9$ V，請注意有極性之電源與電容器的正、負端接線。，
2. 根據表 15-5 負載要求更換 R_L 值，然後以三用電表 DCV 檔測量，完成表 15-5。

■ 表 15-5 工作項目二狀況 2 的測量結果

R_L (Ω)	∞ (開路)	1k	100	56 (½W)	10 (5W)	0 (短路)
V_{out} (V)	[−5]	[−5]	[−5]	[−5]	[−5]	[0]
$I_L = \dfrac{V_{out}}{R_L}$ (A)	[0]	[−5m]	[−50m]	[−89m]	[−0.5]	
$P_{RL} = V_{out} I_L$ (W)	[0]	[25m]	[0.25]	[0.45]	[2.5]	
$P_D = (V_{in} - V_{out}) I_L$ (W) (<2.3W)	[0]	[20m]	[0.2]	[0.36]	[2]	

3. 根據表 15-5 中，不同 R_L 狀況下的點 (I_L, V_{out})，繪製成 I_L-V_{out} 特性曲線於圖 15-11。

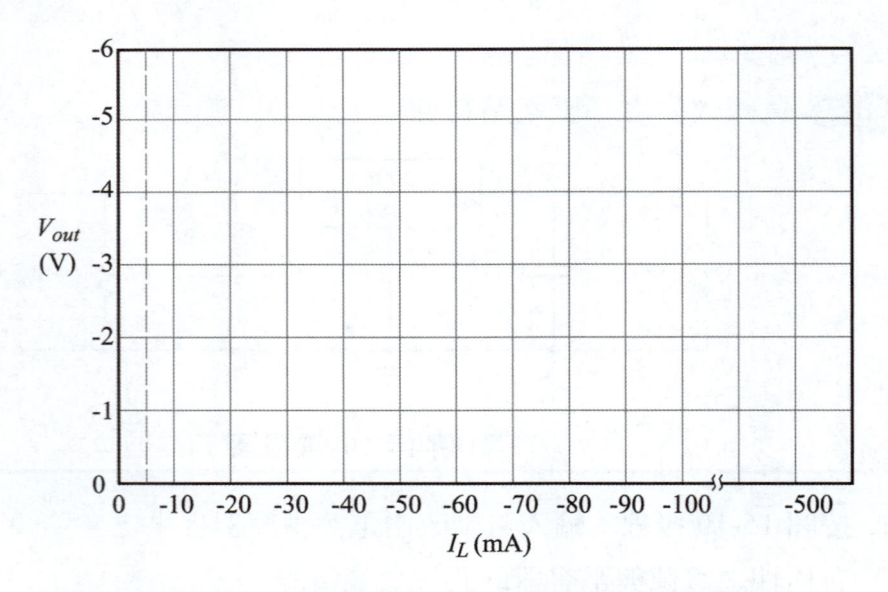

● 圖 15-11 根據表 15-5 繪製成的 I_L-V_o 曲線

五 問題與討論

1. 固定正電壓穩壓 IC 7800 系列之 7805 的穩壓輸出規格值為 $V_{out}=$ ___V；固定負電壓穩壓 IC 7900 系列之 7905 的穩壓輸出規格值為 $V_{out}=$ ___V。

2. 整理工作項目一狀況 1 實測值於表 15-6，並回答下列問題：

   (1) 固定電壓穩壓 IC (例如 LM7805) 之線電壓調整規格的定義為「在 $I_L=500\text{mA}$ 及接合面溫度保持 $T_J=25\ ℃$ 的條件下，其輸入電壓 V_{In} 變化界於 7V 到 25V 範圍內的線電壓調整為 $3\text{mV}(\Delta V_{out}=3\text{mV})$」。請利用下列公式計算線電壓調整於表 15-6 中。

   $$線電壓調整 = \Delta V_{out} = V_{O25} - V_{O7}$$

   (2) 代入下列公式計算線電壓調整的百分比值，並根據線電壓調整判斷三端子線性穩壓 IC 是否接近理想電壓源？(線電壓調整 ≒ 0％？)

   $$線電壓調整 = \frac{\Delta V_{out}}{\Delta V_{in}} = \frac{V_{O25} - V_{O7}}{25-7} \times 100\%$$

   (3) 比較在不同輸入電壓下的穩壓器消耗功率 P_D 大小？(P_{D25}___(>，=，<)P_{D7}？) 並判斷在獲取相同的輸出電壓時，輸入電壓越大，穩壓器的消耗功率是越大、越小或不變？

   (4) 比較在不同輸入電壓下的效率大小？(η_{25}___(>，=，<)η_7？)

   (5) LM7805 的規格為「輸入電壓在 7.5V~20V 範圍內時，可以獲得正常穩壓輸出」；請判斷此範圍內輸入電壓為多少時，可以獲得最大效率？

■ 表 15-6 工作項目一狀況 1 實測值的整理

V_{in}	25	7	測試條件	線電壓調整 ΔV_{out}	線電壓調整百分比
V_{out}(V)	$V_{O25}=$___	$V_{O7}=$___	$I_L=5/100=$___mA	$V_{O25}-V_{O7}=$___V	$\dfrac{V_{O25}-V_{O7}}{25-7}=$___％
η (％)	$\eta_{25}=$___	$\eta_7=$___			
P_D (W)	$P_{D\,25}=$___	$P_{D\,7}=$___			

3. 整理工作項目一(7805)及工作項目二(7905)的狀況 2 實測值於表 15-7，並回答下列問題：

(1) 穩壓 IC (例如 LM7805、LM7905) 之負載調整規格的定義為「在接合面溫度保持 $T_J = 25$ ℃的條件下，其負載電流 I_L 變化介於 5mA 到 1.5A 範圍內的負載調整為 10mV($\Delta V_{out} = 10$mV)」。請利用下列公式計算負載調整於表 15-7 中。

$$負載調整 = \Delta V_{out} = V_{NL} - V_{FL}$$

(2) 代入下列公式計算電壓調整率，並根據電壓調整率判斷三端子線性穩壓 IC 是否接近理想電壓源？($V.R. \fallingdotseq 0\%$？)

$$電壓調整率\ V.R. = \frac{V_{NL} - V_{FL}}{V_{FL}} \times 100\%$$

■ 表 15-7 工作項目一、二狀況 2 實測值的整理

穩壓電路	無載($R_L = \infty$)	滿載($R_L = 10\Omega$)	負載調整 ΔV_{out} ($0 < I_L < 0.5$A)	電壓調整率
工作一	$V_{out} = V_{NL} = $ ____	$V_{out} = V_{FL} = $ ____	$V_{NL} - V_{FL} = $ ____ V	$V.R. = $ ____ %
工作二	$V_{out} = V_{NL} = $ ____	$V_{out} = V_{FL} = $ ____	$V_{NL} - V_{FL} = $ ____ V	$V.R. = $ ____ %

實習十六　直流電源供應器

一　實習目的

1. 瞭解直流電源供應器的的特性與工作原理。
2. 瞭解線性穩壓 IC 應用在可調式電壓源及定電流源電路的特性與工作原理。

二　實習材料

電阻板上的電阻	$10\Omega \times 1$	$22\Omega \times 1$	$56\Omega \times 1$	$100\Omega \times 1$
	$1k\Omega \times 1$	$10k\Omega \times 1$		
電阻(2W)	$33\Omega \times 2$	$51\Omega \times 1$		
可變電阻	$1k\Omega \times 1$			
電容	$0.1\mu F \times 2$	$10\mu F \times 2$	$100\mu F (25V) \times 1$	
	$470\mu F (25V) \times 2$			
變壓器	$6V$-0-$6V \times 1$			
二極體	$1N4001 \times 4$			
IC	7805(或 LM340-5) $\times 1$		7905(或 LM320-5) $\times 1$	

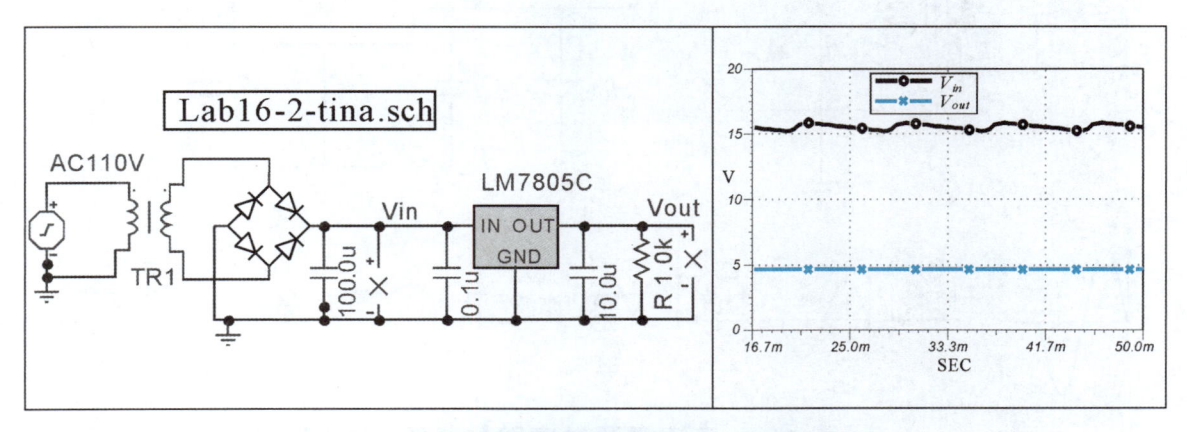

直流電源供應器與輸出波形

三 相關知識

(一) 直流電源供應器

如圖 16-1 所示，為直流電源供應器的方塊圖，其工作原理如下：

① 降壓電路(變壓器)首先將電力系統所提供的 110V 交流電壓調降到設備所需要的適當大小。

② (二極體)整流電路將交流電壓轉變為脈動單極性直流電壓。

③ (電容)濾波電路則將脈動直流電壓的脈動漣波減小。

④ 最後經由穩壓電路調整以獲得固定且穩定的直流電源輸出。

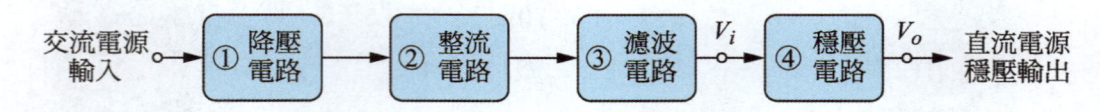

● 圖 16-1 直流電源供應器的方塊圖

1. 典型的直流電源供應器，其各階段的電路以及處理所得的波形，如圖 16-2 所示。其中穩壓電路使用三端子線性穩壓 IC 7805 元件。

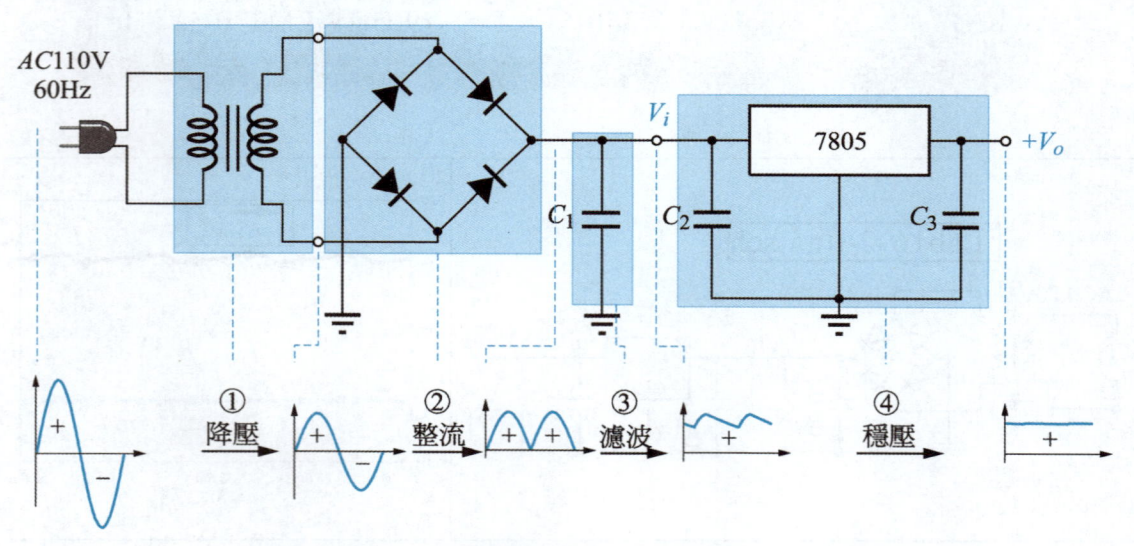

● 圖 16-2 直流電源供應器的電路及處理波形

2. 若穩壓 IC 的輸入端與濾波電容器之間的導線過長，則在輸入端加入旁路電容 C_2，可避免導線電感所引起的振盪。

3. 在穩壓 IC 輸出端加入旁路電容 C_3，則是用來改善輸出電壓的暫態響應。

(二) 可調式直流電源供應器

跨在三端子線性穩壓 IC 的「輸出端接腳」與「中間(ADJ 或 GND 端)接腳」之間的輸出電壓(V_{ref})固定，此特性可以應用在可調式直流電源供應器，如圖 16-3 所示。

1. 可調式正電壓源

2. 可調式負電壓源

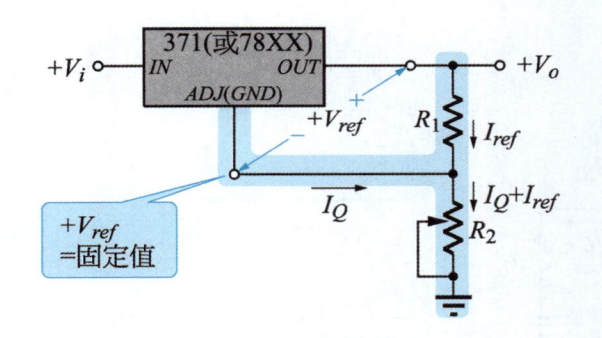

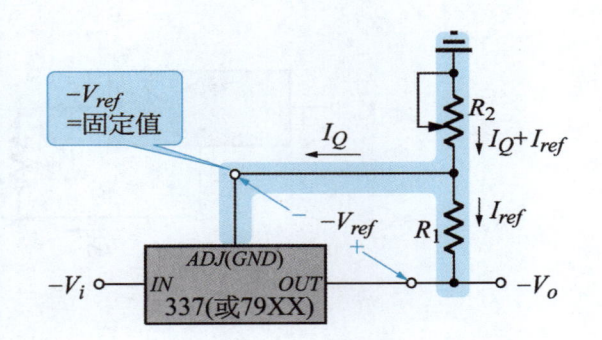

$$+V_O = +V_{ref} + (I_{ref} + I_Q)R_2$$
$$= +V_{ref} + (\frac{V_{ref}}{R_1} + I_Q)R_2$$
$$= +V_{ref} \cdot \left(1 + \frac{R_2}{R_1}\right) + I_Q R_2$$

$$-V_O = -V_{ref} - (I_{ref} + I_Q)R_2$$
$$= -V_{ref} - (\frac{V_{ref}}{R_1} + I_Q)R_2$$
$$= -V_{ref} \cdot \left(1 + \frac{R_2}{R_1}\right) - I_Q R_2$$

● 圖 16-3 可調式直流電源供應器

> **注意**
>
> 由於 7800、7900 系列穩壓 IC 的靜態電流較大(3mA<I_Q<8mA)且不穩定，若應用在可調式電壓源容易影響輸出電壓值。而 LM317、LM337 是特性較佳的可調式正、負電壓線性穩壓 IC(V_{ref}= 1.25V，I_Q = 50μA≈0)，輸出電壓值可由外部電阻 R_1、R_2 決定，即 $\pm V_O \approx \pm V_{ref} \cdot \left(1+\dfrac{R_2}{R_1}\right)$。

(三) 定電流調整電路

跨在三端子線性穩壓 IC 的「輸出端接腳」與「中間(GND 端) 接腳」之間的輸出電壓(V_{out})固定，此特性也可以應用在定電流調整電路，如圖 16-4 所示。

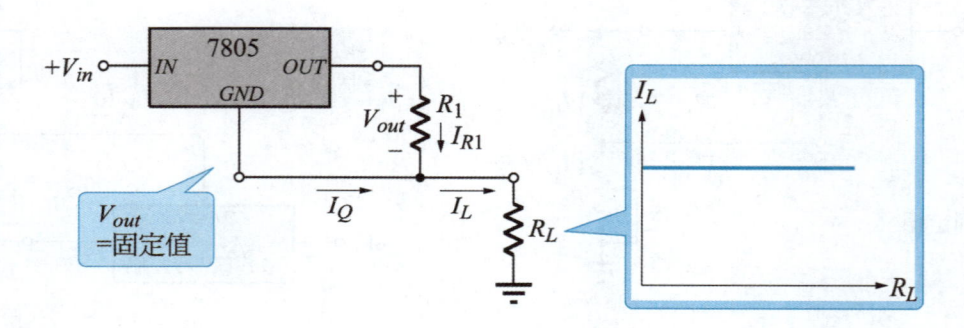

● 圖 16-4 定電流調整電路的負載電流為定值

負載電流為： $I_L = I_{R1} + I_Q = \dfrac{V_{out}}{R_1} + I_Q \approx \dfrac{V_{out}}{R_1}$

因靜態電流甚小於負載電流(I_Q<< I_L)，所以 I_Q 可忽略不計。由上式得知當 V_{out} 固定，則負載電流 I_L 為定值，且 I_L 與負載電阻 R_L 值的大小無關，故為定電流調整電路。

(四) 雙極性電源供應器

如圖 16-5 所示，運用 7800 系列穩壓 IC 負責提供正極性的穩定直流電源，並由 7900 系列穩壓 IC 負責提供負極性的穩定直流電源，成為雙極性電源供應器。

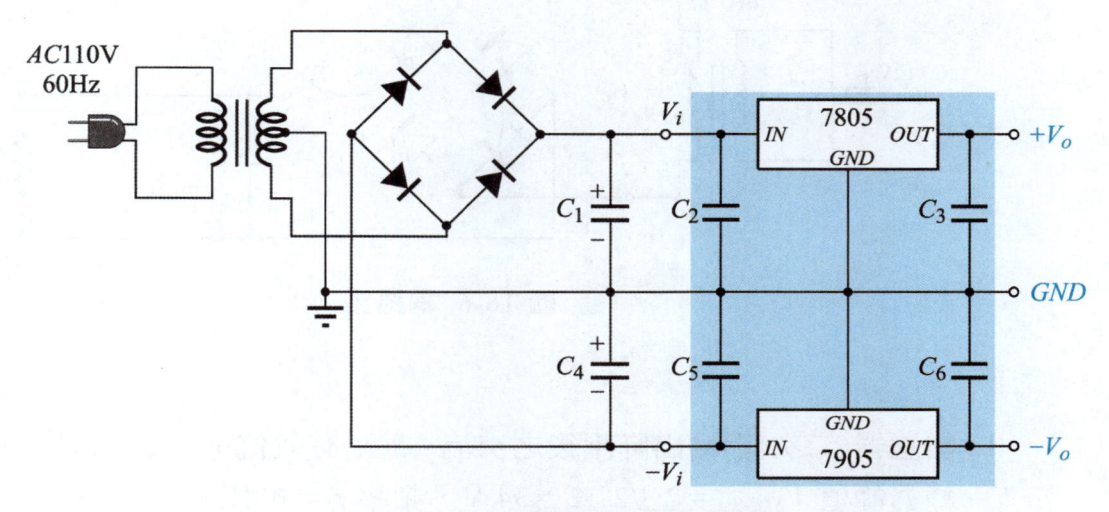

● 圖 16-5　雙極性電源供應器

四 實習步驟

步驟一　降壓、整流及濾波電路

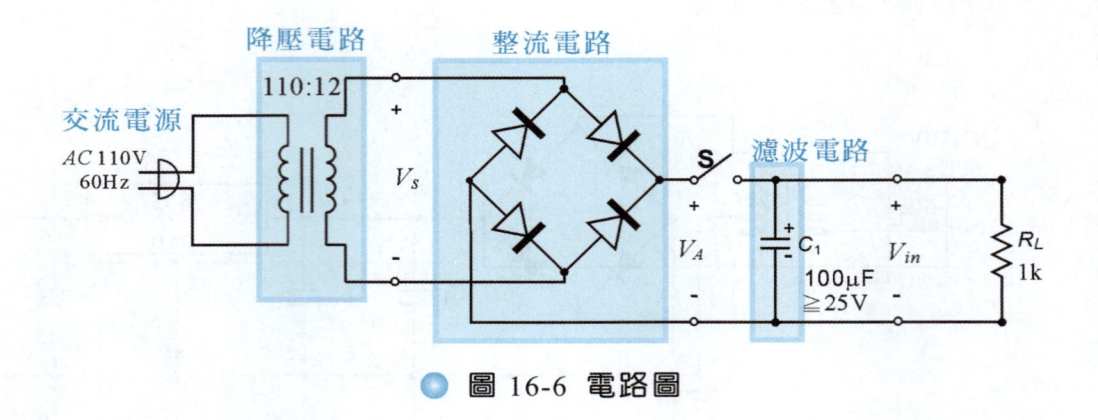

圖 16-6　電路圖

(一) 理論值

1. 變壓器(二次側)輸出降壓後之交流：電壓有效值 $V_{S(rms)}=12V$，交流峰對峰值 $V_{S(P-P)}=2\cdot\sqrt{2}\cdot 12=34$ V，頻率 $f_S=60Hz$。

2. 橋式全波整流輸出脈動直流：電壓 $V_{A(min)}=0$，頻率 $f_A=2\cdot f_S=120Hz$，$V_{A(max)}=V_{S(P)}-2\,V_{D(on)}=(34/2)-(2\times 0.7)=15.6$ V。

3. 電容濾波輸出有漣波之直流：電壓 $V_{in(max)}=15.6V$，漣波的峰對峰值 $\Delta V_{in}=V_{in(P-P)}=\dfrac{T_{in}}{R_L C_1}V_{in(max)}=\dfrac{1}{120\times 10^3\times 100\times 10^{-6}}\times 15.6=1.3V$，頻率 $f_{in}=f_A=120Hz$。

(二) 實測值

1. 按圖 16-6 接線，由變壓器提供輸入電壓源 $V_{S(rms)}=12V$。
2. 以示波器單一頻道 CH1，[DC]耦合模式，分別觀測下述狀況之波形，並記錄各項數據於表 16-1 中。

狀況 1 不接電容($S\to$OFF)，繪製 V_A 波形於圖 16-7(b)中。

狀況 2 接電容($S\to$ON)，繪製 V_{in} 波形於圖 16-8(b)中。

實習十六　直流電源供應器

狀況 1 橋式全波整流

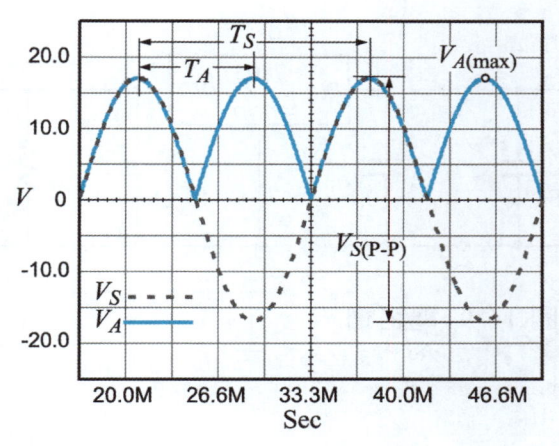

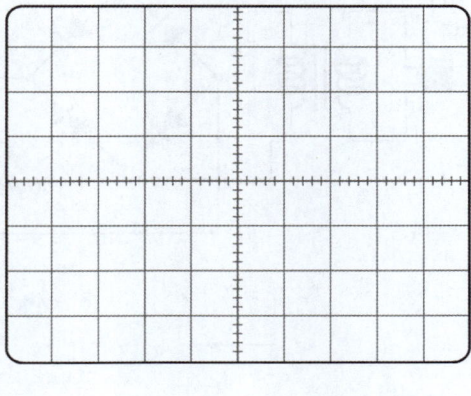

● 圖 16-7(a)　電腦模擬圖

$V_A=$＿＿V/DIV，Time=＿＿＿ s/DIV

● 圖 16-7(b)　示波器的顯示波形

狀況 2 電容濾波

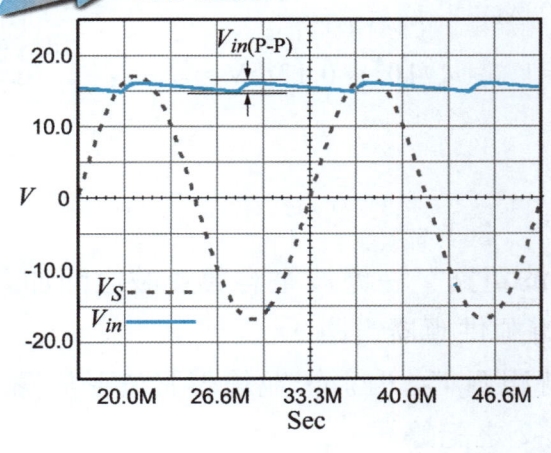

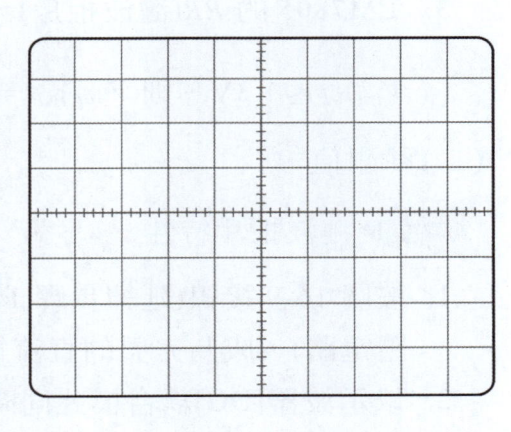

● 圖 16-8(a)　電腦模擬圖

$V_{in}=$＿＿V/DIV，Time=＿＿＿ s/DIV

● 圖 16-8(b)　示波器的顯示波形

表 16-1

	$V_{S(P-P)}$(V)	T_S(s)	$V_{A(max)}$(V)	T_A(s)	$V_{in(P-P)}$(V)	f_S(Hz)	f_A(Hz)
理論值	34	16.7m	15.6	8.3m	1.3	60	120
實測值						$\frac{1}{T_S}=$	$\frac{1}{T_A}=$

步驟二 正電壓線性穩壓 IC

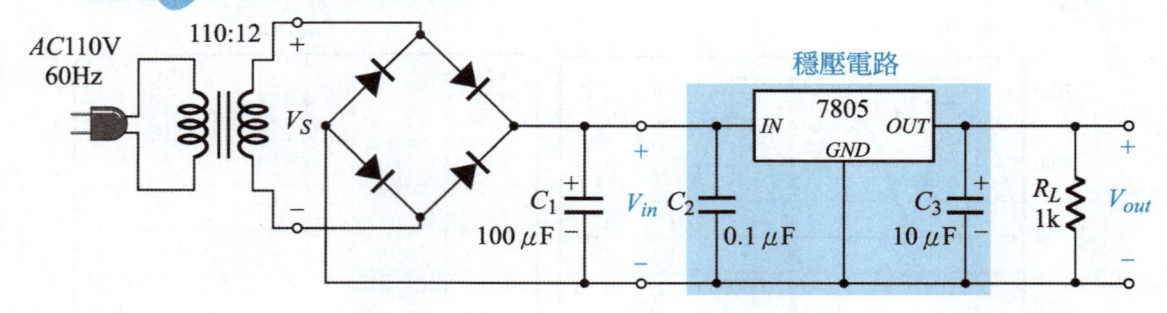

● 圖 16-9 電路圖

(一)理論值

1. LM7805 的輸出電壓 $V_{out} = +5.0V$，失效電壓 $V_{DO} = 2\ V$。
2. 輸入電壓 $V_{in(min)} = V_{in(max)} - \Delta V_{in} = 15.6 - 1.3 = 14.3V$，
   故 $V_{in(min)} \geq (V_{out} + V_{DO}) = 7V$，得穩壓輸出。
3. LM7805 的 RR(漣波拒斥) $= \dfrac{\Delta V_{in}}{\Delta V_{out}} = \dfrac{V_{in(P-P)}}{V_{out(P-P)}} = 80\text{dB} = 10^4$，

   $V_{in(P-P)} \leq 1.3V$，則 $V_{out(P-P)} = V_{in(P-P)}/10^4 \leq 0.13\text{mV}$。

(二)實測值

狀況 1 漣波拒斥特性

1. 按圖 16-9 接線(延續步驟 1 的電路，在濾波電容與負載之間加入穩壓電路)，成為完整的直流電源供應器電路。
2. 以示波器[DC]耦合模式同時觀測 V_{in}、V_{out}，並繪製其波形於圖 16-10(b)中，然後完成表 16-2 之記錄。

> **注意**
> 若漣波成份太小，示波器可改為[AC]耦合模式，直接測量交流成份 $V_{in(P-P)}$，$V_{out(P-P)}$。又因 $V_{out(P-P)}$ 的理論值約為 0.1mV，若示波器垂直感度調整的最小刻度不夠小時，則其測量值可能視為 0。

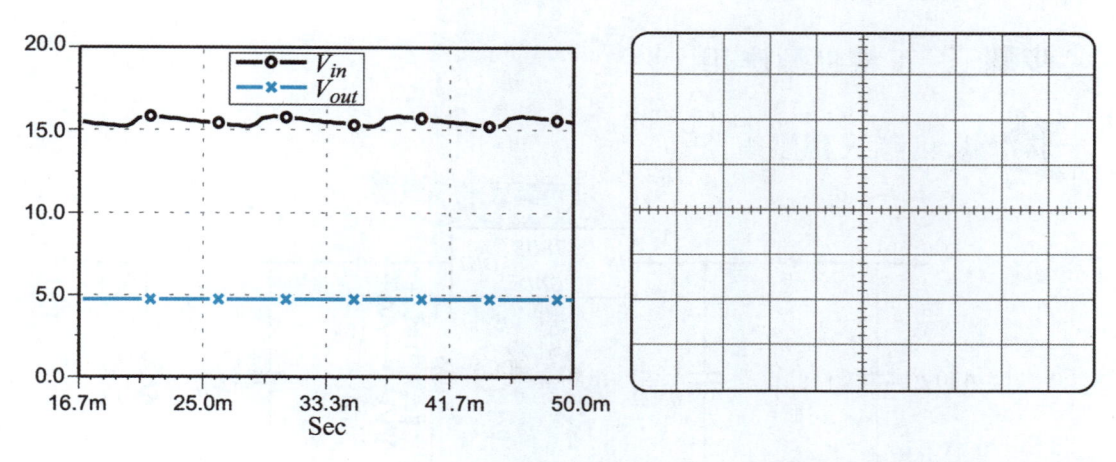

V_{in}, V_{out}=____V/DIV，Time=____s/DIV

● 圖 16-10(a) 電腦模擬圖　　● 圖 16-10(b) 示波器的顯示波形

■ 表 16-2 步驟二的測量結果

$V_{in(P-P)}$ (V)	$V_{out(P-P)}$ (V)	$RR = \dfrac{V_{in(P-P)}}{V_{out(P-P)}}$
[<1.3V]	[≈0.1m]	[10^4]

狀況 2 負載改變之穩壓電路特性

1. 根據表 16-3 負載要求更換 R_L 值，然後以三用電表 DCV 檔測量，完成表 16-3。

■ 表 16-3 步驟二狀況 2 的測量結果

R_L　　　　(Ω)	∞ (開路)	1k	100	56 (½W)	33 (2W)
V_{out}　　　(V)	[5]	[5]	[5]	[5]	[5]
$I_L = \dfrac{V_{out}}{R_L}$ (A)	[0]	[5m]	[50m]	[89m]	[151m]

步驟三　正電壓源應用

狀況 1　可調式穩壓電路

圖 16-11　電路圖

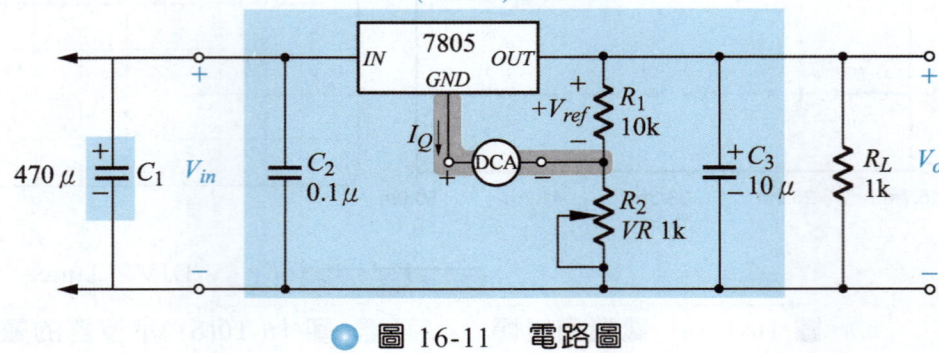

(一)理論值

1. LM7805 的靜態電流 $I_{Q(max)}=8$ mA (MC7805 的 $I_{Q(type)}=3.2$ mA)。
2. $R_2=0$ 時，得 $V_{O(min)}=V_{ref}=5$V；

   $R_2=1\text{k}\Omega$ 時，得 $V_{O(max)}=V_{ref}\cdot\left(1+\dfrac{R_2}{R_1}\right)+I_Q R_2$

   $\qquad\qquad\qquad\qquad =5\cdot 1.1+8\text{m}\cdot 1\text{k}=13.5$V。

3. 加大濾波電容值 $C_1=470\mu$F，得輸入直流電壓 $V_{in}\approx 15.6$V，又因 $V_{in}\geq(V_O+V_{DO})=7$V，故得穩壓輸出。

(二)實測值

1. 按圖 16-11 接線，其主要電路不變(延續步驟二的圖 16-9 電路)，加大濾波電容值 $C_1=470\mu$F，並加入電阻 R_1 及可變電阻 R_2。
2. 調整可變電阻並以三用電表 DCV 檔(採並接方式)測量 V_O 值，DCA 檔(採串接方式)測量 I_Q 值，完成紀錄於表 16-4。
3. 最後將可變電阻 VR 拆離電路，然後以三用電表 Ω 檔測量該 VR 的最大電阻值，並紀錄於表 16-4 中。(**註**：可變電阻 VR 的標示值為 1kΩ，但實際值應該與標示值會有微量誤差。)

■ 表 16-4 步驟三狀況 1 的測量結果

三用電表	$V_{O(min)}$ (V)	$V_{O(max)}$ (V)	I_O (mA)	$VR(\Omega)$
理論值	5	13.5	8	1k(標示值)
實測值				

狀況 2　定電流調整電路

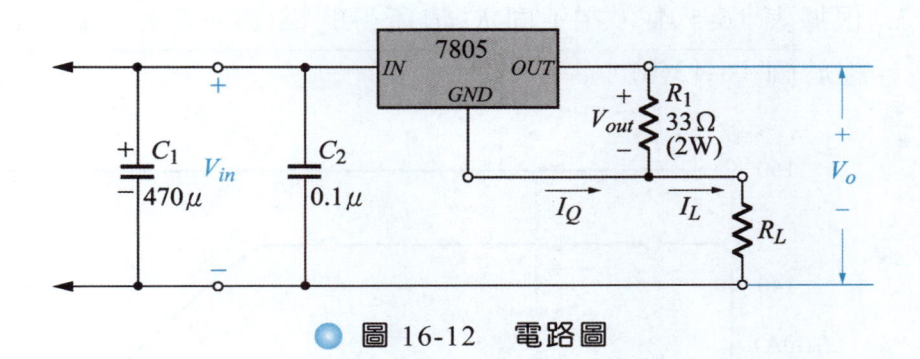

● 圖 16-12　電路圖

(一)理論值

1. $I_Q \approx 0$，$V_{in} \approx 15.6\text{V}$。
2. 負載電流 $I_L = I_{R1} = \dfrac{V_{out}}{R_1} = 5/33 = 0.15\text{ A}$，小於熱過載保護所容許的最大負載電流 $I_L < I_{L(max)}$。
3. 因 $V_O \leq (V_{in} - V_{DO})$，得 $V_O \leq 13.6\text{V}$，所以 $R_{L(max)} = (13.6/0.15) - 33 = 57.7\text{ }\Omega$。

(二)實測值

1. 按圖 16-12 接線，其主要電路不變(延續圖 16-11 電路)，輸出端只接電阻 R_1、R_L，使其成為定電流調整電路。
2. 根據表 16-5 負載要求更換 R_L 值，並以三用電表 DCV 檔測量，完成表 16-5。

■ 表 16-5 步驟三狀況 2 的測量結果

R_L (Ω)	0 (短路)	10	22 (½W)	33 (2W)	51 (2W)
V_{out} (V)	[5]	[5]	[5]	[5]	[5]
$I_L = \dfrac{V_{out}}{R_1}$ (A)	[0.15]	[0.15]	[0.15]	[0.15]	[0.15]

3. 根據表 16-5 中，在不同 R_L 值所得的點 (R_L, I_L)，繪製成 R_L - I_L 曲線於圖 16-13(b)。

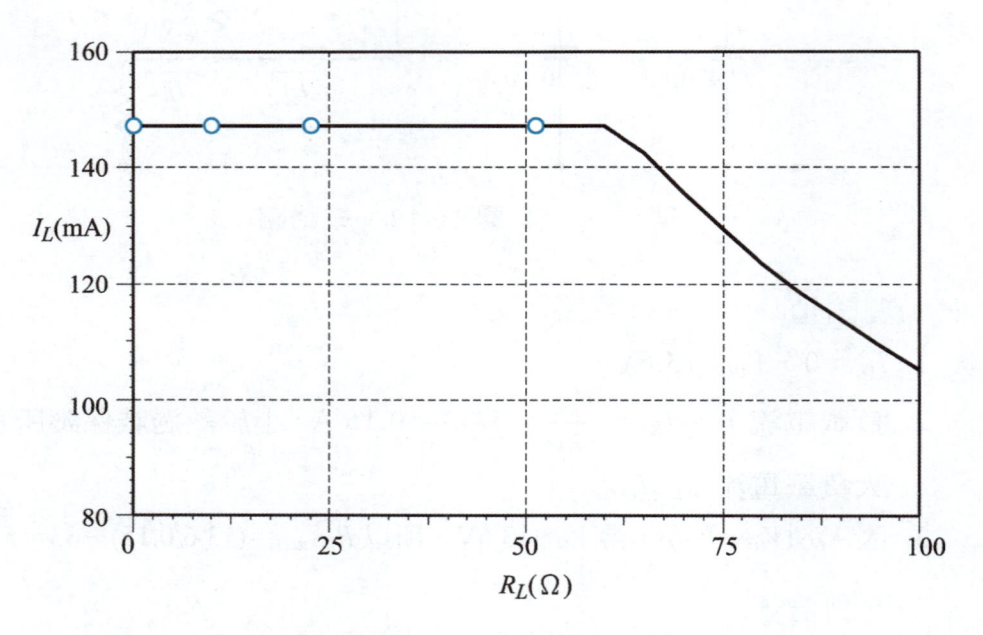

● 圖 16-13(a) 電腦模擬圖

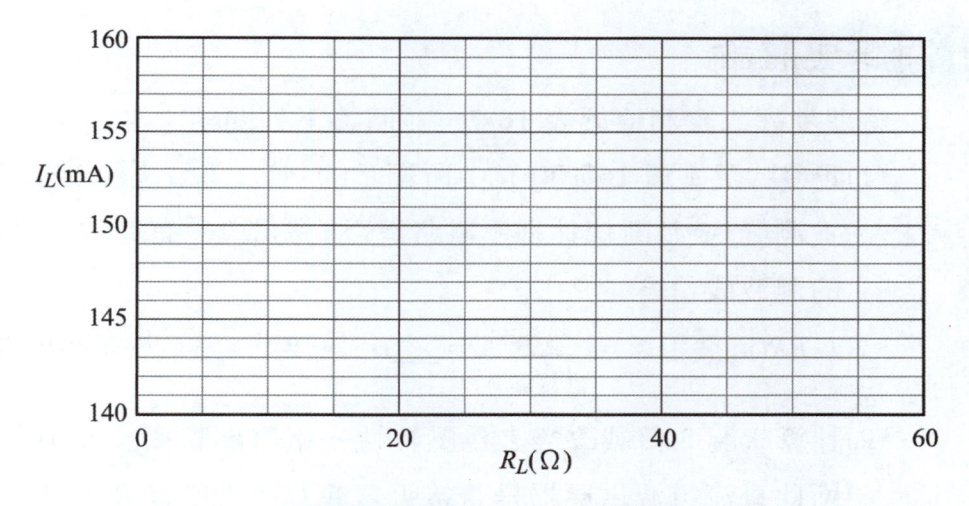

● 圖 16-13(b) R_L - I_L 曲線

步驟四 雙極性電源供應器

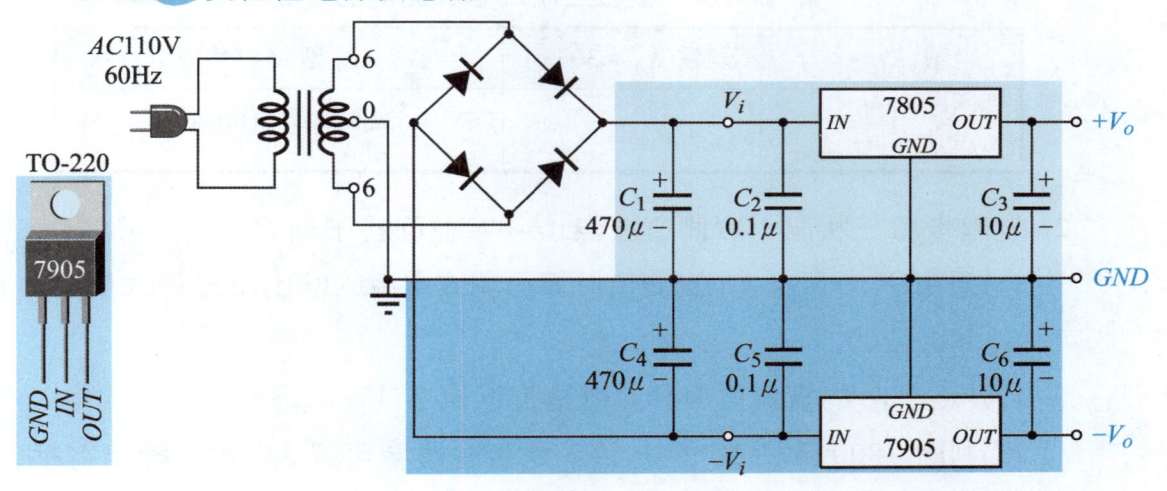

● 圖 16-14 電路圖

1. 按圖 16-14 接線，變壓器以 6V~0~6V 方式供電，並加入負極性電源電路（C_4~C_6、IC 7905），成為雙極性電源供應器電路。
2. 以三用電表 DCV 檔測量，完成表 16-6。

■ 表 16-6 步驟四的測量結果

$+V_o$ (V)	$-V_o$ (V)
[5]	[-5]

五 問題與討論

1. 整理步驟二實測值於表 16-7，並回答下列問題：

   (1) 觀察狀況 1 圖 16-10(b) 中所顯示的 V_{in}、V_{out} 波形以及漣波拒斥實測值，並判斷線性穩壓電路是否能夠改善「有漣波之直流電壓」的漣波成份？

   $$RR(漣波拒斥)=\frac{V_{in(P-P)}}{V_{out(P-P)}}=\underline{\qquad}(<<，=，>>)\,1\,?\,(元件規格值\,10^4)$$

   (2) 計算狀況 2 負載改變之穩壓特性—電壓調整率於表 16-7，並判斷此直流電源供應器是否接近理想電壓源？$(V.R. \approx 0\%？)$

   (3) 電壓調整率式中的無載是指輸出端開路或短路？

   ■ 表 16-7 步驟二狀況 2 實測值的整理

無載($R_L = \infty$)	滿載($R_L = 33\,\Omega$)	電壓調整率
$V_{out}=V_{NL}=$ _____	$V_{out}=V_{FL}=$ _____	$V.R.=\dfrac{V_{NL}-V_{FL}}{V_{FL}}\times 100\%=$ _____ %

2. 整理步驟三狀況 1 實測值於表 16-8，並回答下列問題：

   (1) 運用 V_{ref}、I_Q、VR 實測值計算可調式電源的輸出電壓最大值 $V_{out(max)}$。

   (2) $V_{out(max)}$ 的實測值與計算值是否近似？($V_1 \approx V_2$？)

   (3) 判斷 7800 系列 IC 的 I_Q 值，是否會影響可調式電源的輸出電壓最大值？如何改善？

   ■ 表 16-8 步驟三狀況 1 實測值的整理

	$V_{O(min)}$ (V)	$V_{O(max)}$ (V)	I_Q (mA)	$VR(\Omega)$
(實測值)	$V_{ref}=$ ___	$V_1=$ ___		
(計算值)		$V_2=V_{ref}\left(1+\dfrac{VR}{R_1}\right)+I_Q\cdot VR=$ ___		

3. 整理步驟三狀況 2 實測值於表 16-9，並回答下列問題：
   (1) 計算電流調整率，並判斷「使用線性穩壓 IC 的電流調整應用電路」是否近似理想電流源？($I.R. \approx 0\%$？)
   (2) 電流調整率式中的無載是指輸出端開路或短路？

   ■ 表 16-9 步驟三狀況 2 實測值的整理

無載($R_L = 0$)	滿載($R_L = 51\,\Omega$)	電流調整率
$I_L = I_{NL} = $ _____	$I_L = I_{FL} = $ _____	$I.R. = \dfrac{I_{NL} - I_{FL}}{I_{FL}} \times 100\% = $ _____ %

實習十七 電子輪盤式骰子

一 實習目的

1. 認識 555 IC 的功能與應用。
2. 瞭解計數器在電路上的應用。
3. 學習製作一個電子輪盤式骰子。

二 實習材料

電阻	100Ω×7	10kΩ×3	33kΩ×8	100kΩ×1
	200kΩ×1	470kΩ×1		
電容	0.01μF×1	0.1μF×1	1.0μF×1	200μf×1
TTL	74LS11×1	74LS47×1	74LS90×1	74LS138×1
LED 燈	紅色×7		七段顯示器	共陽極×1
按鈕開開	×1			

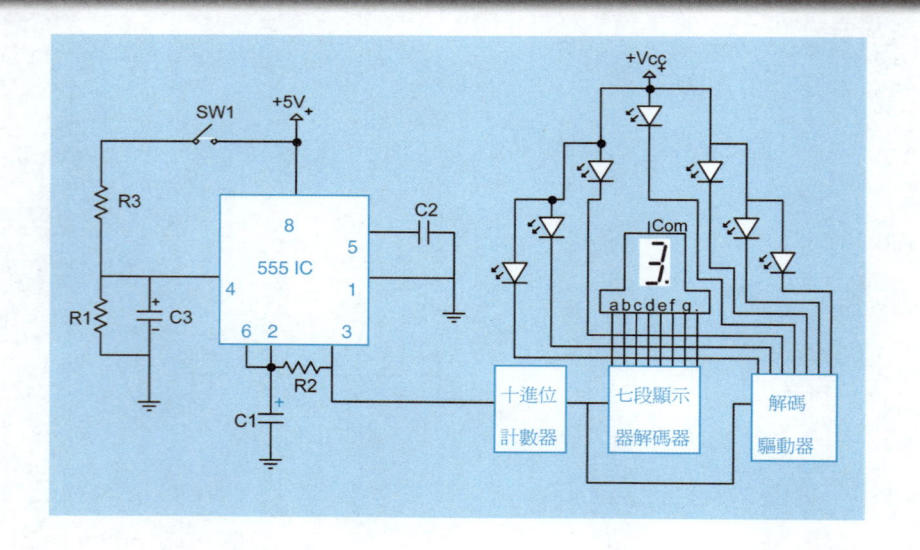

三　相關知識

(一) IC 555 的認識

　　編號 555 IC 是由 Signetics 公司在 1972 年所研製完成的一顆定時器專的積體電路，由於它具有如表 17-1 的優點及價格便宜，因此被廣泛使用在電子電路上，成為在工業控制電路上不可缺少的元件之一。

■ 表 17-1　555 IC 的優點

優點	說明
1. 操作使用簡單	只需電阻、電容即可完成定時的功能
2. 電壓工作範圍大	可在 4.6~16V 電壓下工作。並可與 TTL 及 COMS 元件配合使用
3. 輸出電流較大	在 15V 電壓下工作，最大可輸出約 200mA 的電流，可直接驅動控制電路。
4. 精確度高且溫度穩定性佳。	可容許較大的溫度變化。

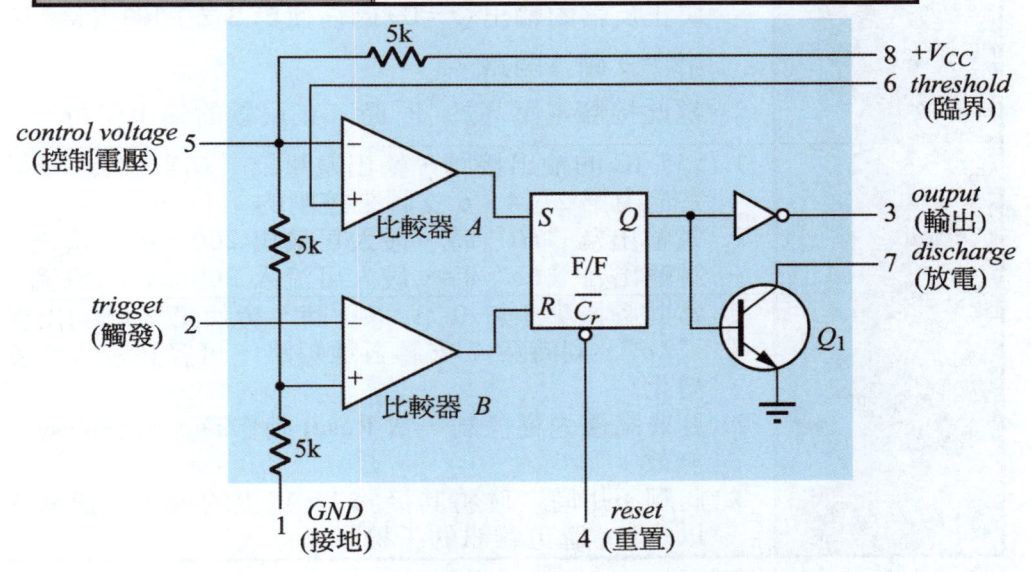

● 圖 17-1　IC 555 內部方塊圖

555 IC 內部電路結構方塊如圖 17-1 所示，從中圖可知，它是由二個比較器、一個 S-R 正反器、一個 NPN 電晶體、及一個反相器與三個 5kΩ 的電阻所組合而成的電路，外部共具有 8 支接腳，如圖 17-2 所示，而表 17-2 則為它的接腳功能說明。

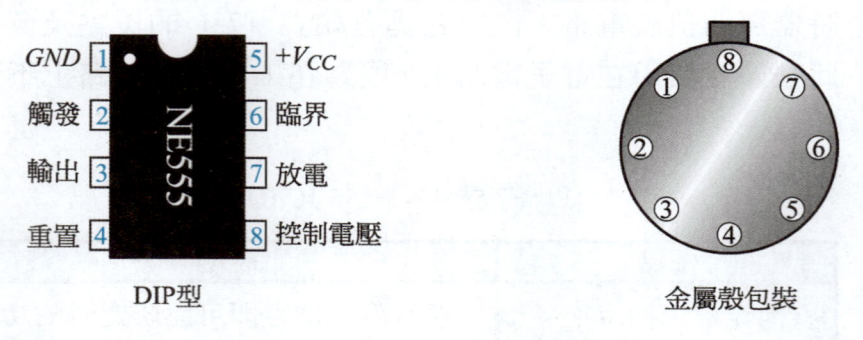

● 圖 17-2 IC 555 接腳圖

■ 表 17-2 555 IC 接腳功能說明

接腳	功能說明
第 1 腳 (GND，接地)	共同接地點，使用時應將其接至電源的負極。
第 2 腳 (Trigger，觸發)	1. 當此接腳電壓低於 $\frac{1}{3}V_{cc}$ 時，比較器 B 的輸出為"Hi"，使正反器的輸出 $\overline{Q}=0$，因而使第 3 支腳輸出為"Hi"，第 7 支腳為開路。 2. 當此接腳電壓高於 $\frac{1}{3}V_{cc}$ 時，正反器的輸出保持不變。
第 3 腳 (Output，輸出)	1. 555 IC 的輸出接腳，輸出電壓為"Hi"或為"Lo"，完全由第 2、4、6 支腳來控制的。 2. 當輸出為"Hi"時，最大可輸出 200mA 的電流，當輸出為"Lo"時，最大可流入 200mA 的電流。
第 4 腳 (Reset，重置)	1. 當此腳電壓小於 0.7V 以下時，會使第 3 腳輸出變為"Lo"，同時第 7 支腳對地短路。可容許較大的溫度變化。 2. 具最高優先權控制，當 Reset 動作時，其它的輸入均無效。 3. 此腳不用時，應將其接於 1V 以上的電壓，通常接至以 $+V_{cc}$ 避免雜訊的干擾。

表 17-2 555 IC 接腳功能說明(續)

接腳	功能說明
第 5 腳 (Control Voltage，控制電壓)	1. 此接腳直接與比較器 A 的參考電壓($\frac{2}{3}V_{cc}$)相接，允許由外界來改變第 2、6 支腳的動作電壓。 2. 平常不用時，此腳通常接一個 $0.01\mu F$ 以上的電容而接地，避免雜訊的干擾。
第 6 腳 (Threshold，臨界)	1. 當此接腳電壓高於 $\frac{2}{3}V_{cc}$ 時，比較器 A 的輸出為 "Hi"，使正反器的輸出 $\overline{Q}=1$，因而使第 3 支腳輸出為 "Lo"，第 7 支腳對地短路。 2. 當此接腳電壓低於 $\frac{2}{3}V_{cc}$ 時，正反器的輸出保持不變。
第 7 腳 (Discharge，放電)	此腳與第 3 支腳同步動作： 1. 當第 3 支腳輸出為 "Hi" 時，因此時 NPN 電晶體 OFF，而使此腳(第 7 腳)對地開路。 2. 當第 3 支腳輸出為 "Lo" 時，因此時 NPN 電晶體 ON，而使此腳(第 7 腳)對地短路。
第 8 腳 ($+V_{cc}$)	555 IC 的工作電壓，此腳對第 1 支腳的電壓約為 +4.6V 至 +16V 之間。

注意

1. 第 2 及第 6 這兩支腳控制第 3 支腳的輸出，但由表 17-3 可知 S-R F/F 的 S 與 R 兩輸入端不可同時為 "1"，故(第 2 腳電壓低於 $\frac{1}{3}V_{cc}$ 且第 6 腳電壓高於 $\frac{2}{3}V_{cc}$ 是不可同時存在的，否則第 3 支腳輸出會不穩定。
2. 當第 2、4、6 三支腳動作發生衝突時，其輸出動作優先順序為，最優先：第 4 支腳(重置)
   其　次：第 2 支腳(觸發)
   最　末：第 6 支腳(臨界)

表 17-3 S-R F/F 特性表

S	R	Q_{n+1}
0	0	Q_n
0	1	0
1	0	1
1	1	不允許

(二) 555 無穩態振盪電路

555 IC 一般可接成振盪電路型式，如：單穩態多諧振盪器、無穩態多諧振盪器、、、來使用，以提供給電子電路中所需的脈波源。以下只針對將 555 IC 接成無穩態多諧振盪器電路加以說明，如圖 17-3 所示即為 555 IC 無穩態多諧振盪器的基本電路，而圖 17-4 則為該電路輸出的時序圖，其電路動作原理說明如下所述。

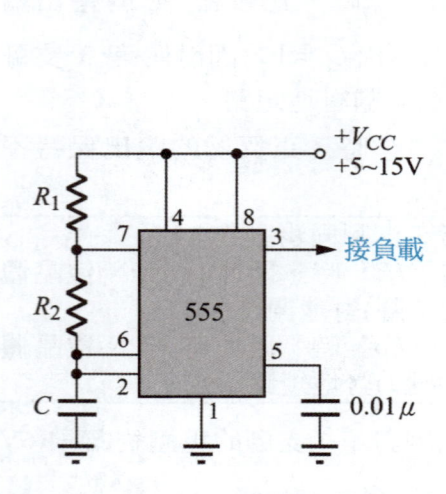

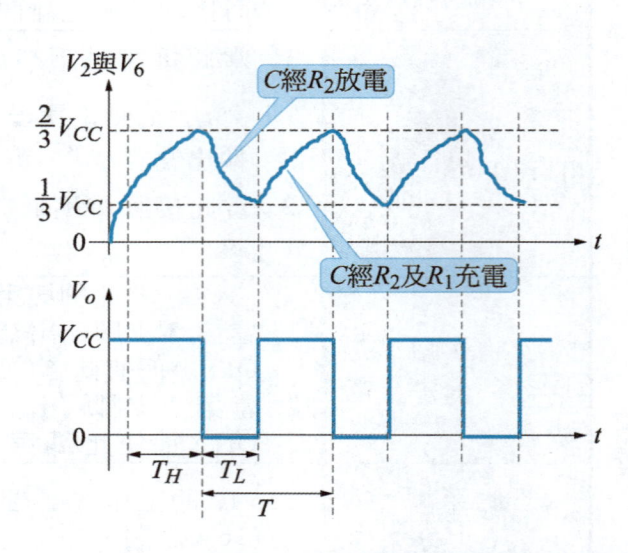

● 圖 17-3 555 無穩態振盪電路　　● 圖 17-4 555 無穩態振盪電路輸出時序圖

1. 當 555 接上 V_{CC} 電源的瞬間，因電容 C 瞬間兩端電壓 $V_C=0$，則第 2 支及第 6 支腳的輸入電壓 $V_2=V_6=0$，故此時比較器 A 輸出為 "Lo"（即正反器輸入端 $R=0$），而比較器 B 輸出為 "Hi"（即正反器輸入端 $S=1$），使得正反器的輸出端 $\overline{Q}=0$，NPN 電晶體 OFF，電容器 C 經由 R_1 及 R_2 電阻開始充電。

2. 當電容器 C 兩端電壓充電至 $V_C=\dfrac{1}{3}V_{CC}$ 時，此時比較器 A、B 輸出均為 "Lo"，則正反器輸入端 $R=S=0$，使得正反器的輸出端保持不變 $\overline{Q}=0$，NPN 電晶體仍為 OFF，555 輸出(第 3 支腳)為 "Hi"，電容器 C 仍繼續充電。

3. 當電容器 C 充電至兩端電壓 $V_C \geq \frac{2}{3}V_{CC}$ 時，此時比較器 A 輸出為"Hi"(即正反器輸入端 $R=1$)，而比較器 B 輸出為"Lo"(即正反器輸入端 $S=0$)，使得正反器的輸出端 $\overline{Q}=1$，NPN 電晶體 ON，555 輸出(第 3 支腳)為"Lo"，電容器 C 經由 R_2 電阻、及電晶體放電。

4. 當電容器 C 放電至兩端電壓 $V_C \leq \frac{1}{3}V_{CC}$ 時，此時比較器 A 輸出轉為"Lo"(即正反器輸入端 $R=0$)，而比較器 B 輸出轉"Hi"(即正反器輸入端 $S=1$)，使得正反器的輸出端 $\overline{Q}=0$，NPN 電晶體 OFF，555 輸出(第 3 支腳)為"Hi"，電容器 C 又經由 R_1 及 R_2 電阻充電，重覆上述 2，以此循環。

5. 圖 17-4 中的振盪週期(T_H、T_L 及 T)，如表 17-3 所示。

■ 表 17-3 T_H、T_L 及 T 說明

	說明	計算公式
T_L	T_L 為電容 C 兩端電壓由 $\frac{2}{3}V_{CC}$ 經 R_2 電阻放電至 $\frac{1}{3}V_{CC}$ 所需要的時間。	$0.693R_2C$
T_H	T_H 為電容 C 兩端電壓由 $\frac{1}{3}V_{CC}$ 經 R_1、R_2 電阻充電至 $\frac{2}{3}V_{CC}$ 所需要的時間。	$0.693(R_1+R_2)C$
T	555 振盪週期 $T=T_L+T_H$ 555 振盪頻頻 $f=\frac{1}{T}$，最高極限為 100kHz	$0.693(R_1+2R_2)C$
	R_1、R_2、C 實用範圍	$C=100pF-1000\mu F$ $R_1>1k\Omega$ $R_1+R_2<1M\Omega$

(二) 電子輪盤式骰子

1. 電路介紹

    如圖 17-5 方塊圖所示，此電路是利用一顆 555 IC 來產生一連串的脈波，提供給 7490 IC(十進制計數器)所需的脈波源，並由一顆 7447 解碼器去驅動一個七段顯示器，使七段顯示器輪流顯示 0、1、2、3、4、5、6(當成骰子用)；同時另用一顆 74138 解碼器去驅動 7 顆 LED 燈(排成半環狀)輪流點亮，形成一個電子輪盤式骰子。

    我們可用按 SW_1 開關 ON 時間的長短，來決定七段顯示器顯示及 LED 燈點亮的圈數。而當 SW_1 開關 OFF 時，七段顯示器會停留顯示出那一個數字及點亮那一個 LED，就由 C_3 電容何時放電完畢來決定的。

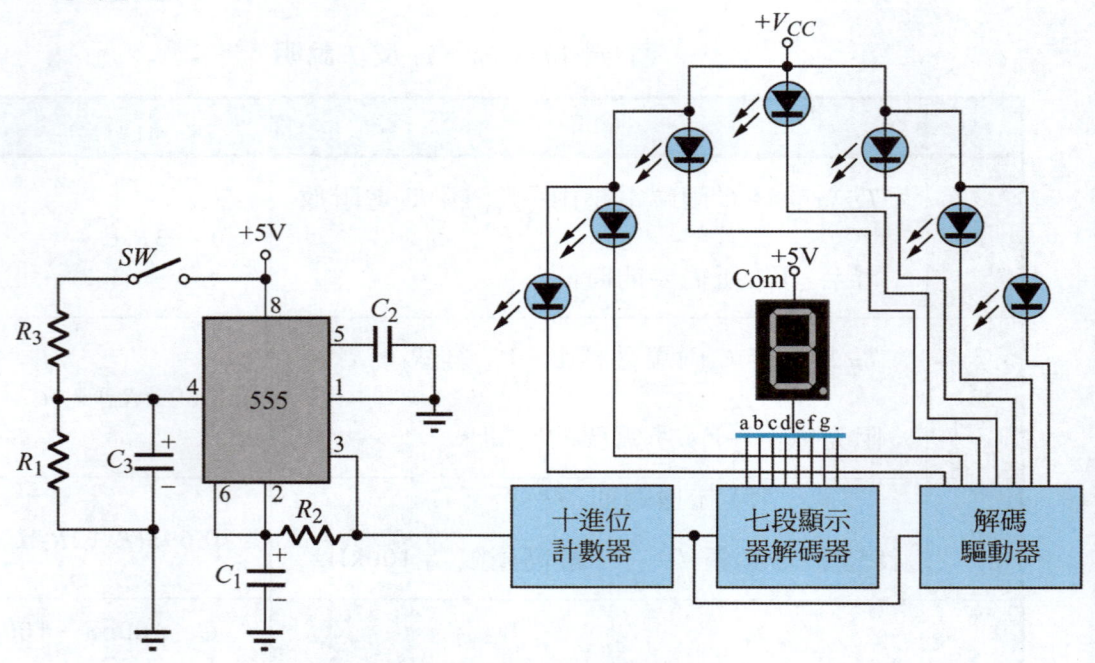

● 圖 17-5 電子輪盤骰子方塊圖

2. 電路工作原理

    (1) 將 555 IC 接成無穩態多諧振盪電路，提供 7490 所需的脈波源。而脈波週期的長短，則由接在 555 輸出端的 R_2 電阻及 C_1 電容的充放電來決定。

(2) 當 SW1 開關 OFF 時，555 脈波輸出持續時間，則由 C_3 電容放電時間的快慢來決定的。

(3) 當 SW1 開關 ON 時，C_3 經由 R_3 電阻充電至 $(\frac{R_1}{R_1+R_3})v_{CC}$，此時 555 則不斷的振盪產生方波輸出。而當 SW_1 開關 OFF 時，555 開始仍保持振盪，此時 C_3 開始經由 R_1 放電(電阻 R_1 值大，則 C_3 放電速度較慢；電阻 R_1 值小，則 C_3 放電速度較快)，七段顯示器及 LED 輪流顯示的速度漸漸變慢，當 C_3 兩端電壓約低於 0.4V 時，555 的第 4 支輸入腳被輸入〝Lo〞電位，則 555 被重置，使得 555 輸出端(第 3 支腳)無方波輸出，故電子輪盤即停止轉動，七段顯示器顯示出某一個數字及點亮某一個 LED。

(4) 電阻 R_3 的大小，會影響 C_3 充電的時間：在 R_3 較小時，當 SW_1 ON 時 C_3 很快就充電飽和；而當 R_3 較大時，則需按 SW1 ON 較長時間，C_3 才能達到飽和。

(5) 電阻 R_1 的大小則會影響 C_3 放電的時間：在 R_1 較小時，當 SW_1 OFF 時 C_3 很快就放電完畢，電子輪盤很快即停止轉動；而當 R_1 較大時，C_3 需要較長的時間才放電完畢，即電子輪盤可轉動較久的時間才停止，

(6) 改變 R_3 或 R_1 電阻的大小即可改變輪盤轉動的時間，使參加遊戲的人較不易猜中下一個數字或 LED 燈。

(7) 變化 C_3 電容的大小亦可達到改變電子輪盤轉動七段顯示器顯示與 LED 燈點亮及停止的時間。

四 實習項目

工作項目一　無穩態多諧振盪器電路實驗

　　此工作項目是將 555 IC 接成無穩態多諧振盪電路，如圖 17-6 所示，並藉由改變 R_X 電阻或 C_X 電容的大小，由示波器來觀察 555 IC 輸出波形變化的情形。

(一) 電路接線圖

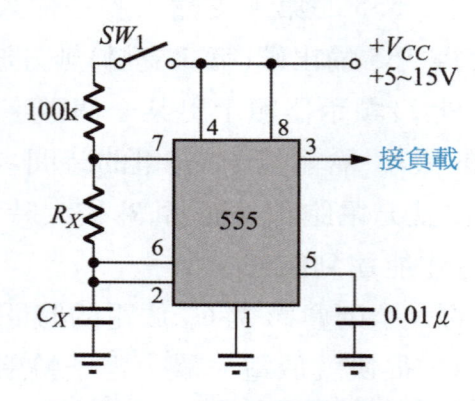

● 圖 17-6 無穩態振盪電路

(二) 實習步驟

1. 按圖 17-6 接線，其中：R_X＝10k、C_X＝0.1μF，請依下列順序做實驗，並將結果記錄於表 17-4 中。
2. 先將 SW_1 先 OFF(斷開)，觀察 V_o 端是否有振盪訊號產生。
3. 再將 SW_1 ON(閉合)，依表 17-4 中改變 R_X 電阻及 C_X 電容的大小，觀察 V_o 端的振盪訊號？並將觀察的結果記錄於表 17-4 中。
4. 完成表 17-4 的各項記錄之後，請立刻回答問題討論中的第一題問題。

表 17-4 圖 17-6 的實習結果

SW_1	觀測結果	
OFF		
ON	$R_X = 100k$ $C_X = 0.1\mu F$ $V_{CC} = +5V$	V_o 波形及數據 CH1 = _____ V/DIV Time = _____ s/DIV $T_H =$ _____ ms　　　　[13.86ms] $T_L =$ _____ ms　　　　[6.93ms] $T = T_H + T_L =$ _____ ms　[20.79ms] $f = \dfrac{1}{T} =$ _____ Hz　　　[48.1Hz]
	$R_X = 10k$ $C_X = 0.01\mu F$ $V_{CC} = +5V$	CH1 = _____ V/DIV Time = _____ s/DIV $T_H =$ _____ ms　　　　[0.762ms] $T_L =$ _____ ms　　　　[0.069ms] $T = T_H + T_L =$ _____ ms　[0.831ms] $f = \dfrac{1}{T} =$ _____ Hz　　　[1203Hz]
	$R_X = 470k$ $C_X = 1.0\mu F$ $V_{CC} = +5V$	CH1 = _____ V/DIV Time = _____ s/DIV $T_H =$ _____ ms　　　　[0.395s] $T_L =$ _____ ms　　　　[0.326s] $T = T_H + T_L =$ _____ ms　[0.721s] $f = \dfrac{1}{T} =$ _____ Hz　　　[1.387Hz]

註：[ ]內為理論值

工作項目二　電子輪盤式骰子

(一) 實習電路圖

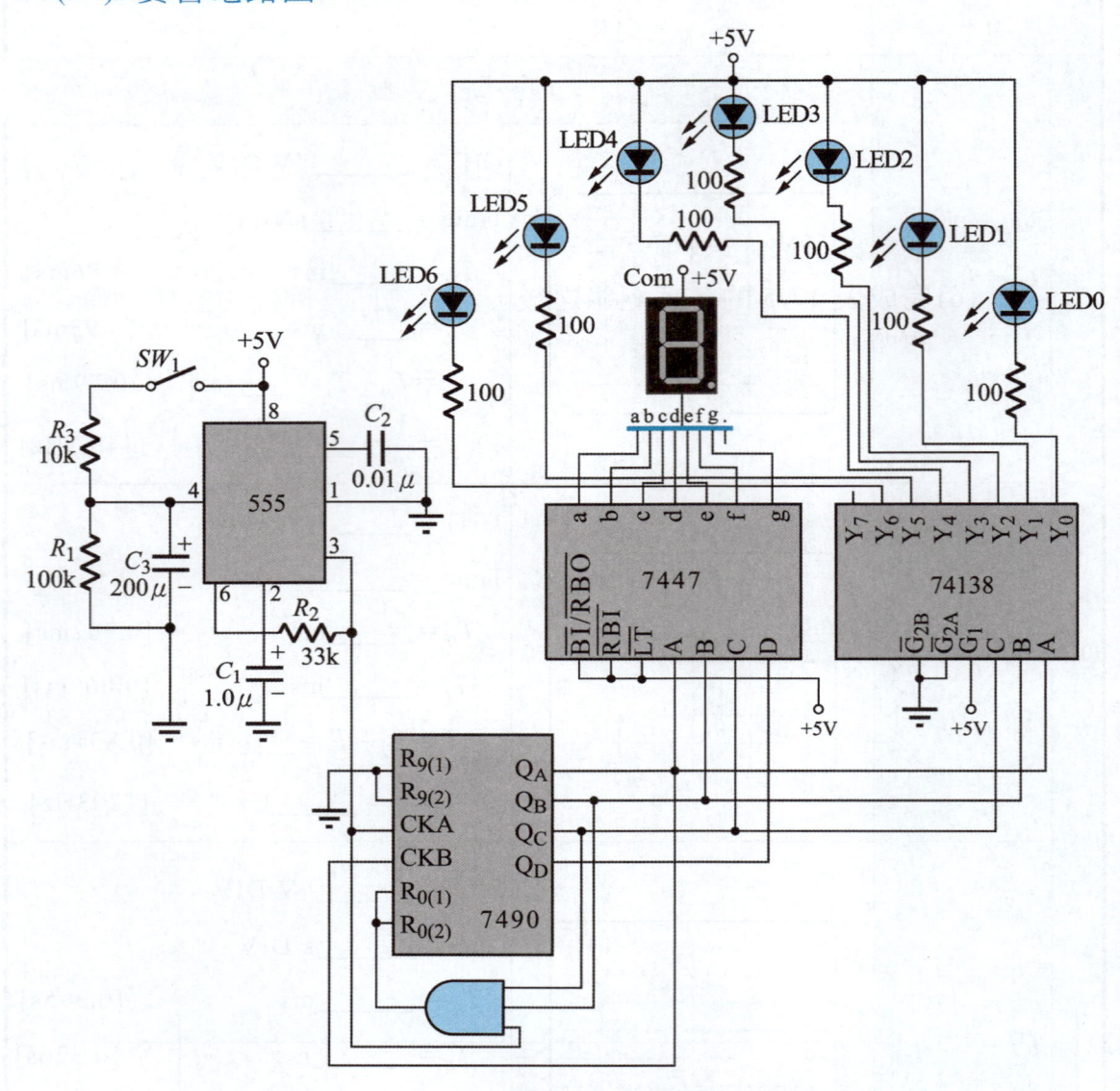

圖 17-7　電子輪盤式骰子電路

(一) 實習步驟

(1) 按圖 17-7 接線，$R_3 = 10\text{k}\Omega$、$R_1 = 100\text{k}\Omega$、$C_3 = 200\mu\text{F}$。並依照下面步驟做實驗。

(2) 先將 SW1 OFF(斷路)，當 V_{CC} 接上+5V 電源後，觀察電子輪盤骰子顯示變化的情形，將結果記錄於表 17-5 中。

(3) 再將 SW1 ON(閉合)，觀察此時電子輪盤骰子顯示變化的情形，並依照表 17-5 中的說明，將結果記錄之。

(4) 次將 SW1 OFF(斷路)，觀察電子輪盤骰子顯示變化的情形，並依照表 17-5 中的說明，將結果記錄之。

(5) 將 R_1 電阻改接 10kΩ 或 200kΩ，重做上述步驟(2)~(4)，並將結果記錄於表 17-5 中。

(6) 完成表 17-5 的各項記錄之後，請立刻回答問題討論中的第二題問題。

■ 表 17-5 圖 17-7 的實習結果

SW_1 開關	觀測結果			
先將 SW_1 先 OFF	七段顯示器及 LED 燈是否會輪流顯示?( )			
將 SW_1 ON (SW_1 閉合)	改變 R_1 電阻值	當 $R_1=$ 100k	當 $R_1=$ 10k	當 $R_1=$ 200k
	1. 七段顯示器及 LED 燈是否會輪流重覆顯示?			
	2. 若七段顯示器及 LED 燈會輪流顯示，則當 R=? 時，輪流顯示速度較快?			
再將 SW_1 OFF (SW_1 斷開)	改變 R_1 電阻值	當 $R_1=$ 100k	當 $R_1=$ 10k	當 $R_1=$ 200k
	1. 七段顯示器及 LED 燈輪流顯示是否會慢慢停止?			
	2. 若會停止顯示，則大約經過多少時間才停止顯示?	[13.8 s]	[1.38 s]	[27.6 s]

註：[   ]內為理論大約值

五 問題與討論

1. 將工作項目一中的表 17-4 重新整理於表 17-6 中，並回答問題：

    (1) 改變 C_X 電容值對 555 IC 輸出端的 T_H 有何影響？

    答：_____。

    (2) 改變 R_X 電阻值對 555 IC 輸出端的 T_H 有何影響？

    答：_____。

    ■ 表 17-6 表 17-4 重新整理結果

	R_X= 10k C_X= 0.01 μF	R_X= 100k C_X= 0.1 μF	R_X= 470k C_X= 1.0 μF
T_H			
T_L			
T			
f			

2. 從工作項目二的電路實習中，你是否有注意到，按 SW1 開關 ON 時間的長短，是否會影響到當 SW1 OFF 後，電子輪盤七段顯示器及 LED 燈停止輪流顯示時間的長短？

    答：_____。

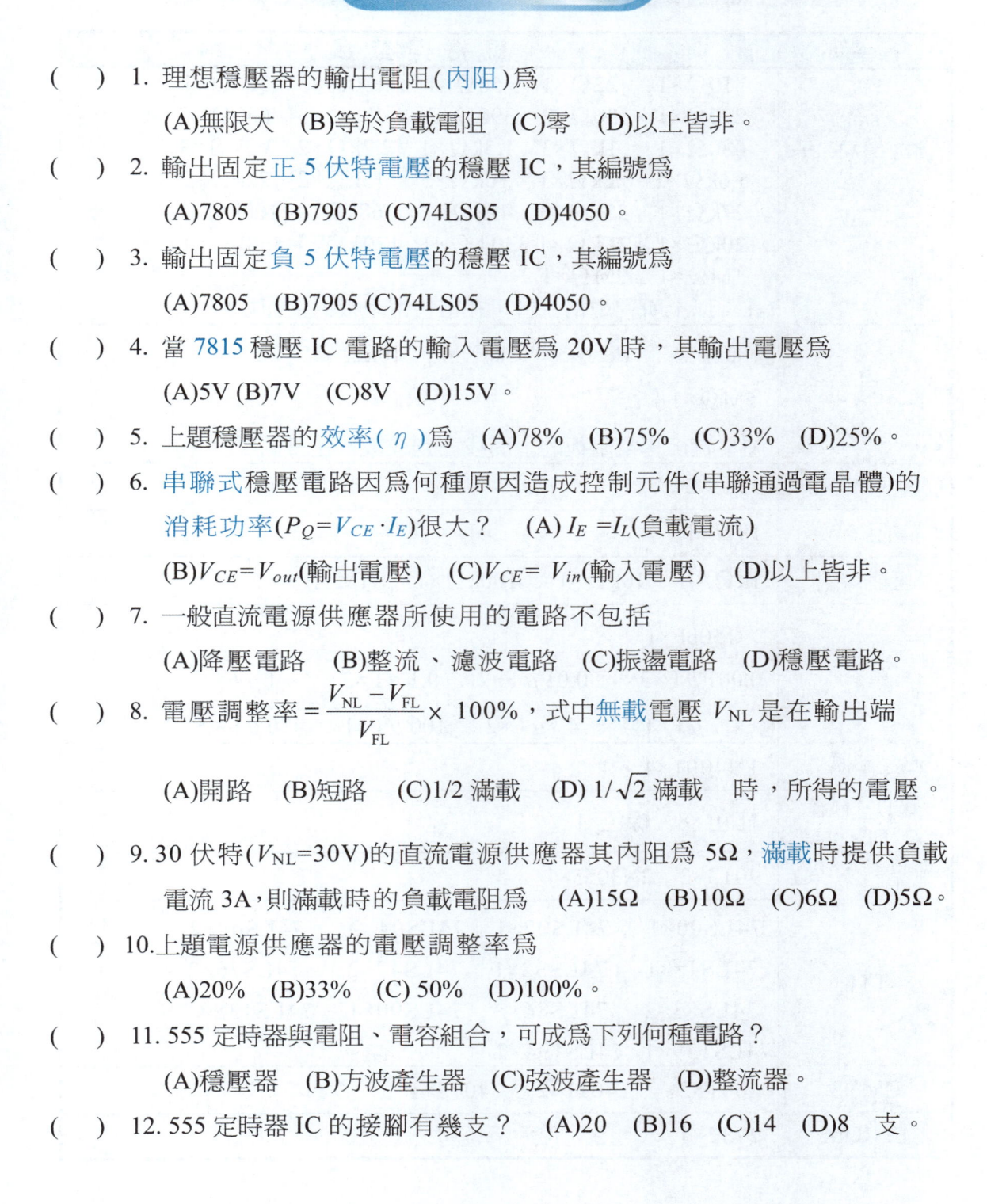

單元測驗五

( ) 1. 理想穩壓器的輸出電阻(內阻)為
   (A)無限大　(B)等於負載電阻　(C)零　(D)以上皆非。

( ) 2. 輸出固定正5伏特電壓的穩壓IC，其編號為
   (A)7805　(B)7905　(C)74LS05　(D)4050。

( ) 3. 輸出固定負5伏特電壓的穩壓IC，其編號為
   (A)7805　(B)7905　(C)74LS05　(D)4050。

( ) 4. 當7815穩壓IC電路的輸入電壓為20V時，其輸出電壓為
   (A)5V　(B)7V　(C)8V　(D)15V。

( ) 5. 上題穩壓器的效率(η)為　(A)78%　(B)75%　(C)33%　(D)25%。

( ) 6. 串聯式穩壓電路因為何種原因造成控制元件(串聯通過電晶體)的消耗功率($P_Q = V_{CE} \cdot I_E$)很大？　(A)$I_E = I_L$(負載電流) (B)$V_{CE} = V_{out}$(輸出電壓)　(C)$V_{CE} = V_{in}$(輸入電壓)　(D)以上皆非。

( ) 7. 一般直流電源供應器所使用的電路不包括
   (A)降壓電路　(B)整流、濾波電路　(C)振盪電路　(D)穩壓電路。

( ) 8. 電壓調整率 = $\dfrac{V_{NL} - V_{FL}}{V_{FL}} \times 100\%$，式中無載電壓$V_{NL}$是在輸出端
   (A)開路　(B)短路　(C)1/2滿載　(D)$1/\sqrt{2}$滿載　時，所得的電壓。

( ) 9. 30伏特(V_{NL}=30V)的直流電源供應器其內阻為5Ω，滿載時提供負載電流3A，則滿載時的負載電阻為　(A)15Ω　(B)10Ω　(C)6Ω　(D)5Ω。

( ) 10. 上題電源供應器的電壓調整率為
   (A)20%　(B)33%　(C)50%　(D)100%。

( ) 11. 555定時器與電阻、電容組合，可成為下列何種電路？
   (A)穩壓器　(B)方波產生器　(C)弦波產生器　(D)整流器。

( ) 12. 555定時器IC的接腳有幾支？　(A)20　(B)16　(C)14　(D)8　支。

附錄一　本書實習所需之電子材料

名　稱	規　格　與　數　量
電阻板上的電阻 (1/2W)	10Ω×1　22Ω×1　56Ω×1　100Ω×3　220Ω×1 270Ω×1　330Ω×2　390Ω×3　470Ω×3　650Ω×1 680Ω×1　1kΩ×3　1.5kΩ×1　2.2kΩ×2　3.3kΩ×3 5.6kΩ×1　8.2kΩ×1　10kΩ×3　15kΩ×2　22kΩ×2 27kΩ×1　33kΩ×3　47kΩ×1　68kΩ×1　100kΩ×1 120kΩ×1　220kΩ×1　330kΩ×1　470kΩ×1　560kΩ×1 1MΩ×1　2.2MΩ×1 (註：以上所列規格，皆可在市售電阻板的上面找到。)
電阻(1/2W)	100Ω×4　1kΩ×5　5kΩ×4　10kΩ×5　33kΩ×5 5MΩ×1 (註：在市售電阻板的上面找不到或數量在三個以上。)
電阻(2W)	33Ω×2　51Ω×1
電阻(5W)	10Ω×1
可變電阻	1kΩ×1　10kΩ×1　100kΩ×1　1MΩ×1
電容	150pF×1 0.001μF×3　0.01μF×2　0.1μF×3　1μF×1 4.7μF×1　47μF×2　100μF×1　470μF×2
二極體	1N4001×4
發光二極體(LED)	紅色×8　綠色×1
電晶體(NPN)	9013×3　2N3055×1
TTL	74LS00×1　74LS02×1　74LS04×2　74LS08×2 74LS11×1　74LS32×1　74LS47×2　74LS76×2 74LS83×2　74LS86×2　74LS90×1　74LS138×1 74LS139×1　74LS194×2
CMOS	4001×2　4011×2　4075×1
EPROM	2732×1

其他 IC	μA741×1　　　　7805×1　　　7905×1 DAC0800×1　　ADC0804×1
七段顯示器	共陽×2
變壓器	6V-0-6V(1A)
石英振盪器	1MHz×1
開關	DIP 開關(6P)×1　　DIP 開關(8P)×1　　按鈕開關×1

附錄二　單元測驗簡答

	解　　答
單元一	1.(B)　2.(C)　3.(D)　4.(A)　5.(D) 6.(C)　7.(A)　8.(D)　9.(A)　10.(D) 11.(B)　12.(D)
單元二	1.(D)　2.(A)　3.(C)　4.(B)　5.(A) 6.(B)　7.(D)　8.(B)　9.(C)　10.(C) 11.(D)　12.(B)
單元三	1.(B)　2.(B)　3.(C)　4.(D)　5.(A) 6.(C)　7.(C)　8.(A)　9.(D)　10.(B) 11.(A)　12.(B)　13.(D)　14.(C)　15.(B) 16.(A)　17.(D)　18.(A)　19.(C)　20.(C)
單元四	1.(B)　2.(B)　3.(C)　4.(A)　5.(D) 6.(D)　7.(C)　8.(D)　9.(C)　10.(C) 11.(A)　12.(A)
單元五	1.(C)　2.(A)　3.(B)　4.(D)　5.(B) 6.(A)　7.(C)　8.(A)　9.(D)　10.(D) 11.(B)　12.(D)

附錄三　本書實習所用 IC 接腳結構圖

一　TTL 系列

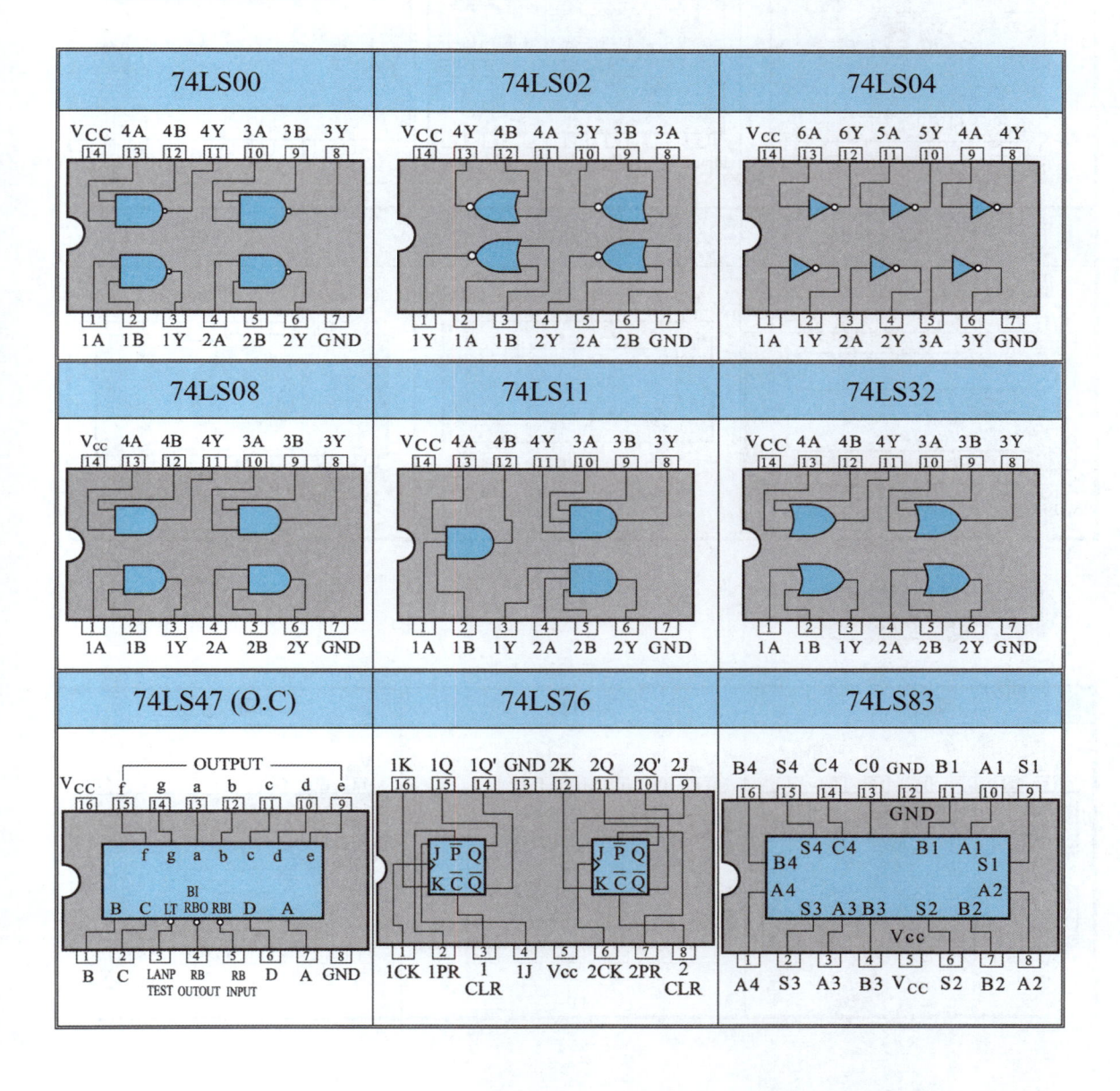

74LS00
Vcc 4A 4B 4Y 3A 3B 3Y
14 13 12 11 10 9 8
1 2 3 4 5 6 7
1A 1B 1Y 2A 2B 2Y GND

74LS02
Vcc 4Y 4B 4A 3Y 3B 3A
14 13 12 11 10 9 8
1 2 3 4 5 6 7
1Y 1A 1B 2Y 2A 2B GND

74LS04
Vcc 6A 6Y 5A 5Y 4A 4Y
14 13 12 11 10 9 8
1 2 3 4 5 6 7
1A 1Y 2A 2Y 3A 3Y GND

74LS08
Vcc 4A 4B 4Y 3A 3B 3Y
14 13 12 11 10 9 8
1 2 3 4 5 6 7
1A 1B 1Y 2A 2B 2Y GND

74LS11
Vcc 4A 4B 4Y 3A 3B 3Y
14 13 12 11 10 9 8
1 2 3 4 5 6 7
1A 1B 1Y 2A 2B 2Y GND

74LS32
Vcc 4A 4B 4Y 3A 3B 3Y
14 13 12 11 10 9 8
1 2 3 4 5 6 7
1A 1B 1Y 2A 2B 2Y GND

74LS47 (O.C)
OUTPUT
Vcc f g a b c d e
16 15 14 13 12 11 10 9
f g a b c d e
BI
B C LT RBO RBI D A
1 2 3 4 5 6 7 8
B C LANP RB RB D A GND
　　TEST OUTOUT INPUT

74LS76
1K 1Q 1Q' GND 2K 2Q 2Q' 2J
16 15 14 13 12 11 10 9
J P Q   J P Q
K C Q   K C Q
1 2 3 4 5 6 7 8
1CK 1PR 1J Vcc 2CK 2PR
　　CLR   CLR

74LS83
B4 S4 C4 C0 GND B1 A1 S1
16 15 14 13 12 11 10 9
　　　　　　　　GND
B4 S4 C4   B1 A1
A4   　　S1
　　　　　　　　A2
　　S3 A3 B3 S2 B2
　　　　　　　　Vcc
1 2 3 4 5 6 7 8
A4 S3 A3 B3 Vcc S2 B2 A2

二 CMOS 系列

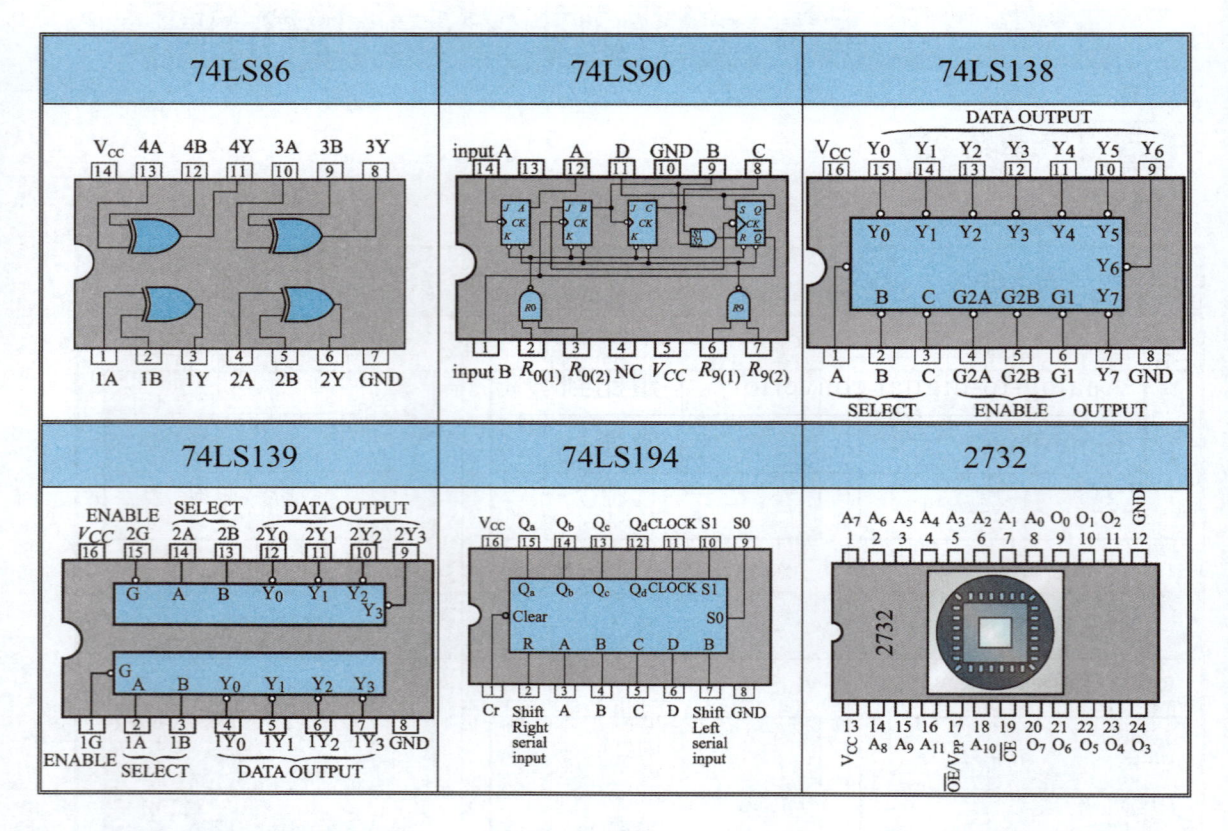

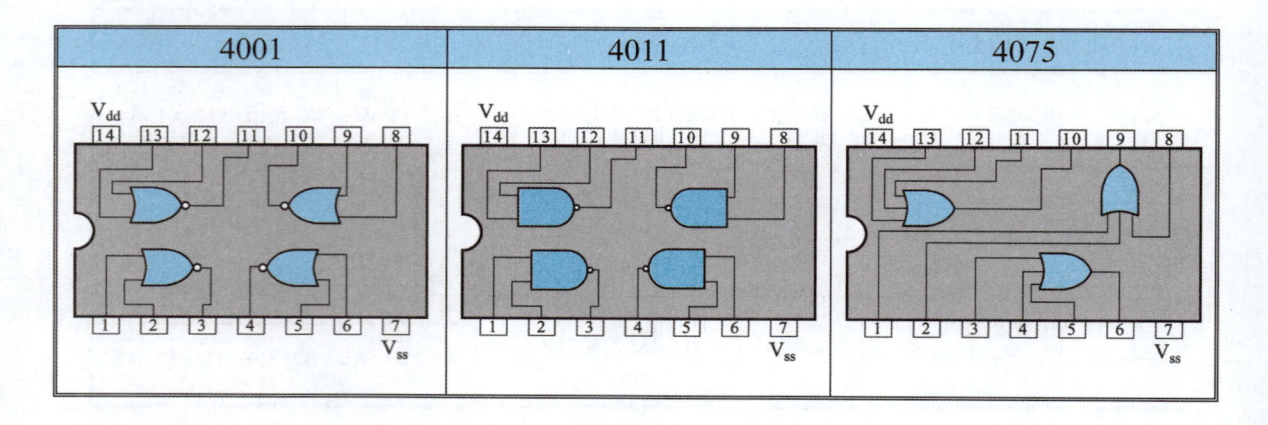

附錄四　中外名詞對照表

英文	中文	頁數
Active filter	主動濾波器	219
Address	位址	180
Astable multivibrator	無穩態多諧振盪器	113
Analog-to-digital convertor	類比到數位轉換器	207
Band Pass	帶通	220
Band Rejection	帶止	220
Bandwidth	頻帶寬（頻寬）	221
Base	基極	15
Bistable multivibrator	雙穩態多諧振盪器	113
Binary-code decimal (BCD)	二進位碼十進位數	131
Binary Counter	二進位計數器	163
Blank check	空白測試	192
Butterworth	巴特沃茲	223
Characteristic curve	特性曲線	15
clock	時序	209
Coliptts	考畢子	50
Collector	集極	15
Comparator	比較器	33
Complement	補數	134
Constant current	定電流	256
Control voltage	控制電壓	271
Counter	計數器	163
Critical Frequency	臨界頻率	221

Crystal	石英晶體	50
Cut-in voltage	切入電壓	5
Decade	十倍(頻)	221
Diode	二極體	4
Digital-to-analog convertor	數位到類比轉換器	203
Discharge	放電	271
Drive circuit	驅動電路	18
Efficiency	效率	241
EEPROM	電能清除式 EPROM	185
Emitter	射極	15
EPROM	可清除再重新程式化 ROM	184
Excitation table	激發表	165
Feedback fraction	回授因數(回授分數)	49
Flip-Flop	正反器	119
Forward bias	順向偏壓	92
Frequency response	頻率響應	220
Hartley	哈特萊	47
High Pass	高通	222
Hysteresis	遲滯(磁滯)	90
Input resistance	輸入電阻	31
Integrated circuit(IC)	積體電路	30
Inverting amplifier	反相放大器	32
Light-emitting diode(LED)	發光二極體	18
Linear	線性	33
Line regulation	線電壓調整	239
Load line	負載線	21

Load regulation	負載調整	239
Look-ahead carry	前看進位	148
Low Pass	低通	221
Mark ROM	罩幕式 ROM	183
Memory cell	記憶細胞	180
micro-processor	微處理機	209
Midband	中頻帶	221
Model	模型	2
Monostable multivibrator	單穩態多諧振盪器	113
Negative feedback	負回授	32
NAND Gate	反及閘	115
Noninverting amplifier	非反相放大器（同相放大器）	33
Noninverting input terminal	非反相輸入端	32
Nonlinear	非線性	33
Open circuit	開路	2
One-shot	單擊	118
Open-loop	開迴路	32
Operating point	工作點	17
Operational amplifier(OP-AMP)	運算放大器	29
Parallel	並聯	148
Parallel adder	並加法器	148
Passband	通帶	220
Peak inverse voltage(PIV)	峰值逆向電壓	5
Peak value	峰值	5
Piezo electric effect	壓電效應	49

Positive feedback	正回授	47
Power consumption	消耗功率	241
Protection	保護	242
RROM	可程式化 ROM	183
Quality factor(Q)	品質因數（品質因素）	223
Quantization error	量化誤差	207
Quiescent point	靜態工作點（Q 點）	16
Ripple rejection	漣波拒斥	260
Random access memory (ROM)	唯讀記憶體	181
Read only memory (RAM)	隨機取存記憶體	181
Rectification	整流	6
Resolution	解析度	203
Resonance	共振	50
Reverse bias	逆向偏壓	6
Ripple Counter	漣波計數器	163
R-2R resistor ladder	R-2R 階梯型電梯	205
Sample	取樣	242
Saturation	飽和	16
Schmitt oscillator	史密特振盪器	90
Series	串聯	148
Serieal adder	串加法器	148
Shift register	移位暫存器	152
Short circuit	短路	2
Sinusoid wave	弦波	8
Square wave	方波	26
State table	狀態表	165

State assignment	狀態指定	164
Stopband	截止帶	220
Successive approximation	連續近似法	208
Switch(SW)	開關	101
Synchronous Counter	同步計數器	163
Thevenin's voltage	戴維寧電壓	17
Threshold voltage	臨界電壓	271
Transfer characteristics	轉換特性(轉移特性)	31
Transistor	電晶體	14
Transistor-Transistor Logic (TTL)	電晶體-電晶體邏輯	108
Triangular wave	三角波	40
Trigger	觸發	270
Virtual ground	虛接地	33
Virtual open circuit	虛斷路	33
Virtual short circuit	虛短路	33
Voltage follower	電壓隨耦器	221
Voltage gain	電壓增益	221
Voltage regulation(V. R.)	電壓調整率	240
Weighted resistor	加權電阻	205
Wien-bridge	韋恩電橋	47
Word	字組	180

心得筆記

心得筆記

心得筆記

書　　　名	**電子電路實習**
書　　　號	AB03702
版　　　次	2008年7月初版 2025年8月三版
編 著 者	張志安・李志文・陳世昌
責 任 編 輯	楊清淵
校 對 次 數	6次
版 面 構 成	陳依婷
封 面 設 計	陳依婷

國家圖書館出版品預行編目資料

電子電路實習/張志安, 李志文, 陳世昌編著. -- 三版. -- 新北市:台科大圖書股份有限公司, 2025.08
面；　公分
ISBN 978-626-391-611-1(平裝)
1.CST: 電子工程　2.CST: 電路
448.62　　　　　　　　　　114011206

出 版 者	台科大圖書股份有限公司
門 市 地 址	24257新北市新莊區中正路649-8號8樓
電　　　話	02-2908-0313
傳　　　真	02-2908-0112
網　　　址	tkdbook.jyic.net
電 子 郵 件	service@jyic.net
版 權 宣 告	**有著作權　侵害必究** 本書受著作權法保護。未經本公司事前書面授權，不得以任何方式（包括儲存於資料庫或任何存取系統內）作全部或局部之翻印、仿製或轉載。 書內圖片、資料的來源已盡查明之責，若有疏漏致著作權遭侵犯，我們在此致歉，並請有關人士致函本公司，我們將作出適當的修訂和安排。
郵 購 帳 號	19133960
戶　　　名	台科大圖書股份有限公司
	※郵撥訂購未滿1500元者，請付郵資，本島地區100元 / 外島地區200元
客 服 專 線	0800-000-599
網 路 購 書	勁園科教旗艦店　蝦皮商城　　博客來網路書店　台科大圖書專區　　勁園商城
各服務中心	總　　公　　司　02-2908-5945　　台中服務中心　04-2263-5882 台北服務中心　02-2908-5945　　高雄服務中心　07-555-7947

線上讀者回函
歡迎給予鼓勵及建議
tkdbook.jyic.net/AB03702